计 算 机 科 学 丛 书

原书第4版

软件工程导论

弗兰克·徐（Frank Tsui）

[美] 奥兰多·卡拉姆（Orlando Karam）著

芭芭拉·博纳尔（Barbara Bernal）

崔展齐 潘敏学 王林章 译

Essentials of Software Engineering
Fourth Edition

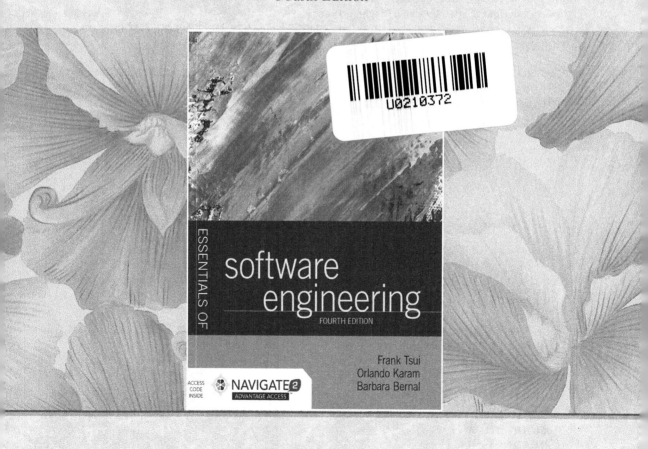

机械工业出版社
China Machine Press

图书在版编目（CIP）数据

软件工程导论（原书第 4 版）/（美）弗兰克·徐（Frank Tsui）等著；崔展齐，潘敏学，王林章译 . —北京：机械工业出版社，2018.8（2021.7 重印）

（计算机科学丛书）

书名原文：Essentials of Software Engineering, Fourth Edition

ISBN 978-7-111-60723-6

I. 软… II. ① 弗… ② 崔… ③ 潘… ④ 王… III. 软件工程 – 高等学校 – 教材 IV. TP311.5

中国版本图书馆 CIP 数据核字（2018）第 192683 号

本书从基础入手，逐步介绍了软件工程的基本概念、软件过程模型、新兴过程方法、需求工程、设计的架构与方法论、设计的特征和度量、实现、测试、配置管理 / 集成 / 构建、软件支持和维护以及软件项目管理等内容。

本书可作为软件工程相关专业本科生的教材，也可作为软件工程领域专业技术人员的参考书。

出版发行：机械工业出版社（北京市西城区百万庄大街 22 号 邮政编码：100037）

责任编辑：郎亚妹　　　　　　　　　　　　责任校对：李秋荣

印　　刷：北京建宏印刷有限公司　　　　版　　次：2021 年 7 月第 1 版第 2 次印刷

开　　本：185mm×260mm　1/16　　　　印　　张：15.5

书　　号：ISBN 978-7-111-60723-6　　　　定　　价：69.00 元

凡购本书，如有缺页、倒页、脱页，由本社发行部调换

客服热线：（010）88378991　88361066　　　　投稿热线：（010）88379604

购书热线：（010）68326294　88379649　68995259　　读者信箱：hzjsj@hzbook.com

版权所有·侵权必究

封底无防伪标均为盗版

本书法律顾问：北京大成律师事务所　韩光 / 邹晓东

文艺复兴以来，源远流长的科学精神和逐步形成的学术规范，使西方国家在自然科学的各个领域取得了垄断性的优势；也正是这样的优势，使美国在信息技术发展的六十多年间名家辈出、独领风骚。在商业化的进程中，美国的产业界与教育界越来越紧密地结合，计算机学科中的许多泰山北斗同时身处科研和教学的最前线，由此而产生的经典科学著作，不仅擘划了研究的范畴，还揭示了学术的源变，既遵循学术规范，又自有学者个性，其价值并不会因年月的流逝而减退。

近年，在全球信息化大潮的推动下，我国的计算机产业发展迅猛，对专业人才的需求日益迫切。这对计算机教育界和出版界都既是机遇，也是挑战；而专业教材的建设在教育战略上显得举足轻重。在我国信息技术发展时间较短的现状下，美国等发达国家在其计算机科学发展的几十年间积淀和发展的经典教材仍有许多值得借鉴之处。因此，引进一批国外优秀计算机教材将对我国计算机教育事业的发展起到积极的推动作用，也是与世界接轨、建设真正的世界一流大学的必由之路。

机械工业出版社华章公司较早意识到"出版要为教育服务"。自1998年开始，我们就将工作重点放在了遴选、移译国外优秀教材上。经过多年的不懈努力，我们与Pearson，McGraw-Hill，Elsevier，MIT，John Wiley & Sons，Cengage等世界著名出版公司建立了良好的合作关系，从他们现有的数百种教材中甄选出Andrew S. Tanenbaum，Bjarne Stroustrup，Brian W. Kernighan，Dennis Ritchie，Jim Gray，Afred V. Aho，John E. Hopcroft，Jeffrey D. Ullman，Abraham Silberschatz，William Stallings，Donald E. Knuth，John L. Hennessy，Larry L. Peterson等大师名家的一批经典作品，以"计算机科学丛书"为总称出版，供读者学习、研究及珍藏。大理石纹理的封面，也正体现了这套丛书的品位和格调。

"计算机科学丛书"的出版工作得到了国内外学者的鼎力相助，国内的专家不仅提供了中肯的选题指导，还不辞劳苦地担任了翻译和审校的工作；而原书的作者也相当关注其作品在中国的传播，有的还专门为其书的中译本作序。迄今，"计算机科学丛书"已经出版了近两百个品种，这些书籍在读者中树立了良好的口碑，并被许多高校采用为正式教材和参考书籍。其影印版"经典原版书库"作为姊妹篇也被越来越多实施双语教学的学校所采用。

权威的作者、经典的教材、一流的译者、严格的审校、精细的编辑，这些因素使我们的图书有了质量的保证。随着计算机科学与技术专业学科建设的不断完善和教材改革的逐渐深化，教育界对国外计算机教材的需求和应用都将步入一个新的阶段，我们的目标是尽善尽美，而反馈的意见正是我们达到这一终极目标的重要帮助。华章公司欢迎老师和读者对我们的工作提出建议或给予指正，我们的联系方法如下：

华章网站：www.hzbook.com
电子邮件：hzjsj@hzbook.com
联系电话：（010）88379604
联系地址：北京市西城区百万庄南街1号
邮政编码：100037

华章科技图书出版中心

　　本书是一本概要介绍软件工程核心内容的教材。全书共 14 章，完整覆盖了从初始阶段到发布、支持阶段的软件系统生命周期，讨论了贯穿软件生命周期的过程、质量保障及项目管理等问题。软件工程是一门实践性很强的学科，本书的三位作者积累了丰富的软件工程课程教学经验，并拥有多年在 IBM、微软和亚马逊等公司从事软件研发和管理的工作经历。本书中也融入了他们的丰富工程经验和职业背景，并用生动的示例贯穿全书，使读者更易理解相关概念。

　　在机械工业出版社引进该书版权后，我们应姚蕾编辑的邀请，于 2017 年 4 月开始了本书的翻译工作。本书译者包括崔展齐、潘敏学、王林章，并由崔展齐和王林章对译稿进行了审核。在翻译过程中，得到了南京大学计算机科学与技术系研究生潘秋红、陆申明、周风顺、朱亚伟等的帮助，在此对他们的辛勤工作表示感谢。

　　翻译工作虽前后历时近一年，但因是在繁忙的教学、科研等工作之余完成的，仍感时间紧张，有些内容的翻译表达仍不够理想。此外，本书翻译虽力求忠实于原著，但由于水平所限，译文表达难免有不当之处，敬请读者批评指正。

　　总之，这是一本适合于高校学生和软件从业人员的很好的软件工程导论性读物。在多年的软件工程相关课程的教学过程中，我们也认为需要这样一本内容精练但覆盖相对全面的教材。我们很高兴向读者推荐本书。相信通过本书的阅读，会使读者对软件工程有一个初步的总体认识。

译　者
2018 年 6 月

本书源自我们软件工程导论的教学经验。尽管市面上已有不少同类图书，但很少有仅介绍核心内容，适用于一门为期一学期（授课 16 周，每周大约 3 学时）的课程的教材。随着小规模网络应用的激增，许多信息技术新人尚未完全理解软件工程必备知识就进入软件工程领域。本书适用于经验有限的新生和打算在软件工程领域开始新职业的经验丰富的信息技术专业人员。本书覆盖软件系统完整的生命周期，范围从初始阶段到发布阶段直至支持阶段。

本书内容的基础是我们的从业经验和职业背景——第一位作者曾在 IBM、Blue Cross Blue Shield、MARCAM 和 RCA 等公司从事构建、支持和管理大型复杂的关键业务软件等工作，有着超过 25 年的工作经验；第二位作者具有在微软和亚马逊等公司使用敏捷方法构建较小规模软件的大量经验；第三位作者具有双语能力，对美国大学生和非美国的西班牙语学生都有着丰富的软件工程教学经验。

尽管新思想和新技术会不断涌现，书中介绍的一些原理可能需要更新，但我们相信本书中介绍的底层的、基础的概念会保留下来。

第 4 版前言

第 3 版出版后，计算机行业更快地朝着服务应用和社交媒体的方向发展。虽然软件工程的基础仍然相对稳定，但我们还是决定做一些修改以反映软件工程领域的某些变化，包括增加一些教学辅助。我们的目标是保持本书的内容足够精练，以便用于为期一学期 16 周的课程教学。

下面是第 4 版主要增加的内容：
- 第 5 章中看板方法的讨论
- 第 7 章中 REST 分布式处理架构
- 第 7 章中数据设计、分析以及"大数据"
- 第 9 章中代码重用
- 第 9 章中云计算

此外，我们对书中部分语句的表达做了细微修改以突出重点和强化理解。我们也听取了来自不同大学，使用本书第 1 版、第 2 版、第 3 版读者的反馈，修改了一些语法和拼写错误。书中可能还会有一些错误，责任完全在我们。

本书的第 1 版、第 2 版、第 3 版被许多高等院校使用，感谢他们的耐心和反馈，我们从中受益匪浅。我们希望对所有未来的读者而言，第 4 版是更好的一本书。

本书组织结构

第 1、2 章展示小型编程项目和构造关键业务软件系统所需工作之间的差异。我们特意用两章内容来说明这个概念，强调一个单人"车库作坊"和构建一个大型"专业"系统所需的项目团队之间的区别。这两章中的讨论给出了学习和理解软件工程的基本原理。第 3 章第一次更加正式地讨论软件工程。这一章也介绍了软件工程职业的道德规范。

第 4、5 章涵盖软件过程、过程模型和方法学等传统主题。为了反映这个领域取得的大量进展，这两章非常详细地介绍了如何通过软件工程研究所（Software Engineering Institute，SEI）提出的能力成熟度模型来评价过程。

第 6、7、9、10、11 章在宏观层面上依次介绍了从需求到产品发布的开发活动。第 7 章用一个 HTML-Script-SQL 设计和实现示例，对 UI 设计展开讨论。在介绍软件设计的章节之后，第 8 章回顾并讨论了在评估概要设计和详细设计中使用的设计特征和度量指标。第 11 章不仅讨论了产品发布，还介绍了配置管理的基本概念。

第 12 章探讨了软件系统在发布给客户和用户后的相关支持和维护活动。涵盖的主题包括来电管理、问题修复和功能点发布等。在这一章中，进一步强调了配置管理的必要性。第 13 章总结了项目管理的不同阶段，同时介绍了一些具体的项目计划和监控技术。这章仅是一个概要总结，并没有包括团队建设、领导才能等主题。软件项目管理过程区别于开发和支持过程。第 14 章总结全书，介绍软件工程领域当前面临的问题，并展望了该领域未来的主题。

附录部分通过团队计划、软件开发计划、需求规格说明、设计计划和测试计划的"概要示例"让读者和学生深入理解软件开发主要活动可能产生的结果。一个常见的问题是需求文档或测试计划应该写成什么样。为帮助回答这个问题，并提供一个切入点，我们给出了计划、需求、设计和测试计划 4 项活动可能产生的文档样例格式。具体如下：

- 附录 A：软件开发计划概要
- 附录 B：软件需求规约概要
  - 示例 1：SRS 概要——描写
  - 示例 2：SRS 概要——面向对象
  - 示例 3：SRS 概要——IEEE 标准
  - 示例 4：SRS 概要——叙述法
- 附录 C：软件设计概要
  - 示例 1：软件设计概要——UML
  - 示例 2：软件设计概要——结构化
- 附录 D：测试计划概要

很多时候，对于新手软件工程师组成的团队项目，在开发过程中需要对如何使用文档描述过程进行特别指导。这 4 个附录用于给读者提供具体的概要大纲示例。每一个附录都提供大纲及相应的解释。这为教师开展课堂活动、分配团队项目和独立任务补充了具体材料。

本书涵盖的主题反映了 IEEE 计算机学会倡议的《软件工程知识体系》（SWEBOK）和《软件工程本科学位计划软件工程课程指南（2004）》强调的内容。有一个未突出强调但贯穿全书的主题是质量——一个需要集成到所有活动中去解决的主题。它不仅仅是测试人员的关注点，本书多个章节中都讨论了质量，这反映了其广泛的影响和跨越多个活动的特性。

建议教学方案

本书所有章节都可以在一个学期内学完。当然，不同教师的侧重点可能会有所不同：

- 希望聚焦于直接开发活动的教师应该在第 6~11 章多花时间。
- 希望关注间接和通用活动的教师应该在第 1、12 和 13 章多花时间。

应当指出，直接开发活动和间接支持活动都很重要，它们共同构成了软件工程学科。

每章后面都有针对本章的复习题和练习题。对于复习题，学生可以在书中直接找到答案。而练习题则用于课堂讨论、作业或小型项目。

致谢

首先要感谢我们的家庭，特别是我们的妻子 Lina Colli 和 Teresa Tsui。当我们把更多的时间用在编写本书而不是陪伴她们的时候，她们仍然给予了鼓励和理解。我们的孩子——Colleen 和 Nicholas、Orlando 和 Michelle 以及 Victoria、Liz 和 Alex——也积极地支持我们的工作。

另外，还要感谢那些在多方面帮助我们改进本书的审阅人。我们要特别感谢对本书第 3 版有贡献的下列人员：

- Brent Auernheimer，加州州立大学弗雷斯诺分校（California State University，Fresno）
- Ayad Boudiab，乔治亚佩雷米特学院（Georgia Perimeter College）
- Kai Chang，奥本大学（Auburn University）
- David Gustafson，堪萨斯州立大学（Kansas State University）
- Theresa Jefferson，乔治华盛顿大学（George Washington University）
- Dar-Biau Liu，加州州立大学长滩分校（California State University，Long Beach）
- Bruce Logan，莱斯利大学（Lesley University）
- Jeanna Matthews，克拉克森大学（Clarkson University）
- Michael Oudshoorn，蒙大拿州立大学（Montana State University）
- Frank Ackerman，蒙大拿技术学院（Montana Tech）
- Mark Hall，哈斯汀学院（Hastings College）
- Dr. Dimitris Papamichail，新泽西学院（The College of New Jersey）
- Dr. Jody Paul，丹佛大都会州立大学（Metro State Denver）
- Dr. David A. Cook，斯蒂夫奥斯汀州立大学（Stephen F. Austin State University）
- Dr. Reza Eftekari，乔治华盛顿大学、马里兰大学帕克分校（George Washington University，University of Maryland at College Park）
- Dr. Joe Hoffert，印第安纳卫斯理大学（Indiana Wesleyan University）
- Dr. Sofya Poger，佛里森学院（Felician College）
- Dr. Stephen Hughes，寇伊学院（Coe College）
- Ian Cottingham，内布拉斯加大学林肯分校杰弗里 S. 莱克斯学院（Jeffrey S. Raikes School at The University of Nebraska，Lincoln）
- Dr. John Dalbey，加州理工州立大学（California Polytechnic State University）
- Dr. Michael Murphy，康考迪亚大学得克萨斯分校（Concordia University Texas）
- Dr. Edward G. Nava，新墨西哥大学（University of New Mexico）
- Dr. Yenumula B. Reddy，关柏林州立大学（Grambling State University）
- Alan C. Verbit，特拉华县社区学院（Delaware County Community College）
- Dr. David Burris，萨姆休斯顿州立大学（Sam Houston State University）

我们还要感谢对本书第 4 版有贡献的下列人员：

- Savador Almanza-Garcia，Vector CANtech 公司

- Dr. Ronand Finkbine，印第安纳大学东南分校（Indiana University Southeast）
- Dr. Christopher Fox，詹姆斯麦迪逊大学（James Madison University）
- Paul G. Garland，约翰霍普金斯大学（Johns Hopkins University）
- Dr. Emily Navarro，加州大学尔湾分校（University of California，Irvine）
- Benjamin Sweet，罗伦斯科技大学（Lawrence Technological University）
- Ben Geisle，威斯康星大学绿湾分校（University of Wisconsin，Green Bay）

我们还要感谢 Jones & Bartlett Learning 出版社 Taylor Ferracane、Laura Pagluica、Bharathi Sanjeev、Amy Rose、Mary Menzemer 以及其他员工对本书的帮助。书中还存在的问题都是作者的错误。

——Frank Tsui
——Orlando Karam
——Barbara Bernal

创建一个程序

目标
- 分析制作一个简单程序所涉及的一些问题：
  - 需求（功能、非功能）
  - 设计约束和设计决策
  - 测试
  - 工作量估算
  - 实现细节
- 理解编写一个简单的程序所涉及的活动。
- 概括介绍一些在后续章节中涉及的软件工程主题。

1.1 一个简单的问题

在本章中，我们将分析编写一个较为简单的程序所涉及的任务。这将与第 2 章中描述的开发大型系统所涉及的内容形成对照。

假设有以下简单问题：给定存储在一个文件中的多行文本行（字符串），将其按字母顺序排序，并写入另一个文件。这可能是你遇见的最简单的问题之一。在程序设计课程中你可能已经完成过类似的作业。

1.1.1 决策

上述简单问题的陈述并不完全明确。你需要明确需求才能制作出更满足实际问题的程序。你需要了解**程序需求**和客户对设计施加的**设计约束**，并做出重要的技术决策。一个完整的问题描述包括程序需求（说明和限定程序的作用）和设计约束（描述了设计和实现程序的方式）。

> **程序需求** 定义和限定程序需要做什么的声明。
> **设计约束** 限制软件设计和实现方式的声明。

最重要的是要认识到需求（requirement）这个词在这里的含义和日常英语中的不同。在许多商业交易中，需求是必须发生的。然而，在软件工程中，很多项都是可以协商的。鉴于每项需求都会有成本，客户可能会在了解相关费用后，决定不再需要它们。需求通常被分为"确实需要的（needed）"和"有了会更好的（nice to have）"。

区分**功能需求**（程序的作用）和**非功能需求**（程序应该具备的特性）也是有用的。在某种程度上，功能类似于语法上直接和间接宾语的作用。因此，上述问题的功能需求将描述它要做什么：对文件进行排序（以及需要的所有细节）；而非功能性需求则描述诸如性能、可用性和可维护性等内容。功能需求只有满足或不满足，可以用一个布尔值来度量。而非功能需求的（测量结果）会有很大的差异，可以用一个线性标度来度量。例如，性能和可维护性需求可以通过

> **功能需求** 一个程序需要做什么。
> **非功能需求** 实现功能需求需要达到的方式。

满意程度来度量。

非功能需求也被非正式地称为 ilities，因为描述它们的词语通常以 ility 结尾。一些典型的用于描述非功能需求的特征包括：性能、可修改性、可用性、可配置性、可靠性、实用性、安全性和可扩展性。

除需求之外，还会有设计约束，如编程语言的选择、系统的运行平台以及与其连接的其他系统。这些设计约束有时被认为是非功能需求。并不容易界定其区别（类似于何处结束需求分析开始设计）；对于临界个案，主要通过协商界定。大多数开发人员将可用性作为非功能需求，并将特定用户界面的选择，如图形用户界面（GUI）或基于 Web 用户界面，作为设计约束。但是，它也可以被定义为如下的功能需求："该程序将显示一个 60×80 像素的对话框，然后……"

需求由客户在软件工程师的帮助下确立，而技术决策通常由软件工程师做出，无须太多的客户参与。通常，某些技术决策（例如使用哪种编程语言或工具）可以作为需求，因为程序需要与其他程序进行交互，或者客户组织对特定技术具有专业知识或战略投资。

在以下内容中，我们将分析软件工程师面临的各种问题，即使是简单的示例程序。我们将把这些决定分为功能和非功能需求、设计约束和设计决策。但请记住，其他软件工程师可能会对其中一些问题有不同的分类方式。我们将使用前面提出的简单排序问题作为示例。

1.1.2　功能需求

在设计和实现解决方案之前，我们必须考虑该问题的几个方面，并提出许多问题。以下是关于功能需求思考过程的非正式总结：

- **输入格式**：输入数据的格式是什么？数据应如何存储？字符是什么？在我们的例子中，需要定义文件中的行是用什么分隔的。这一点非常重要，因为不同的平台可能使用不同的分隔符。通常使用的是换行和回车的一些组合。为了知道边界的准确位置，我们还需要知道输入字符集。最常见的表示方式是每个字符 1 个字节，这对于英语和大多数拉丁语派生语言来说是足够的。但是有些表示方式，如中文或阿拉伯语，因为超过 256 个字符，所以每个字符需要 2 个字节。其他情况则需要两种类型的组合。对于单字节字符和双字节字符表示的组合，通常需要一个转义字符将模式从单字节转换为双字节，反之亦然。对于排序问题，我们将假设每个字符 1 个字节的简单情况。

- **排序**：虽然它似乎是一个定义明确的问题，但排序有很多略有不同的含义。对于初学者（假设我们只有英文字符），我们是按升序还是降序排序？如何处理非字母字符？数字在字母之前还是之后？如何处理小写和大写字母？为了简化问题，我们将字符之间的排序定义为数字顺序，并将文件升序排列。

- **特殊情况、边界和错误情况**：是否有特殊情况？我们应该如何处理诸如空行和空文件之类的边界情况？如何处理不同的错误情况？在详细设计甚至实现阶段之前，可能并不能完全明确所有需求。这尽管不是很好的做法，但却很常见。对于我们的程序，我们不以任何特殊的方式处理空行，除了指定当输入文件为空时输出文件应该被创建但是为空。只要所有错误都向用户发出信号，并且输入文件没有被损坏，我们不指定任何特殊的错误处理机制。

1.1.3 非功能需求

涉及非功能需求的思考过程可以非正式地总结如下:

- **性能需求**: 虽然并不像大多数人所认为的那样重要,但性能始终是一个问题。程序需要在一定时间内处理完大部分或全部输入。对于排序问题,我们将性能要求定义为在 1 分钟内对含有 100 行、每行 100 个字符的文件进行排序。

- **实时性需求**: 当程序需要实时执行时,即它必须在给定的时间内完成处理时,性能是一个问题,运行时间的变化也是一个大问题。我们可能需要选择一个性能低于平均值的算法,如果该算法在最坏情况下的性能更好。例如,快速排序被认为是最快的排序算法之一,然而,对于一些输入,它可能性能较差。在算法术语中,它的预期运行时间的阶是 $n \log(n)$,但是其最坏情况下的性能是 n^2。如果你有实时性需求,平均情况下可以接受,但最坏的情况不能,那么你可能需要选择变化较小的算法,例如堆排序或合并排序。在文献(Main et al., 2010)中进一步讨论了实时性能分析。

- **可修改性需求**: 在编写程序之前,了解程序的预期寿命以及是否有计划修改程序很重要。如果程序只使用一次,那么可修改性不是一个大问题。但是,如果程序要使用 10 年以上,那么我们需要使其易于维护和修改。当然这个需求会在 10 年的时间内发生改变。如果我们知道有计划以某些方式扩展程序,或者需求将以特定方式发生变化,那么我们应该在程序设计和实现时为这些修改做准备。请注意,即使可修改性要求较低,这也不是编写糟糕代码的许可证,因为我们仍然需要能够理解程序以进行调试。对于排序程序示例,如果我们知道下一步的需求可能会将排序方式从降序变为升序,或者更改为同时包括升序和降序的排序,我们将如何设计和实现解决方案呢?

- **安全性需求**: 客户组织和软件开发人员需要就安全定义达成一致,以防止数据和资源的丢失、不准确、变更、不可用或滥用,其中安全定义是从客户的业务应用目标、项目资产的潜在威胁和管理控制中获得的。安全性可以是功能需求或非功能需求。例如,软件开发人员可能会说,系统必须防止拒绝服务攻击,以完成其任务。文献(Mead et al., 2005)中讨论了安全质量需求工程(Security Quality Requirement Engineering,SQUARE)。

- **可用性需求**: 在开发软件时需考虑到程序的最终用户具有的特定背景、教育、经验、需求和交互方式。收集并研究程序的用户、产品和环境特征,以便设计用户界面。这种非功能需求集中在程序和最终用户之间的交互中。最终用户对这种交互的有效性、效率和成功性进行评估。可用性需求的评估是不可直接度量的,因为它是通过最终用户在特定的可用性测试中报告的可用性属性进行限定的。

1.1.4 设计约束

与设计约束相关的思考过程可概括如下。

- **用户界面**: 程序有什么样的**用户界面**? 应该是命令行界面(CLI)还是图形用户界面(GUI)? 我们应该使用基于 Web 的界面吗? 对于排序问题,基于 Web 的界面听起来不合适,因为用户需要上传文件并下载已排序的文件。虽然 GUI 在过去十年左右已经成为常态,但是 CLI 更适合排序问题,特别是因为在脚本中调

> **用户界面** 用户从系统看见、感知和听到的内容。

用它更容易，可以将手动过程自动化，并将此程序在将来作为模块复用。这是涉及用户界面设计的注意事项之一。在 1.4 节中，我们将创建几个实现，一些基于 CLI，一些基于 GUI。第 7 章将详细讨论用户界面设计。

- **典型和最大输入规模**：根据典型的输入规模，我们可能希望在算法和性能优化上花费不同的时间。此外，特定算法对于某些类型的输入来说会特别好或特别坏，例如，几乎排好序的输入会使得快速排序需要更多的时间。请注意，系统有时会给出不准确的估计值，但是即使是大致的数字也可以帮助你预测问题或引导你采用适当的算法。在这个例子中，如果输入规模较小，你可以使用几乎所有的排序算法。所以你应该选择实现最简单的那种。如果输入规模较大，但内存（RAM）仍然够用，则需要使用高效的算法。如果输入规模超过了内存，则需要选择专门的磁盘排序算法。
- **平台**：程序需要运行在哪些平台？这是一个重要的业务决策，可能包括架构、操作系统和可用的库，而且几乎总是会在需求中表达出来。请记住，虽然跨平台开发变得更加容易，并且有许多语言被设计为可跨平台的，但并不是所有的库都可以在所有平台上使用。支持新平台总是有额外的成本。另一方面，即使不需要，丰富的编程经验也有助于实现可移植性。设计和实现程序时多考虑一点，能最大限度地减少移植到新平台所需的工作。即使不需要支持新平台，对是否支持其他平台以及是否使用最方便移植的技术和编程实践进行快速成本效益分析也是一个很好的做法。
- **进度需求**：完成项目的最后期限取决于客户，以及技术方面的可行性和在成本上的投入。例如，关于进度计划的对话可能有以下形式。你的客户可能提出"项目需要在下个月之前完成"的要求，你回应说："如果你需要在两个月内完成的话，需要两倍的成本"或"那不能做到。这通常需要 3 个月。我们可以尽力把它压缩到两个月，但不能更短了。"客户可能同意这一点，也可能说"如果下个月不能完成，那就没有用了"，并取消了项目。

1.1.5　设计决策

与排序问题的设计决策相关的步骤和想法可以归纳如下。

- **编程语言**：这通常是一个技术设计决策，有时候也被当作设计约束。所需的编程语言类型、性能和可移植性需求以及开发人员的技术专长往往在很大程度上影响编程语言的选择。
- **算法**：在实现系统时，通常可以通过算法的选择来影响多个部分。在我们的示例中，可以选择多种算法来进行排序。所使用的语言和可用的库也会影响算法的选择。例如，要进行排序，最简单的解决方案是使用编程语言提供的标准函数，而不是自己实现。因此，可使用实现选择的任何算法。性能通常是选择算法最重要的影响因素，但需要与实现算法所需的工作量和开发人员的熟悉程度相平衡。算法通常是设计决策，但也可以作为设计约束或功能需求。在许多业务环境中，可能会要求使用特定的算法或数学公式，在许多科学应用中，目标是测试几种算法，这意味着你必须使用某些算法。

1.2　测试

在定义、开发和完成程序后，测试程序总是一个好主意。这听起来像是显而易见的建议，但并不总是被遵循。有几种测试确保程序按照规定运行，其中包括验收测试，它是指由客户或代表客户的人员来执行的测试，如果此测试失败，客户可以拒收该程序。项目开始时的简单确认测试可以通过向客户展示手绘的"问题解决方案"界面来完成，这种做法使你对这个问题的看法和客户的期望一致。开发人员运行自己的内部测试来确定程序是否正常工作，这些测试称为验证测试。确认测试确定开发人员是否为客户构建正确的系统，验证测试确定构建的系统是否正确。

虽然开发机构执行了许多类型的测试，但是对于每个程序员来说，最重要的一种验证测试是单元测试——由程序员测试软件每个单元的过程。编写代码时，你还必须编写测试用例来检查所编写的每个模块、函数或方法。对于一些方法，特别是极限编程，编程人员甚至应该在编写代码之前编写测试用例。参见文献（Beck et al., 2004）中关于极限编程的讨论。缺乏经验的程序员通常不会意识到测试的重要性，他们编写的函数或方法依赖于未经过适当测试的其他函数或方法，当一个方法失效时，他们不知道实际上是哪个函数或方法失效。

另一个有用的区别是黑盒和白盒测试。在黑盒测试中，测试用例仅基于需求规约，而不是实现代码。在白盒测试中，可在查看设计和代码实现时设计测试用例。在进行单元测试时，程序员可以访问实现，但仍然应该进行黑盒和白盒混合测试。当在这里讨论简单示例程序的实现时，我们将对它进行单元测试。在第 10 章会对测试进行更广泛的讨论。

1.3　估算工作量

软件项目最重要的方面之一是估算其工作量。工作量估算需要生成成本估算和进度计划。在做出完整的工作量估算之前，必须理解需求。一个有趣的练习说明了这一点。

尝试以下练习：

使用你最喜欢的语言和技术，估算一下需要几分钟的时间来编写一个从文件逐行读取文本并在按行排序后写入另一个文件的程序。假设你将自己编写排序例程，并实现一个如图 1.21 所示的简单 GUI，其中两个文本框用于提供两个文件名，每个文本框旁边各有一个按钮。点击一个按钮将显示打开文件对话框，如图 1.22 所示，用户可以在其中浏览计算机的文件系统并选择文件。假设你只做这一项任务，并且没有中断。在 1 分钟内提供估算（见步骤 1）。

步骤 1

估计理想的总时间：＿＿＿＿＿＿＿＿＿＿＿

你能够一直工作直到完成这项任务，而没有被现实中的任何事打断吗？你不需要去洗手间或喝点水吗？你什么时候可以花时间在这个任务上？如果你被要求尽可能快地完成此任务，请立即开始，你估计何时完成任务？假设从现在开始，估计你何时可以将这个程序完成并交给客户。在步骤 2 中，估计你没有用于该任务的时间（例如，吃饭、睡觉、其他课程等）。

步骤 2

预计日程开始：＿＿＿＿＿＿＿＿＿结束：＿＿＿＿＿＿＿＿＿＿＿＿休息：＿＿＿＿＿＿＿＿

现在，让我们创建一个新的估算，你将整个程序分成几个单独的开发任务，每个开发任务可被分为几个合适的子任务。你当前的任务是一个规划任务，其中包括子任务：估算。当考虑到项目的需求时，假设你将创建一个名为 StringSorter 的类，其中有 3 个公共方法：Read、Write 和 Sort。对于 Sort 例程，假设你的算法为找到最大的元素，将其放在数组的末尾，然后使用相同的机制对数组的其余部分进行排序。假设你将创建一个名为IndexOfBiggest 的方法，该方法返回数组中最大元素的索引。使用下面的图表，在步骤 3 中估算执行每个任务（和 GUI）需要多少时间。

步骤 3

理想的总时间	日历时间
计划	
IndexOfBiggest	
Sort	
Read	
Write	
GUI	
测试	
总时间	

这个估算与前一次的估算有多接近？你使用什么公式将理想时间转换为日历时间？你将向客户给出的交付日期是什么时候？

现在，设计和实现你的解决方案，同时跟踪步骤 4 中的时间。

步骤 4

跟踪每个任务实际花费的时间以及你遇到的中断情况，这都是有价值的数据收集活动。将这些时间与你的估算进行比较。估算偏高还是低？有什么模式吗？你的原始估算有多准确？

如果你在本练习中进行了这些活动，那么你可能发现在将其划分为子任务后的估算更为准确。你还将发现，即使对于明确定义的任务，估算总体上也不太准确。项目估算和工作量估算是软件项目管理和软件工程中最棘手的问题之一。这个主题将在第 13 章中详细讨论。要进一步了解个人为什么要跟踪他们的开发时间，请参阅文献（Humphrey, 1996）中的"个人软件过程"（Personal Software Process，PSP）。准确的估算是很难实现的。将任务分成较小的任务并保存以前任务和估算的数据通常是有帮助的。

重要的是，这个估算是由做这个工作的人做的，而这个人通常是程序员。客户还需要检查估算的合理性。估算的一个大问题是它在项目开始之前就已开始。实际上，为了能够提供一个好的估算，需要很多开发信息。我们将在第 13 章详细讨论估算。

1.4 实现

在本节中，我们将讨论排序程序的几个实现，包括实现排序功能的两种方法和用户界面的几种变体。我们还将讨论针对实现的单元测试。示例代码用 Java 编写，使用 JUnit 来帮助进行单元测试。

1.4.1 关于实现的几个要点

虽然软件工程往往更多地关注需求分析、设计和过程而不是实现，但是即使所有其他部分都是完美的，一个坏的实现也将意味着一个坏的程序。尽管对一个简单的程序来说怎么都能实现，但遵循一些简单的规则通常会使编程更容易。在这里，我们将仅讨论几种与编程语言无关的规则，并指出本章末尾的参考文献和建议阅读部分的其他相关书籍。

- 最重要的规则是一致——特别是在你选择名称、大小写和编程约定时。如果你是单独编程，只要是一致的，约定的选择并不重要。你还应该遵循已确立的编程语言约定，即使不是你的选择。这将确保你不会引入两个约定。例如，在 Java 中已约定俗成，类名以大写字母开头，而变量名以小写字母开头。如果你的名称多于一个词，请使用大写字母表示单词界限，例如 FileClass 和 fileVariable。在 C 中的约定是，几乎仅使用小写，并用下划线分隔单词。因此，当用 C 编程时，我们遵循 C 的约定。一些常见操作用词的选择也由约定指定，例如打印、显示、展示或输出变量是一些类似的操作术语。编程语言约定还提供了关于变量的默认名称、偏好较短或较长的名称等提示。你的选择中要尽可能一致，并遵循语言已有的约定。

- 仔细选择名称。除了命名一致性外，还要确保函数和变量的名称是描述性的。如果名称太麻烦，或者不能很容易地找到一个好名字，这通常是设计中可能存在问题的迹象。一个很好的经验法则是为具有全局范围的实体（例如类和公共方法）选择较长的描述性名称，对本地引用使用较短名称，这些引用在非常有限的范围内使用，例如局部变量、私有名称等。 |9|

- 在使用函数或方法之前进行测试，以确保它正常工作。这样，如果有任何错误，你就会知道问题出在正在编写的模块中。仔细进行单元测试，在单元之前或之后编写测试用例，将有助于树立使用该单元的信心。

- 了解标准库。在大多数现代编程语言中，标准库将实现许多常用功能，通常包括数据的排序和收集、数据库访问、Web 开发工具、网络等。不需要另起炉灶，使用标准库将减少额外的工作，使代码更易于理解，并且通常运行速度更快而错误更少，因为标准库已进行了充分的调试和优化。在学习编程课程时，许多练习都涉及解决经典问题并实现众所周知的数据结构和算法。虽然这是一个有价值的学习锻炼，但这并不意味着在实际开发过程中使用自己的实现。对于我们的示例编程问题，Java 具有健壮而快速的排序例程。使用它而不是自己编写排序程序可以节省时间和精力，并生成更好的实现。为了进行说明，我们将仍然自己实现，但也会使用 Java 排序例程。

- 如果可能，请对代码进行审查。软件审查是减少软件缺陷的最有效方法之一。向其他人展示你的代码不仅有助于检测功能错误，还会检测到不一致和不好的命名。它还将帮助你从他人的经验中学习。这是另一种与学校项目不相容的习惯。在大多数这样的项目中，从其他同学处获得帮助可能被认为是作弊。也许可以在代码提交之后进行审查。审查有益于学校作业和真实项目。

1.4.2 基本设计

鉴于我们将实现不同的用户界面，基本设计将排序功能与用户界面分开，这是一个很好的做法，因为用户界面的变化比功能的变化快。我们有一个叫作 StringSorter 的类，它有 4 个方法：（1）从文件中读取字符串；（2）对字符串的集合进行排序；（3）将字符串写入一个文件；（4）结合上述 3 个方法，使用输入输出文件名。不同的用户界面将在不同的类中实现。假定 StringSorter 不知道如何处理异常情况，例如读取或写入数据流时发生错误，异常通过适当的方法传递，用户界面类决定如何处理它们。我们还有一个类，它利用 JUnit 框架进行单元测试。

1.4.3 使用 JUnit 进行单元测试

JUnit 是单元测试框架之一，J 代表 Java。单元测试框架的原始库是用 Smalltalk 开发的，有许多其他语言的变体，例如 C++ 的 cppUnit。这里我们只对 JUnit 进行简单的探讨；第 10 章将进一步讨论 JUnit。我们只需要创建一个继承自 junit.framework.TestCase 的类，它定义了以 test 开头的公共方法。JUnit 使用 Java 的反射功能来执行所有这些方法。在每个测试方法中，可以使用 assertEquals 来验证两个应该相等的值是否相等。

1.4.4 StringSorter 的实现

我们将先介绍实现，然后介绍测试用例。假定读者有一定的 Java 编程基础，但是熟悉别的面向对象编程语言也足以理解本节。虽然这些方法可能以不同的顺序开发，但这里按照我们开发的顺序呈现它们，它们是 Read、Sort、Write。这也是最终程序执行的顺序，这将更易于测试。

我们引入几个命名空间，并声明 StringSorter 类。唯一的实例变量是按行存放字符的 ArrayList。ArrayList 是一个可以动态增长的容器，并支持对其元素按索引访问。它大致对应于其他编程语言中的 vector。它在标准 Java 集合库中，这是另一个使用标准库节省时间的示例。注意，我们没有在图 1.1 中声明变量的访问权限为 private，这是因为测试类需要访问它。因为 Java 中没有类似 C++ 中友元类的概念，所以可以通过将变量设置为默认访问权限来让同一个包中的所有类都可以访问该变量。这是一种不错的妥协方式，我们将在第 10 章对此进行进一步讨论。如图 1.2 所示，第一个方法涉及从文件或流中读取行。为了使该方法更为通用，我们使用一个 Reader 类来读取基于文本的流。通过使用 Reader 而不是一个显式地基于 Files 的类，我们可以使用同一个方法从标准输入设备甚至从网络中读取数据。另外，因为在这里还不知道如何处理异常，所以只是让 IOException 传递过去。

```
import java.io.*; // for Reader(s), Writer(s),
import java.util.*; // for List, ArrayList, Iterator
public class StringSorter {
        ArrayList lines;
```

图 1.1 类声明及 Import 语句

```
public void readFromStream(Reader r) throws
IOException
{
        BufferedReader br=new BufferedReader(r);
        lines=new ArrayList();
        while(true) {
                String input=br.readLine();
                if(input==null)
                        break;
                lines.add(input);
        }
}
```

图 1.2 readFromStream 方法

为使用 JUnit 测试这个方法，我们创建一个扩展 TestCase 的类。我们还定义了一个名为 make123 的方法，它创建一个含有 3 个字符串（one、two 和 three）的 ArrayList，字符串按如图 1.3 所示的顺序插入。

```
public class TestStringSorter extends TestCase {
    private ArrayList make123() {
        ArrayList l = new ArrayList();
        l.add("one");
        l.add("two");
        l.add("three");
        return l;
    }
```

图 1.3　TestStringSorter 声明及 make123 方法

然后定义第一个方法 testReadFromStream，如图 1.4 所示。在这个方法中，我们创建一个 ArrayList 和一个 StringSorter。打开一个已知文件，并使用 StringSorter 从中进行读取。由于已经知道文件中存放的数据，因此我们知道 StringSorter 中的 ArrayList 内部应该是什么，我们只断定它应该和已知值相等。

```
public void testReadFromStream() throws
IOException{
        Reader in=new
FileReader("in.txt");
        StringSorter ss=new
StringSorter();
        ArrayList l= make123();
        ss.readFromStream(in);
        assertEquals(l,ss.lines);
}
```

图 1.4　testReadFromStream 方法

12

通过键入 java.junit.swingui.TestRunner，可以在设置类路径并编译好所有的类之后运行 JUnit。这将为我们提供一个可供选择的类列表。当选择 TestStringSorter 类时，我们会看到如图 1.5 所示的用户界面，它表示所有的测试都已实现并成功运行。单击 Run 按钮将重新运行所有测试，并显示有多少测试成功。如果测试不成功，该栏将是红色而不是绿色。默认情况下重新加载类，因此可以将该窗口打开、修改、重新编译并再次单击 Run。

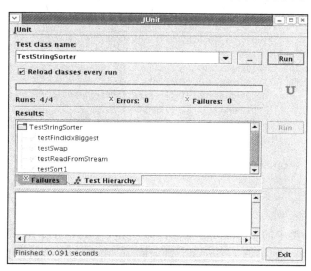

图 1.5　JUnit 的 GUI

在验证测试成功之后，可以开始构建下一个方法——排序功能。我们决定使用一个简单的算法：在数组中找到最大的元素，然后与最后一个元素进行交换，将最大的元素放在数组的末端，然后对数组的其余部分重复上述步骤。我们需要两个支撑函数，一个用于交换数组中的两个元素，另一个用于查找最大元素的索引。交换函数 swap 的代码如图 1.6 所示。

```
static void swap(List l, int i1, int i2) {
        Object tmp=l.get(i1);
        l.set(i1, l.get(i2));
        l.set(i2, tmp);
}
```

图 1.6　交换函数的代码

因为 swap 是一个通用函数，可以在许多情况下重用，所以我们决定独立于 StringSorter 类构建它。鉴于此，将其作为静态方法是合理的。在 C++ 或其他语言中，它将是在类之外定义并且不与任何类相关联的函数。静态方法是 Java 中与之最接近的技术。我们通过参数得到一个 List 以及两个元素的索引，其中 List 是 ArrayList 实现的通用接口。如图 1.7 所示，该方法的测试用例在 TestStringSorter 类的 testSwap 方法中。

```
public void testSwap() {
        ArrayList l1= make123();
        ArrayList l2=new ArrayList();
        l2.add("one");
        l2.add("three");
        l2.add("two");
        StringSorter.swap(l1,1,2);
        assertEquals(l1,l2);
}
```

图 1.7　testSwap 方法

下一个方法返回 List 中最大元素的索引，如图 1.8 所示，其名称为 findIdxBiggest。Idx 是索引的缩写。我们讨论命名为 largest、biggest 还是 max/maximum（我们觉得这些名称同样合适）。在使用 biggest 后，我们确定不使用其他两个单词命名变量。

```
static int findIdxBiggest(List l, int from, int to) {
        String biggest=(String) l.get(0);
        int idxBiggest=from;
        for(int i=from+1; i<=to; ++i) {
            if(biggest.compareTo((String)l.get(i))<0) {// it is bigger
                biggest=(String)l.get(i);
                idxBiggest=i;
            }
        }
        return idxBiggest;
}
```

图 1.8　findIdxBiggest 方法

我们使用 Strings 类中的 compareTo 方法，如果第一个元素小于第二个元素，则返回 –1，如果它们相等则返回 0，如果第一个元素大则返回 1。由于 ArrayList 中的元素是字符串，因此可以使用这个方法。请注意，Java（1.4 版以前）不支持泛型（C++ 中的模板），因此必须将元素显式转换为 Strings。测试用例如图 1.9 所示。

```
public void testFindIdxBiggest() {
    ArrayList l = make123();
    int i=StringSorter.findIdxBiggest(l,0,l.size()-
1);
    assertEquals(i,1);
}
```

图 1.9   testFindIdxBiggest 方法

如图 1.10 所示，在完成 swap 和 findIdxBiggest 方法后，sort 方法变得相对容易实现。测试用例如图 1.11 所示。请注意，如果了解标准库，还可以使用一个更简单的实现，即使用 Java 标准库中的排序函数，如图 1.12 所示。这样就不用编写 swap 和 findIdxBiggest 了！这得益于对标准库的了解。

14

```
public void sort() {
    for(int i=lines.size()-1; i>0; --i) {
        int big=findIdxBiggest(lines,0,i);
        swap(lines,i,big);
    }
}
```

图 1.10   sort 方法

```
public void testSort1() {
    StringSorter ss= new StringSorter();
    ss.lines=make123();
    ArrayList l2=new ArrayList();
    l2.add("one");
    l2.add("three");
    l2.add("two");
    ss.sort();
    assertEquals(l2,ss.lines);
}
```

图 1.11   testSort1 方法

```
void sort() {
    java.util.Collections.sort(lines);
}
```

图 1.12   使用 Java 标准库的 sort 方法

接下来是写文件，如图 1.13 所示。如图 1.14 所示，我们通过将已知的值写入文件，然后再次读出并比较来进行测试。现在需要的是实现获取文件名称的 sort 方法，如图 1.15 所示。鉴于我们已经看到了如何使用测试用例，这是很容易做到的。该方法的测试用例如图 1.16 所示。

```
public void writeToStream(Writer w) throws IOException {
    PrintWriter pw=new PrintWriter(w);
    Iterator i=lines.iterator();
    while(i.hasNext()) {
        pw.println((String)(i.next()));
    }
}
```

图 1.13   writeToStream 方法

15

```
public void testWriteToStream() throws IOException{
    // write out a known value
  StringSorter ss1=new StringSorter();
    ss1.lines=make123();
    Writer out=new FileWriter("test.out");
    ss1.writeToStream(out);
    out.close();
    // then read it and compare
    Reader in=new FileReader("test.out");
    StringSorter ss2=new StringSorter();
    ss2.readFromStream(in);
    assertEquals(ss1.lines,ss2.lines);
  }
```

图 1.14　testWriteToStream 方法

```
public void sort(String inputFileName, String
  outputFileName)
                    throws IOException
{
  Reader in=new FileReader(inputFileName);
  Writer out=new FileWriter(outputFileName);
  StringSorter ss=new StringSorter();
  ss.readFromStream(in);
  ss.sort();
  ss.writeToStream(out);
  in.close();
  out.close();
}
```

图 1.15　sort 方法（获取文件名称）

```
public void testSort2() throws IOException{
    // write out a known value
    StringSorter ss1=new StringSorter();
    ss1.sort("in.txt","test2.out");
    ArrayList l=new ArrayList();
    l.add("one");
    l.add("three");
    l.add("two");
    // then read it and compare
    Reader in=new FileReader("test2.out");
    StringSorter ss2=new StringSorter();
    ss2.readFromStream(in);
    assertEquals(l,ss2.lines);
  }
```

图 1.16　testSorter2 方法

1.4.5　用户界面

我们现在有一个 StringSorter 的实现，并且有理由相信它将按照预期工作。我们意识到测试不是那么全面。无论如何，我们可以继续构建一个用户界面，它将让我们使用 String-Sorter 的功能。第一个实现是一个命令行版本，而不是 GUI，如图 1.17 所示。它将输入和输出文件的名称作为命令行参数。

```
import java.io.IOException;
public class StringSorterCommandLine {
  public static void main(String args[]) throws IOException
  {
      if(args.length!=2) {
          System.out.println("Use: cmd inputfile
outputfile");
      } else {
          StringSorter ss=new StringSorter();
          ss.sort(args[0],args[1]);
      }
  }
}
```

图 1.17   StringSorterCommandLine 类，为 StringSorter 功能实现了一个命令行接口

我们将通过键入以下命令来使用它：

```
java StringSorterCommandLine abc.txt abc_sorted.txt
```

你认为这是一个有用的用户界面吗？其实，对很多人而言是的。如果你一直开着一个命令行窗口，或者如果你在没有 GUI 的情况下工作，那么键入命令并不困难。此外，在脚本中使用此命令对大量文件进行排序非常容易。实际上，你还可以使用脚本来更全面地测试实现。除了可脚本化之外，另一个重要优点是构建该界面很容易。这意味着更少的工作量、更低的成本和更少的错误。

但是，对于有的人来说，这并不是一个有用的界面。如果你习惯于仅使用 GUI，或者如果通常不开着命令行窗口，并且不打算对大量文件进行排序，则 GUI 将会更好。然而，GUI 不一定比 CLI 更好，这取决于使用方式和用户。此外，非常容易设计不好的 GUI，如图 1.18 中的实现所示，该图中的代码将显示图 1.19 所示的对话框。用户单击 OK 按钮后，将显示如图 1.20 所示的对话框。请注意图 1.20 中对话框顶部的标题"输入"（Input）和提示信息"请输入输出文件名"（Please enter output file name）。这对用户而言可能存在沟通上的问题。

```
public class StringSorterBadGUI {
    public static void main(String args[]) throws IOException
    {
        try {
            StringSorter ss=new StringSorter();
            String inputFileName=JOptionPane.showInputDialog
                ("Please enter input file name");
            String outputFileName=JOptionPane.showInputDialog
                ("Please enter output file name");
            ss.sort(inputFileName, outputFileName);
        } finally {
            System.exit(1);
        }
    }
}
```

图 1.18   StringSorterBadGUI 类，为 StringSorter 功能实现了一个不方便使用的 GUI

虽然没有比命令行版本花费更多的工作量，但使用效率非常低。尽管是一个 GUI，但

对几乎所有的用户来说都比 CLI 更难使用。更好的界面如图 1.21 所示。虽然改进不是很大，但至少两个输入都在同一处。使它更便于使用的是，右边的按钮将用于打开一个如图 1.22 所示的对话框，以选择一个文件。

图 1.19　输入文件名对话框（一个不方便
　　　　　使用的 GUI）

图 1.20　输出文件名对话框（一个不方便
　　　　　使用的 GUI）

图 1.21　GUI 的输入和输出文件名对话框

图 1.22　GUI 的打开文件对话框

这对于大多数用户来说至少是一个像样的界面。它不是很漂亮，但简单且功能齐全。该 GUI 的代码可在本书的网站上找到，我们没有在此处列出，因为需要 Java 和 Swing 的背景知识才能理解它。我们将注意到，即使是擅长开发 GUI 的 Java 语言，也使用了 75 行代码，这比 StringSorter 类更长！有时候，GUI 将带来很大的成本开销。我们将在第 7 章讨论用户界面设计的相关内容。

1.5　总结

在本章中，我们讨论了编写一个简单程序所涉及的许多问题。到目前为止，你应该已经意识到，即使是简单程序也不仅仅是编写代码，人们必须考虑以下这些问题：

- 需求
- 设计
- 代码实现
- 单元测试
- 个人工作量估算
- 用户界面

其中大部分内容属于软件工程的范畴，我们将在本书中对其进行概述。

1.6　复习题

1. 定义和限定程序需要做什么的声明是什么？
2. 限制软件设计和实现方式的声明是什么？

3. 哪种类型的需求声明定义了程序需要做什么？

4. 什么需求适合作为功能需求？说明它们需要以什么方式实现。

5. 哪些决策是由软件工程师采取最佳方法（如过程和技术）来实现需求所决定的？

6. 什么类型的测试由客户（或代表他们的人员）进行，以确保程序按照规约运行？

7. 什么是 GUI？什么是 CLI？

8. 列出 3 种典型的非功能需求。

1.7 练习题

1. 对于接下来的两个软件项目（假设你得到一个编程任务，考虑一个查找一组有理数中最大值和最小值的程序），在完成它们之前估算将花费多少工作量，然后跟踪实际花费的时间。你的估算有多准确？ |20|

2. 在学习本章讨论的编程工作量时，你观察到相关活动的顺序是什么？

3. 你认为编程语言约束是否被视为一个需求。解释你为什么这样想。

4. 下载本章的程序，并为 StringSorter 类的每个方法添加至少一个测试用例。

5. 在本章简单程序的讨论中，"基本"设计考虑了哪些事项？你是否已经写下了这些考虑事项，或者在实际编码之前与一位可信赖的人对这些事项进行了回顾？

6. 考虑一个 CLI，不是将文件名称作为参数，而是通过询问从键盘获取它们（例如，它显示"输入文件名："，然后从键盘读取文件名）。这是一个更好的用户界面吗？为什么？

7. 考虑一个新的用户界面，它用于排序程序，并结合了 CLI 和 GUI。如果它在命令行中接收到参数，则会进行排序。如果没有，它将显示对话框。这会是一个更好的界面吗？与其他界面相比，它的优点和缺点是什么？

1.8 参考文献和建议阅读

K. Beck and C. Andres, *Extreme Programming Explained: Embrace Change*, 2nd ed. (Reading, MA: Addison-Wesley, 2004).

N. Dale, C. Weems, and M. R. Headington, *Programming and Problem Solving with Java* (Sudbury, MA: Jones and Bartlett, 2003).

W. Humphrey, *Introduction to the Personal Software Process* (Reading, MA: Addison-Wesley, 1996).

A. Hunt and D. Thomas, *Pragmatic Unit Testing in Java with JUnit* (Sebastopol, CA: Pragmatic Bookshelf, 2003).

B. W. Kernighan and R. Pike, *The Practice of Programming* (Reading, MA: Addison-Wesley, 1999).

M. Main and W. Savitch, *Data Structures and Other Objects Using C++*, 4th ed. (Reading, MA: Addison-Wesley, 2010).

Steve McConnell, *Code Complete 2* (Redmond, WA: Microsoft Press, 2004).

N. R. Mead and T. Stehney, "Security Quality Requirements Engineering (SQUARE) Methodology," *SESS '05 Proceeding of the 2005 workshop on Software Engineering for Secure Systems*, New York, New York, 2005.

C. T. Wu, *Introduction to Objected Oriented Programming with Java*, 5th ed. (New York: McGraw-Hill, 2009).

|21 ~ 22|

构建一个系统

目标

● 描述系统的规模和复杂度问题。

● 描述系统的开发和支持中的技术问题。

● 描述开发和支持系统的非技术问题。

● 以薪资管理系统为例，讨论在大型应用软件开发和支持活动中的关注点。

● 描述协调过程、产品和人员所需的工作量，这些软件工程主题将在后面的章节中进行扩展介绍。

2.1 构建一个系统的特征

第 1 章重点介绍了一个人为几个用户开发单个程序的环境和条件。我们已经看到，即使一个人编写单个程序，也必须考虑多个事项。在本章中，我们将描述构建包含多个组件（从几个组件到成百上千个组件）的系统的问题和关注点。组件数量的增加和复杂性的提高要求我们学习和理解关于软件工程的各个方面、原理和技术，这些将在后面的章节中讨论。这里的讨论说明了软件工程作为一门学科的理由，特别是对于需要一个团队完成的大型复杂项目更是如此。

2.1.1 规模和复杂度

随着软件变得无处不在，开发含有软件的系统也变得越来越复杂。软件工程师要解决简单和复杂的问题，并处理它们之间明显的差异。复杂的问题表现在广度和深度的多个层面上。广度问题涉及以下几个方面：

● 主要的功能

● 各功能区域内的功能点

● 与其他外部系统的接口

● 并发用户

● 数据的类型和数据结构

深度问题涉及不同项之间的连接和关系。连接可能是通过数据共享或控制转移传递的，或两者兼有。关系可以是分层、顺序、循环、递归或其他形式。在开发解决这些复杂问题的方案时，软件工程师必须考虑到可能还有另外一组不同于该问题的关系。图 2.1 显示了引入广度（在规模上）和深度（在交互次数和复杂度上）的影响。虽然仅通过查看图即可在直观上"感受"到差异，但还是值得花时间去分析差异的。该图中的简单情况有 3 个主要部分：开始过程，执行 3 个普通任务，终止过程。在图 2.1b 中，普通任务的数量从 3 个增加到 5 个，增加了"等待信号"和"任务 A2"。还有一个新的判定任务，即图中心的菱形。判定任务大大增加了路径或选择的数量，从而导致复杂度增加。此外，通过判定任务引入循环关系，将会使复杂度进一步增加。在循环或重复关系中涉及更多的交互，这比图 2.1a 中描绘的任务之间的直接顺序关系更复杂。

图 2.1　规模和复杂度

如图 2.1 所示，任务和判定数量相对较小的增加极大地增加了复杂度。与单个编程模块一样，当在软件系统问题中规模和复杂度有几个数量级的增加时，解决这些问题的方法也涉及规模和复杂度的类似扩展。

2.1.2　开发和支持的技术考虑

在以下三个部分中，我们将讨论与开发和支持一个系统有关的各种技术问题。

问题和设计分解　当从简单情况向更为复杂的构建软件系统情况转变时，我们必须考虑一些技术问题。基本的问题是如何处理所有的部件和它们之间的关系。一个常见的解决方案是基于分治的概念。这源于文献（Parnas，1972）中首先提出的模块化概念。模块化将在第7章进一步讨论。一个很自然的问题是：我们如何将一个庞大而复杂的问题与其解决方案分解成较小的组成部分？这个问题比它听起来更困难。我们首先需要通过将其分解为较小的片段来简化庞大而复杂的问题。在成功完成这一过程之后，下一步是决定是否应该按照问题的划分来设计和分解软件系统解决方案。因此，如果问题描述或需求按函数和功能进行划分，我们可以使用相同的函数和功能片段来构建和设计解决方案吗？或者，我们可以为解决方案选择另一种分解方法，以"对象"的方式行吗？（有关对象的进一步讨论可以在第7章中找到。）解决大而复杂问题的关键是考虑通过以下活动来进行某种形式的简化：

- 分解
- 模块化
- 分离
- 增量迭代

在 2.2.2 节中将以薪资管理系统的设计为例，进一步讨论这个概念。

技术和工具考虑　除了分解问题及其解决方案之外，还存在与技术和工具相关的问题，这些问题也需要解决。如果你不是单独为有限的用户编写程序，那么特定编程语言的选择可能会成为一个问题。一个庞大而复杂的系统需要多个人来开发，虽然所有相关的开发人员可能都会几种语言，但每个人通常都会有不同的经验。这种背景和经验的多样性往往会导致个人对某种程序设计语言的偏爱或反对，也可能影响开发工具的选择。因此，需要选择一个共同的语言和开发环境。除了编程语言和开发工具之外，还需要进一步考虑以下相关的技术选择：

- 数据库
- 网络
- 中间件
- 其他技术组件，如代码版本控制

这些必须由参与构建和支持复杂软件系统的所有各方共同商定。

过程和方法 我们在需要进行简化和分解时，就会提到方法和过程。即便只有一个人开发解决方案，也需要了解问题或需求。通常需要花时间来设计解决方案，然后再实现它。解决方案的测试可以由同一个人并很可能和用户一起执行。在这样的条件下，人们之间的交流很少。没有材料（如设计文档）从作者传给另一个人。即使只有一个开发人员，可能仍需要记录所进行的工作，因为他可能会忘记所做决策背后的一些理由。这种情况下通常不需要协调各个工作项，因为可能没有那么多的组成部分。当只涉及一两个人时，执行任何任务使用的具体方法都不需要协调。

在开发一个庞大而复杂系统的情况下，问题被分解并由许多不同的专业人员来处理，因此需要一个**软件开发过程**来指导和协调这群人。简单的事项（如设计表达的语法）需要所有开发人员达成一致，以便他们能够审查、理解、编写和生成一致性强且内聚度高的设计方案。用于特定任务的每种方法以及整个开发过程必须由参与项目的人员达成一致。提出软件开发和支持过程

> **软件开发过程** 在生产软件过程中的一组任务，以及这些任务的输入和输出、顺序和流程、前置条件和后置条件。

是为了协调和管理涉及人员较多的复杂项目。当一群人变成一个相互协作的团队时，这个过程将会带来极大便利。虽然在不断做出改进和提出新的建议，但还没有人提出完全去除过程或方法。无论是否相信软件过程，通常都认为必须存在一些过程，以便协调一个复杂的软件项目取得成功。传统的软件过程模型和新出现的过程模型，包括目前流行的敏捷（Agile）方法，将在第 4 章和第 5 章中讨论。

考虑图 2.2 所示的 6 个主要任务。这些是软件开发和支持中常见的任务。每个任务都作为一个独立的事项，每个任务都会提出预期是什么和如何执行以达到预期的问题。例如，是否有一种收集需求的方法？如果有不止一个人执行需求收集任务，那么需要定义如何分解这个任务。同样，我们可能会问用户支持由什么构成，以及必须解决什么问题。

图 2.2 中所示的各个任务是相互独立的。当有多个人参与软件开发和支持时，必须清楚地了解顺序、重叠和开始条件。例如，设计和编码人员可能是一组和需求分析师不同的人员，而需求分析师会与客户进行合作。设计和编程人员在什么时候开始工作？这些任务之间有多少重叠？代码应如何进行集成和测试？过程定义应该回答这些问题，以协调各项任务，并确保按照以前商定的方法执行这些任务。

图 2.3 表示采用增量开发和持续集成观念的一种方法。软件集成是将已测试的单元连接到一个协调一致的完整系统中的过程。自 20 世纪 70 年代以来，大型系统已经采用了持续集成（Tsui et al.，1976）。最近，由于广泛使用增量开发和敏捷方

图 2.2 独立任务

法，持续集成越来越流行。增量开发中涉及的方法必须得到整个开发团队的同意和实践。图 2.3 中看似简单的"测试－修复－集成"循环非常具有迷惑性，这个简单的循环需要描述　[27]
一种方法来回答以下问题：

- 是否有独立的测试组？
- 当发现问题时，应该如何报告和向谁报告？
- 问题描述中必须附加多少信息？
- 谁决定问题的严重程度？
- 如何将问题修复反馈给测试人员？
- 是否应重新测试所有修复后的问题？
- 问题修复如何集成到代码中？
- 应该怎么处理那些未修复的问题？

图 2.3　一种可能的过程方法

这些仅仅是图 2.3 所示过程必须确定和解决的问题中的一部分。我们将在第 10 章和第 11 章中讨论与测试和集成有关的方法及过程的具体细节。该过程还假设利用增量开发，并且问题和设计都可以分解为增量。图 2.3 不包括支持和客户问题修复活动。我们不能忘记软件产品需要使用支持、问题修复和功能增强。过程在确定和协调大型复杂系统的开发和支持活动中起着至关重要的作用。　[28]

2.1.3　开发和支持的非技术考虑

除了需要考虑技术之外，大型和复杂的系统还需要考虑非技术问题。我们将在这里讨论两个这样的问题。

工作量估计和进度计划　对于一个涉及 1 到 3 个人团队规模的小型简单软件项目，项目的工作量估计和进度安排相对容易。项目的功能和非功能需求数量少且复杂性较低。即使如此，正如你在第 1 章中看到的，它仍然不是一项简单的任务。对于复杂和庞大的系统，收集和理解需求可能并不容易。在此困难下估算总工作量并提出切实的进度计划，是许多软件项目失败的主要原因之一。更多细节见文献（Jorgensen，2004）。大型复杂系统的工作量估算和进度计划通常不够准确，可能会过于乐观，这会把不切实际的期望放在这些系统的客户和供应商上。

例如，考虑一个相对简单的软件项目，这个项目有 3 个主要功能，共 12 个功能点。对该项目的工作量估计需要很好地了解所有功能特征和工作小团队中每个人的生产效率。对于一个庞大而复杂的软件系统，主要功能的数量往往是数十或数百个，这些主要功能包含的功能点数可能会有数百甚至上千个。开发这样一个系统所需的人员可能有上百人。在这种情况下，准确理解所有需求并掌握所有人生产效率的可能性非常低。为如此大量的功能点挑选不同的人员组合，以分配设计和编码任务是一项艰巨的任务。由此产生的工作量估算和进度计划通常只是一个合理的"猜测"，远达不到准确的标准。软件行业长期以来一直存在这个问题。在第 13 章中，我们将介绍一些可用的技术。

任务和沟通　我们提到过当功能数量和相应的开发人员数量增加时人员分配的问题。此外，还有其他需要人力资源的活动。对不同人员分配不同任务（如测试、集成或工具支持）时，需要更多地了解相关人员的技能以及他们需要执行的具体任务。将最有效和具备合适技术的人员分配到正确的任务中需要更细粒度的人员划分和更精细的进度计划。

人员增加带来的另一个相关问题是通信问题。对于一个只有两三个人的小型项目，2 个人需要 1 条通信路径，3 个人需要 3 条通信路径。图 2.4 说明了随着参与者数量的增加最大通信路径数是如何增加的。该图中的节点代表人，线代表通信路径。当团队人员数量从 4 个人增加到 6 个人时，可能的通信路径数量增加了不止一倍。

29

2个人　　　　　4个人　　　　　　6个人
1条路径　　　　6条路径　　　　　增加到15条路径

图 2.4　最大通信路径数

一般来说，n 个人的通信路径数是 SUM$(n-1)$，其中 SUM 是 1，2，…，n 的算术求和函数。因此，团队从 4 个人增加到 12 个人时，通信路径将从 6 条增加到 66 条。一个小团队的人数增加 3 倍时将增加 10 倍以上的潜在通信路径！

与通信路径数量的增加相关联的是通信中出现错误的概率。例如，假设任何两个人之间正确沟通特定信息的概率是 2/3。从一个人到另一个人，然后从第二个人到第三个人正确沟通的概率将是 $(2/3 \times 2/3) = 4/9$。一般地，对于 n 为 2 以上的 n 个人，正确传达该消息的概率为 $(2/3)^{n-1}$。因此，对这条信息，只有 16/81 的概率将它正确地从第一个人传递给团队中的第五个人。突然之间，我们将信息正确传递的概率从 2/3 降到了 1/4 以下。团队成员之间正确沟通信息的概率如此之低可能是一个严重的问题，特别是对至关重要的信息而言。为提高正确沟通信息的概率，应建立合适的人员组织结构，降低复杂性。

2.2　系统构建示例

在本节中，我们将通过一个假想的薪资管理系统来说明 2.1 节中介绍的一些问题。这里的讨论将覆盖开发这样一个系统的主要任务和向用户发布之后的系统支持。本节的目的是对构建该系统时出现的不同问题和关注点进行简单介绍，而不是深入探讨构建和支持该系统的所有细节。

2.2.1　薪资管理系统需求

　　每个人都有一些关于薪资管理系统的想法。花点时间考虑一下，你认为什么是薪资系统的主要功能需求和非功能需求？以下功能仅代表薪资管理系统应该执行的一些任务，并没有包括一个真正薪资管理系统的所有需求。 30

- 增加、修改和删除员工的姓名和相关个人信息。
- 增加、修改和删除与员工相关的所有福利。
- 增加、修改和删除与员工相关的所有税金和其他扣除项目。
- 增加、修改和删除与员工相关的所有总收入。
- 增加、修改和删除与计算每个员工的净薪酬相关的所有算法。
- 为每个员工生成纸质支票或电子银行直接存款。

　　这些功能需求中的每一项都可以加以扩展。例如第一项，对于姓名和相关个人信息，需要了解相关个人信息是什么。这是一个简单的问题，但是软件工程师应该从何处得到答案？软件工程师是问用户、某些官方指定的需求人员还是项目负责人？一旦问题得到回答，应该使用文档进行记录吗？上述列表中的下一个功能需求提到了所有的福利，有什么福利？是否有一个所有可能福利的清单？不难发现，需求的收集、记录和分析需要相当大的工作量。为了正确处理薪资管理系统应用程序的需求，我们可能需要了解福利、税法和其他特定领域的专业知识。

　　此外，薪资管理系统必须能够每月多次生成支票和直接存款。允许的薪资结算周期是什么？换句话说，如果支票和存款必须在每月中下旬完成，那么在一个薪资结算周期中，何时必须关闭对该周期的输入，例如加薪？在这里，我们有兴趣了解在业务环境中允许的薪资处理周期窗口，以及系统必须具备哪些性能才能满足该处理窗口。这涉及 1.1.3 节中介绍的非功能需求——性能。这个问题的答案要求软件工程师了解薪资事务的规模和处理每笔薪资事务的速度。为分析和处理这种类型的需求，我们可能需要知道运行薪资管理系统的硬件和操作系统环境的计算能力。除薪资领域的专业知识之外，薪资管理系统还需要技术系统和接口信息的知识。

　　还需要了解薪资管理系统在用户/客户现场如何运行。例如，如果一条记录有错，如何重新处理该人员的薪资？这是否意味着有多次重新运行薪资管理系统的需求？还需考虑非功能需求中的安全性，面对可能出现的错误、恶意行为和灾难需要提供什么保护？可能还会有一些用户/客户最初忘记提供的需求。在第 6 章中，我们将讨论如何处理这些迟到的需求。

　　在使用文档记录薪资管理系统的需求信息后，对于这种复杂程度的系统，在把需求规约提交给设计和编码阶段之前，很有可能需要与用户/客户进行需求评审。当需求是被增量式分析和记录时，可以逐步进行评审，如果需求是被一起分析和说明的，则可以进行一次性评审。这两种情况都需要协调用户/客户和需求分析师。 31

　　因此，显而易见的是，仅完成薪资管理系统需求阶段所需的活动数量可能就非常多，也非常耗时。需求阶段对于系统的成功至关重要，因此不是需要一个需求分析师，而是需要一个由分析师组成的团队——每个人都拥有丰富的技能，涵盖了从薪资领域的特定知识到 IT

和系统开发的专业知识。从质量角度来看，文献（Jones，1992）中也指出，大约15%的软件缺陷是由于需求错误导致的。正如我们的薪资管理系统示例所示，需求分析并不容易完成，且会对接下来的所有阶段和最终产品产生重大影响。有专门的书籍对该主题进行介绍。（参见本章末尾的"参考文献和建议阅读"部分。）

2.2.2 设计薪资管理系统

一旦理解并同意了薪资管理系统的需求，就需要设计系统。暂时抛开2.2.1节中的薪资系统需求只是一个例子且并不完整的事实。例如，我们可能会自然地问：所有"增加、修改和删除"相关的功能需求是否应该被组合成一个称为"薪资管理功能"的单个组件？然后，我们会问：是否所有的处理功能，如所有的计算扣减项和净薪酬相关的功能，应被组合成一个称为"薪资处理"的组件？当然，我们必须准备好处理错误和异常。因此，处理错误和异常的过程可以被聚合到异常处理组件中。此外，薪资管理系统必须与外部系统连接，例如直接银行存款、批量传输到远程站点或本地支票打印，我们可以将所有的接口功能放在一个名为"薪资接口"的组件中。将这些相关功能分组为组件有以下几个优点：

- 通过组件在设计上提供一定的内聚度
- 与业务流程和薪资处理环境匹配
- 通过组件提供可能的任务分配
- 允许通过组件简化软件打包

这种方法可能会有一些缺点。可以想象，这些组件之间仍然存在很多相互作用或耦合关系。在这种情况下，耦合可能来自于公用的数据文件或关系数据库中的公用表。即使在概要设计阶段，设计者也需要考虑设计的内聚度和耦合度。第8章讨论了与这些主题相关的概念。

还需要对一些作为通用服务的非功能需求进行设计。例如，需要为所有组件设计帮助服务和消息服务。这些服务可能全部放在名为服务组件的组件中。功能组件和通用服务的组合关系如图2.5中的水平和垂直设计实体所示。水平实体是通用服务功能，例如错误处理程序与所有应用功能交叉。垂直实体是不同应用在特定领域的功能，如薪资管理系统中的税收和福利扣除功能。各种功能组件与通用服务之间的交互或耦合是关键的设计关注点。

图 2.5   垂直和水平设计实体

在设计阶段，界面布局将被敲定。在薪资管理系统中，这是一个面向大量批处理的系统而不是一个交互式系统。因此，基于屏幕结构的用户界面不是一个主要的设计关注点。当然，它仍然需要得到解决。对于一个大型批处理应用来说，数据库表和索引很重要，这也是一个重要的设计关注点。

虽然有很多方法来进行概要和详细设计，但是由于系统的广度和深度，薪资管理系统的设计需要广泛的技能。从广度上看，所需的设计技能需要复合的知识：数据库、网络和传输接口，打印接口，操作系统接口，开发工具环境，薪资领域的专业知识。从深度上看，设计师需要了解薪资管理系统的具体情况，例如性能和错误处理。虽然这是一个批处理系统，但大型企业的薪资记录规模往往需要特殊的设计考虑，从而使看似简单的错误处理过程变成一项复杂的任务。设计不仅要获取错误信息或冲突信息，还必须考虑那些记录不能被处理的人员是怎么回事。如果这些记录没有被立即处理，并累积到薪资结算周期结束，则将没有时间再对这些记录做出反应。这些记录必须被处理，以便在薪资处理周期内结算。设计人员必须 `33` 考虑薪资管理系统的环境和为少数人员手写薪资单的可能性。因此，设计人员必须设计系统以支持手工处理，并支持将这些手工处理记录合并到自动薪资管理系统中。在诸如薪资管理系统等大型系统中，即使是对经验丰富的设计者来说，错误处理的深度也是一个挑战。

在这里提到的薪资管理系统设计中，在每个组件内部使用了功能分解和合成技术。除组件之间的交互之外，必须明确划分组件中的各个部件，并且必须设计部件之间的交互。显然，设计复杂的系统与设计单一的编程模块是完全不同的，前者需要更严格的纪律、额外的指导原则以及更多的团队成员。

2.2.3　薪资管理系统编码和单元测试

薪资管理系统的概要设计或架构需要进一步细化并转换为可执行代码。每个设计组件中，需要设计单个的、相互作用的功能单元并将其转换成代码。大多数进入 IT 和计算领域的人都熟悉这一活动。通常，软件工程或计算机科学专业学生的第一门课程都会涉及如何使用详细功能设计和代码解决一个小问题。当解决方案很小时，详细设计甚至不会被记录，而只有该模块的源代码。

对于每个功能单元，程序员必须处理以下问题：
- 以某种语言实现的精确的界面布局
- 以某种语言实现的精确的功能处理逻辑
- 以某种语言实现的精确的数据访问和存储逻辑
- 以某种语言实现的精确的接口逻辑

此外，如果有许多编程单元，必须设定一些共同的标准。例如，模块的命名规则，可以将模块唯一地标识为特定组件的模块；又如，可能需要为不同的数据库记录设置规则，使来自特定关系表的所有元素具有相同的前缀。可能还需要一些规则来记录一些设计细节，例如提供在什么条件下进入和退出模块的注释。注释还可以用于描述对处理至关重要的数据和预期功能。一个非常重要的部分是设计、编码和对如何处理各种错误条件的文档化。不同程序模块显示的错误信息需要一致。因此，每个程序单元必须遵循错误消息的标准。

在程序模块完成后，完成者应该对模块进行测试，以确认其完成了预期任务。单元测试任务的第一步是设置模块的条件并选择适当的输入数据。下一步是运行模块并观察模块的行为，主要是通过检查模块的输出确保它在执行预期的操作。最后，如果通过单元测试发现任 `34` 何问题，必须进行修复并重新测试。当所有问题都解决后，就可以将模块集成到更大的功能单元中，如果模块本身就是一个功能单元，则可以将模块集成到组件中。

模块的编码和单元测试通常由同一个人执行。对于诸如薪资管理系统之类的大型系统，可能需要对数百个模块进行编码和单元测试。此时的编码是一项人力资源密集型活动，当程序员的数量增加到一个很大的数字时，协调和整合所有的编码工作就成为管理上的一个挑战，需要再一次引入软件工程管理原则来减轻工作量。

2.2.4　薪资管理系统的集成和功能测试

模块完成并进行单元测试后，必须把这些模块从各个程序员处正式地收集起来。收集活动被称为集成，它是配置管理这种大型控制机制的一部分。配置管理在本书中一直被提及，并将在第11章中对其进行正式讨论。集成的一个简单原因是，如果将完成的模块留给各个程序员，程序员容易对已经过单元测试的模块进行修改并且会对哪个是最新版本产生困惑。为确保经过单元测试的最新模块能够作为一个功能单元一起工作，需要编译这些模块并把它们链接在一起。在薪资管理系统中，功能单元可能是先前提到的管理组件的一部分，它执行所有联邦扣除法相关的增加、修改和删除功能，而扣除法几乎每年都会更改。因此，由比编写模块的程序员更客观的团队生成测试用例，来测试集成后的模块集合。

功能测试通常会发现一些需要程序员修复的问题。需要在测试人员和代码修复人员之间协调从检测问题到修复问题的周期。修复后的代码必须集成到功能单元中，并重新进行测试，以确保所有修复后的代码作为一个整体不会对彼此产生负面影响。由于功能单元中的一组模块完成了功能测试，因此它将被标记并锁定，以防止被进一步修改。这些功能单元需要由配置管理机制来管理，就像对模块单元所做的一样。在只有一两个模块的简单情况下，不需要集成和配置管理机制。在大型软件系统（如薪资管理系统）的构建过程中，通常需要一种工具来帮助自动化配置管理，例如 Serena Software 公司的 PVCS。处理薪资管理系统集成和功能测试所需的人员和技能通常与编码、设计或需求收集所需的人员和技能不同。但是，测试场景和测试脚本通常需要需求和设计方面的知识。

2.2.5　发布薪资管理系统

功能单元经过测试并集成到组件中后，必须一起测试这些组件，以确保系统能作为一个整体正常工作。确保组件间的所有接口实际上都可以正常工作很重要。此外，对功能单元和组件的各种修复可能会影响一些其他先前正常工作的功能单元和组件。即使在用户业务环境中，使用所有用户场景对整个薪资管理系统进行了测试，也不能发布系统，除非找不到任何问题。在系统被认为可以交付给用户之前，至少保证所有的主要问题和阻碍都已经被修复。再一次强调，经过测试的薪资管理系统必须得到管理和保护，防止被进一步修改。

即使薪资系统完全没有错误，仍然需要培训用户如何使用系统。对于一个大型系统来说，这是一个不能事后再考虑而必须事先进行精心规划的过程。编写这种系统的培训材料是一项非常重要的任务，可能需要几个人花费几个月的时间。提供用户培训可能需要一些与技术设计或编码不同的技能，其重点是演示和沟通技巧。编写培训材料的人可能与开展培训的人不同。

发布薪资管理系统之前，另一个需要考虑的方面是准备用户支持人员。用户只需通过培训就能掌握薪资管理系统所有细节的情况是很少见的。此外，一个庞大而复杂的系统也不太可能完全没有错误。支持人员本身必须事先就薪资管理系统、用户环境和支持客户所需的工具进行培训。

在完成系统测试、培训用户并建立和培训支持团队之后，薪资管理系统就做好了向用户发布的准备。谁应该是对产品发布做出最后决定的人？这应该是一个团队的决定吗？在决定发布时应使用什么标准呢？这些问题属于软件项目管理的范畴，将在第 13 章中进一步讨论。

2.2.6　支持和维护

对于由几个人使用的一两个模块的小型软件产品，支持工作不是一个主要的关注点。而对于诸如薪资管理系统这样的大型系统，用户支持则可能是一组非常复杂的任务。当薪资管理系统继续处理前弹出消息和几个可能的选项时，用户在看过用户手册后，该向谁寻求帮助？当银行的直接存款接口发生变化，需要修改现有的薪资管理系统接口时，用户该向谁寻求帮助？在应用问题修复补丁后，薪资管理系统表现出不同的行为时，用户该向谁寻求帮助？这些只是薪资管理系统发布后将出现的许多问题中的几个。必须做出若干假设，并将其纳入薪资管理系统支持工作量的估算中。下面的决策因素将起到一定的作用：

- 预期用户数和客户数
- 在发布时存在的已知问题数量和类型
- 预计用户发现的问题数量
- 培训用户数量
- 培训支持人员数量
- 投入系统支持的开发人员数量
- 预计未来发布的问题修复版本和功能版本数量

基于这些因素，必须估计和分配薪资管理系统发布后所需的支持和维护人员数量。为支持这样一个复杂的环境，显然需要不同的技能，有必要考虑至少两组支持人员：

- 一组回答并处理系统使用和简单问题的变通解决方案
- 一组解决困难问题并实现未来的增强功能

第一组不需要包括任何程序编码人员。但是，他们必须拥有良好的沟通能力以及薪资管理系统的使用知识。第二组通常需要包括设计师和编码人员，如果薪资管理系统的产品预期寿命较长，则支持人员必须准备几个功能增强版本，因此，该组支持人员可能类似于一个完整的开发团队。这里的重要概念是，诸如薪资管理系统这样的大型复杂系统将需要一个可以与原开发团队的规模和复杂性相当的支持团队。第 12 章将更详细地介绍发布后的支持和维护主题。

2.3　协调工作

薪资管理系统的例子表明了许多软件工程活动的必要性。大型复杂系统的一个关键问题是对所需过程、产品的设计结构和内容以及所需人员在规模上的扩展。与其相对的是对简单系统的相同参数在规模上的缩减。在本节中，我们将介绍这些问题，并在后面的章节中详细讨论过程、产品设计和人员管理。

2.3.1　过程

我们已经讨论了过程的概念。由于应用程序和软件系统在 20 世纪 80 年代和 20 世纪 90 年代变得庞大而复杂，造成巨大损失的严重问题数量急剧上升。在过去，通常会引入更多的评审、更多的检查、更多的测试和更多的会议，作为过程的一部分。大公司投入了大量昂贵的质量保证和度量工作。这些工作旨在防止、检测和纠正问题，从而提高软件质量，提高软件开发人员的生产力。大量的度量标准被制定，用于测度质量和生产力，参见文献（Daskalantonakis, 1992）中的摩托罗拉测量方案。为了规避风险，开发和支持过程变得越来越重要。近年来，随着速度和成本开始占据软件行业的中心地位，出现了一个简化流程的运动（Beck et al., 2004; Cockburn, 2006）。没有一个适合所有场景的过程。一些更适用于需要大量协调工作的大型复杂系统，而另一些更简单，适用于小型快速软件项目。我们将在第 4 章和第 5 章中详细介绍软件过程的相关主题。

2.3.2 产品

软件产品经常被认为只包含可执行代码。然而，在开发和支持软件时，必须产生更多的制品，从需求文档到功能测试场景。许多有经验的用户和客户要求把用户手册、用户培训和产品支持作为产品的一部分。在许多情况下，只提供可执行代码是不够的。

本章中讨论的薪资管理系统就是这样一个示例，客户和用户要求的不仅仅是可执行代码。除开发最终产品之外，他们可能会要求提供设计文档和源代码，以便将来可以由自己的人员进行修改。当然，一旦产品源代码被用户和客户修改，产品的被修改部分必须由用户和客户自己维护和支持。无论是大型还是小型软件产品，只要预期寿命长，都需要进行修改和维护。在长时间的修改、更新和维护过程中，软件组件和制品的协调是一项复杂的工作。在大型软件产品的最初设计中，可能会做到每个部件内聚度高，而部件之间的相互作用少或耦合度低。但是，当大型软件产品经过多个周期的修改后，很难保持高内聚度和低耦合度。因此，需要保护软件产品的设计免受损坏（Taylor et al., 2009）。第 7 章和第 8 章将进一步介绍软件产品的设计以及内聚和耦合的概念。

随着设计和产品复杂性的增加，测试工作也是如此。第 9 章、第 10 章和第 11 章将更详细地介绍如何协调测试的准备、执行、修复和集成。

2.3.3 人员

正如薪资管理系统的例子所展现的那样，对于大型软件系统，我们需要一群具有各种技能和经验的人来开发和支持系统。人的因素是开发和支持软件的关键组成部分。从许多方面来看，软件行业仍然是劳动密集型的。因此，学习软件工程必须包括协调人员活动和管理技能的相关问题。

关于协调软件工程师活动的部分内容包含在对过程的讨论中。协调软件人员的关键点在于组织架构和各个部分之间的沟通强度。第 13 章将介绍软件项目不同阶段相关的一些人员管理问题。

2.4 总结

在本章中，我们描述了复杂软件问题在广度和深度上的增长，以及相关的软件解决方案，介绍了设计分解和沟通以及过程工具和方法的技术和非技术问题。通过一个大型企业的典型薪资管理系统示例来介绍大型软件产品开发和支持中出现的实际问题。大型软件项目需要对过程、产品和相关人员进行控制。软件工程对于开发和支持这些庞大而复杂的系统至关重要。

2.5 复习题

1. 定义软件复杂度中的深度和广度问题。
2. 描述一种简化复杂问题的方法。
3. 列出开发大型系统的两个技术问题。
4. 一个拥有 20 人团队的通信路径最多有多少条?
5. 列出决定产品发布后需要多少人员时应考虑的四个因素。

2.6 练习题

1. a. 举一个软件规模增加的例子。

   b. 举一个复杂度增加的例子。

   c. 从你的角度,讨论哪种类型的增加更难处理。

2. 讨论垂直和水平实体之间的差异以及它们之间可能的交互。
3. 集成的含义是什么?为什么管理集成工作在大型系统中尤为重要?
4. 开发和支持软件系统的主要任务是什么?
5. a. 编写一个读取 11 个数字的程序,将前 10 个数字的和除以第 11 个数字,并显示结果。

   b. 列出在编码部分遇到的所有问题。

   c. 在你看来,需要怎样的技能来收集和说明系统的需求?

6. 讨论在大型软件工程项目中需要协调的三个方面,其中有哪一个比其他两个更重要吗?解释你的结论。

2.7 参考文献和建议阅读

K. Beck and C. Andres, *Extreme Programming Explained: Embrace Change*, 2nd ed. (Reading, MA: Addison-Wesley, 2004).

A. Cockburn, *Agile Software Development*, 2nd ed. (Reading, MA: AddisonWesley, 2006).

M. K. Daskalantonakis, "A Practical View of Software Measurement and Implementation Experiences within Motorola," *IEEE Transactions on Software Engineering* 18, no. 11 (November 1992): 998–1010.

T. Gilb and D. Graham, *Software Inspection* (Reading, MA: Addison-Wesley, 1993).

C. Jones, *Critical Problems in Software Measurement*, Version 1.0 (Burlington, MA: Software Productivity Research, Inc., 1992).

M. Jorgensen, "Realism in Assessment of Effort Estimation Uncertainties: It Matters How You Ask," *IEEE Transactions on Software Engineering* 30, no. 4 (April 2004): 209–217.

D. Leffingwell and D. Widrig, *Managing Software Requirements: A Use Case Approach*, 2nd ed. (Reading, MA: Addison-Wesley, 2003).

L. Maciaszek, *Requirements Analysis and System Design*, 3rd ed. (Reading, MA: Addison-Wesley, 2007).

D. Parnas, "On Criteria to Be Used in Decomposing Systems into Modules," *Communications of the ACM* 15, no. 12 (December 1972): 1053–1058.

Serena Software Inc., www.serena.com.

R. N. Taylor, N. Medvidovic, and E. M. Dashofy, *Software Architecture: Foundations, Theory, and Practice* (Hoboken, NJ: John Wiley & Sons, 2009).

F. Tsui and L. Priven, "Implementation of Quality Control in Software Development," *AFIPS Conference Proceedings* (1976), 443–449.

工程化软件

目标

- 了解建立软件工程学科必要性背后的依据。
- 分析软件项目失败的主要原因。
- 给出一个软件产品失败的例子。
- 了解在 1968 年北大西洋公约组织（NATO）会议上提出的术语：软件工程。
- 定义软件工程和专业化的概念。
- 回顾软件工程的道德规范。
- 讨论由 Alan Davis、Walker Royce 和 Anthony Wasserman 提出的软件工程原理和基础。

3.1　软件失败的示例和特点

如第 1 章和第 2 章所述，单人编程工作和大型软件系统工作之间存在许多差异。这两种方法之间的复杂程度使得许多项目经理和软件工程师意识到这个领域需要更多的规范。建立软件工程学科的另一个很强的动机是失败软件项目的数量和软件产品中遇到的缺陷数量。本节将探讨其中一些失败的例子。

3.1.1　项目失败

如今，在互联网上搜索一下失败的软件项目，将很快搜索到大量的示例。由 Standish Group 于 1995 年发布的 CHAOS 报告中指出，软件项目中的许多错误没有得到深入的研究，同样的错误仍然持续重复出现。他们的研究覆盖了大多数主要行业（银行、制造业、零售业、美国州政府和地方政府、健康等）的大、中、小型企业。研究人员对 365 名受访者进行调查，发现只有约 16% 的软件项目能够按时完成，不超支预算，并完成了最初指定的所有特征和功能。报告接着描述了成功和失败的因素。项目成功的 4 个最重要的原因如下。

1. 用户的参与
2. 高级管理层的支持
3. 明确的需求声明
4. 恰当的规划

在项目成功因素问题的回应中，这 4 个因素占 52.4%。如果正确执行这 4 个因素，软件项目的成功概率将会更高。由 Fishman 在 1997 年撰写并在 2005 年出版于 Fast Company 的文章"They Write the Right Stuff"中指出，诸如明确需求和用户参与等因素也是 NASA 与 Lockheed Martin 公司成功开发航天飞机软件的主要因素（Fishman，2005）。

CHAOS 报告还列出了软件项目的 3 大失败因素。该研究将"挑战性"项目定义为已完成且可运行的一些项目，这些项目超出预算、超出预计时间或缺少初始规约中的一些功能特征。这些挑战性项目失败的前 3 项原因如下：

1. 用户输入不足

2. 需求和规约不完整

3. 需求和规约变更

在软件项目被归为"挑战性"项目的原因中，上述原因在受访者回应中大约占 37%。

以下被认为是项目出现问题并最终被取消，从而导致项目失败的原因：

1. 需求不完整

2. 用户参与不足

3. 资源不足

在受访者回应中，这 3 个因素占导致软件项目最终被取消原因的 36%。

CHAOS 报告进一步分析了两个被取消的软件项目和两个成功的软件项目。两个被取消的项目是加利福尼亚汽车部（DMV）的驾驶执照和注册申请系统以及美国航空公司的租车和酒店预订系统。这两个项目都几乎没有用户参与且需求模糊。美国航空项目是与 Budget Rent-A-Car、Marriot Corporation 和 Hilton Hotels 共同组建的合资企业，其中涉及许多人员，这增加了项目的复杂性。

两个成功的项目是 Hyatt Hotel 的预订系统和 Banco Itamarati 的银行系统。Hyatt Hotel 的预订系统既有用户参与又有明确的需求。Banco Itamarati 项目没有明确的需求声明，但确实有大量的用户参与。Capers Jones（1994）在他的《Assessment and Control of Software Risks》一书中将"忽视用户需求"作为管理信息系统的最高风险。

用户参与和用户需求被列为软件项目成功和失败的主要原因并不奇怪。如果没有理解要开发的是什么，任何项目的成功几率都会很小。软件项目的需求特别难以明确，因为所涉及工作的许多方面都是不可分割的。需求获取、分析和说明是软件工程的关键组成部分，第 6 章将介绍需求工程活动。

3.1.2　软件产品失效

软件项目失败包括许多类型的问题，如成本超支或计划超时。软件产品失效是项目失败的类型之一。文献（Jones，2008）还研究了软件产品失效和这些缺陷的来源。Jones 说明了软件产品错误不同来源的分布情况，不同来源的缺陷平均所占百分比如下：

- 需求错误：12.5%
- 设计错误：24.17%
- 编码错误：38.33%
- 文档错误：13.33%
- 错误修正错误：11.67%

这些数字本身表明大多错误是由编码引起的，但它隐藏了问题修复的成本问题。在需求阶段引入的错误可能会传递到设计和编码中，可能直到产品发布后才被发现。此外，一个需求错误可能会变成几个设计和编码问题。因此，修复传递到设计或代码中的需求错误通常比修复编码错误成本更高。因此，尽管来自需求阶段的错误只有 12.5%，但是解决这些问题的成本通常是最高的。看起来软件开发的需求阶段应该比后面的阶段需要应用更多的问题预防活动。需求规约可以通过向客户和用户展示手绘原型来快速测试，这将确认并验证提供给开发团队的需求。不幸的是，需求的收集和说明通常十分紧迫，没有足够时间与客户和用户进行沟通。

由于需求规约和设计规约都不能直接执行，可以构建一个原型来测试它们。然而，在大多数情况下，是通过评审和形式化检查来检测需求和设计的。在编码前发现的错误越多，对编码、测试以及编写用户指南和其他文档等活动的影响就越小。

3.1.3   协调和其他关注点

很多软件项目的失败都归咎于不良代码，但其原因通常并不单纯地源于于编程工作或软件本身。相反，正如最近的美联社报道所说："随着系统变得越来越复杂，可解释为技术导致的失败反而越来越少，更多是因为管理不善、沟通或培训不足"。他们引用了多个例子，例如，2004 年由于缺乏适当的软件维护，南加利福尼亚州控制商业飞机和空中交通管制员间通信的系统出现了故障。

为了降低风险，许多企业正在寻求购买像 SAP、Oracle 和 PeopleSoft（PeopleSoft 于 2004 年被 Oracle 收购）等知名企业的软件产品。有人专门从事这些大型复杂企业资源管理系统的使用顾问和开发外包工作。围绕这些类型项目的问题通常不是软件产品本身，这些大型项目涉及复杂的因素有：

- 管理层的决心和领导力
- 对业务和技术流程的周密规划
- 熟练和经验丰富的顾问
- 对项目的持续关注和监督
- 在需要时愿意进行修改和调整

在美国总审计局（GAO）2004 年 3 月向美国参议院军事委员会提交的报告中，有 3 项基本的管理策略被认为是确保按时并在预算范围内交付高质量软件的关键：

1. 重点关注软件开发环境
2. 规范的开发过程
3. 系统地度量成本、进度计划和绩效目标

美国国防部（DOD）访问过的主要公司都具有这 3 个特点。

美国国防部具有采购职能，其关注的重点是采购过程。因此，美国国防部必须就如何管理所需软件的采购进行培训。对于美国国防部的采购经理来说，能够识别出成功软件组织的特征并将该组织作为采购软件的来源非常重要。他们必须能够区分出软件工程实践良好的软件组织。

3.2   软件工程

3.2.1   什么是软件工程

到目前为止，依赖于每个读者对软件工程的直观感受，我们使用了软件工程这个术语。我们讨论并提供了作为软件工程一部分活动的例子，描述了简单和复杂的软件产品与软件项目的属性，引用了软件项目和产品失败的例子，并概要介绍了成功可能需要的因素。软件工程有很多方面，我们延迟给出正式的定义，因为希望读者接受这个学科的广阔范围。它起源于计算机科学与程序设计，并作为一个年轻的学科在不断发展和壮大。因此，很难去定义软件工程，并且其定义也将不断发展演变。

软件工程一词首先于 1968 年在德国举行的北大西洋公约组织（NATO）会议上提出。20世纪 60 年代末，计算机领域开始面临软件"危机"，计算机硬件在计算能力和存储容量方面

取得了巨大的飞跃。这开创了一个需要大量程序员参与开发大型复杂软件的时代。第一波改变涉及系统级软件，如操作系统、文件系统和访问方法。鉴于商业自动化的巨大潜力，大型复杂的商业应用软件也在不久后开始出现。对于这些大型复杂项目，早期的编程经验被证明是不够的。因此，许多软件项目被推迟，有些项目从未完成，有些项目虽然已经完成，但预算严重超支。最终的软件产品经常表现出不令人满意的质量和性能。这些软件系统的用户经常遇到难以理解的用户手册，因为编写用户手册的程序员不熟悉用户需求。这些软件发布需要持续的支持和维护，但开发软件的程序员没有接受过相关培训。1968 年北约会议的参会者认识到需要像其他工程学科一样有自己的规则，从而正式确定了软件工程的概念。在过去30 年中，软件行业和学术界都取得了长足的进步，但是，软件工程仍然需要更多的改进。

3.2.2　软件工程的定义

早期软件工程定义之一可归功于 David Parnas，他指出，软件工程是由多人构建多个软件版本的过程（Hoffman et al.，2001）。这个定义指出了软件工程已经被讨论过的一些方面，例如，增加开发人员意味着需要更多的通信路径（参见 2.1.3 节）。

Ian Sommerville（2010）指出，"软件工程是一个工程学科，其重点是高性价比地开发高质量软件系统"。他进一步解释说，软件是"抽象且无形的"，并将软件工程定义为"涉及软件生产各个方面的一个工程学科，从早期的系统规约阶段到系统投入使用后的维护阶段"。这个定义明确了从初始到产品退出的软件生命周期。

Shari Pfleeger（2009）以化学与化学工程的关系为例，讨论了计算与软件工程的关系。她表示，在计算中，我们可以专注于"计算机和编程语言本身，或者可以将它们视为用于设计和实现问题解决方案的工具。软件工程采用后一个观点"。根据她的观点，软件工程是应用计算工具来解决问题的。

美国计算机学会（ACM）和 IEEE 计算机学会发布的《软件工程本科学位计划课程指南》（Software Engineering 2004）确认了该领域的广阔范围，强调了 3 个不同来源的定义。

- F. L. Bauer："建立并使用健全的工程原理（方法），以便经济地获得可靠的、可以在真实机器上运行的软件。"
- CMU/SEI-90-TR-003："软件工程是一种工程的形式，它应用计算机科学和数学原理，以获得成本效益好的软件问题解决方案。"
- IEEE 标准 610-1990："对开发、运行和维护软件所采用的系统的、规范的、可量化的方法。"

课程指南进一步说明软件工程是以系统、可控和高效的方式创建高质量的软件。因此，要十分重视软件的分析和评估、说明、设计以及演化。另外，还包括在软件工程中发挥关键作用的管理和质量、新颖性和创造性、标准、个人技能与团队合作等问题。

很明显，由于其广度和短暂历史，用仅一句话来说明软件工程是非常困难的。在本书的其余部分，我们将介绍软件工程的多个基本组成部分。

3.2.3　软件工程与软件的相关性

鉴于软件工程领域如此广阔，而且软件已经错综复杂地参与到我们的日常生活中，所以不可能忽略软件的重要性。我们的金融系统由银行系统管理，我们的运输系统由包含嵌入式软件的各种设备管理，我们的家用电器和汽车都包含嵌入式软件，我们的医疗保健依赖于复杂的医疗系统，我们的制造业运行在大型企业资源处理系统上，甚至我们的食物供应也由配送和仓库软件系统管理。

随着我们对软件的依赖性越来越高，包括软件系统的开发和支持在内的软件工程正在获得软件产业、学术界和政府的关注。在 2016 年撰写本书第 4 版时，已有 23 个美国工程技术评审委员会（ABET）认证的**软件工程**本科项目，还有更多的软件工程项目正在准备获得认证。

> **软件工程** 涉及开发和支持软件系统各个方面的广泛领域：技术和业务流程，具体方法和技术，产品特性和指标，人员、技能和团队合作，工具和培训，项目协调与管理。

46

随着软件使用的增多，其价值也越来越大。根据 2002 年三角研究所（RTI）为美国国家标准与技术研究所准备的报告，软件已经成为"今天所有美国企业的固有组成部分"。在 2000 年，软件的总销售额为 1800 亿美元。

软件价值的增加也带来了一大堆问题，每年数百万美元的软件被盗，其中大部分是通过非法复制。软件是知识产权，它具有价值并需要得到保护。在 2004 年美国司法部的知识产权工作组报告中引用了许多不同类型的知识产权违法行为，仿冒软件被司法部列为知识产权诉讼的一个典型案例。根据这一报告，该部门正在把实施知识产权犯罪法作为高度优先事项，并建立了一支受过专门培训的检察官队伍，致力于打击知识产权犯罪。

3.3　软件工程职业与道德规范

传统的工程技术专业，如土木工程或电气工程，在美国设有专业工程师（Professional Engineer，PE），这个称号意味着得到了当地政府的认证，认证涉及工作经验、培训和考试。在其他许多国家，传统的工程师也能获得认证。但是在软件工程方面，我们还没有这样的专业认证。1998 年，得克萨斯州的专业工程师委员会将软件工程作为一门独立的学科，可以颁发工程师执照。然而，这还是一个新鲜事物，而且预计在真正颁发执照之前还需要花费更多时间和努力。

3.3.1　软件工程道德准则

今天，软件是一种宝贵的知识产权，软件工程正在变为一个更加规范的行业。软件在生活的各个方面都起着关键作用。作为专业人士，软件工程师必须以一定的专业水平规范其行为，确保其工作不会对社会造成损害。IEEE-CS/ACM 联合工作组报告（5.2 版）提出了软件工程道德规范和专业实践的 8 条原则：

1. 软件工程师应该符合公众利益。
2. 在符合公共利益的前提下，软件工程师应按照客户和雇主的最佳利益行事。
3. 软件工程师应确保其产品和相关修改尽量符合最高专业标准。
4. 软件工程师应在其专业判断中保持诚信和独立性。
5. 软件工程经理和领导人应认可并提倡管理软件开发和维护的职业道德。
6. 软件工程师应提高符合公共利益的专业诚信度和声誉。
7. 软件工程师应平等地对待并支持同事。

47

8. 软件工程师应参加与其专业实践有关的终身学习，并应提高专业实践中的职业道德水平。

在这些通用原则之下，有几个进一步解释这些原则的子元素。例如，这些原则的第 2 条涉及客户和雇主，还有 9 条针对软件工程师责任的解释性子原则：

1. 在其职权范围内提供服务，诚实并坦诚地应对其经验和教育方面的局限。

2. 不要故意使用和保留通过非法或不道德途径获得的软件。

3. 只能在客户或雇主知情并同意的情况下，以适当授权的方式，使用客户或雇主的财产。

4. 确保项目所依赖的任何文件在需要的情况下可以获得授权人员的批准。

5. 在保密性符合公共利益和法律规定的情况下，对专业工作中获取的机密信息保密。

6. 确定、记录、收集证据，并且如果认为某个项目可能失败、成本过高、违反知识产权法或存在其他问题，则应及时向客户或雇主报告。

7. 通过软件或相关文件，识别、记录社会关注的重大问题，并向雇主或客户报告。

8. 不接受不利于为主要雇主所做工作的外部工作。

9. 承诺不会不利于雇主或客户的利益，除非有更高的道德准则受到损害。在这种情况下，应告知雇主或其他关注该道德准则的恰当机构。

> 注：Copyright © 1999 by the Association for Computing Machinery, Inc. and the Institute for Electrical and Electronics Engineers, Inc.

作为一项专业工程实践，软件工程必须包括其成员必须支持的代码和规范。因此，软件工程还包括其成员的知识获取指导和成员行为实践指导。这是特别困难的，因为没有与土木工程或化学工程类似的软件工程政府法规和规范。如前所述，已经有了保护知识产权的法律，软件工程师可以从中寻求指导。事实上，存在一个制定软件工程师行为规范的工作组，就已经表明软件工程在专业化方面取得了重大进展。

3.3.2　职业行为

遵循推荐的 8 项职业道德规范当然是一个好的开始。但是，这 8 项原则中有很多细节。本书的作者之一在软件产业界工作期间，曾在软件开发、支持和管理方面采用了更简单的道德伦理指南。这些价值观受到了 IBM 企业早期价值观的深刻影响： 48

- 尊重他人，争取公平。
- 尽其所能去执行。
- 遵守法律。

这些看起来极其简单的指导方针，实际上为软件工程专业人员范围宽广的行为和判断提供了基础。这里不可能列出软件工程师必须遵守道德规范的所有细节。但是，这些简单的指导方针适用于很多情况，包括以下示例：

- 处理信息的隐私问题
- 处理质量问题和问题解决方案
- 处理项目估算和项目协调
- 处理复用和知识产权问题
- 处理安全问题

在所有这些情况下，如果软件工程师在做出判断或采取行动之前停下来，并考虑对他人的尊重和公平性、尽其所能去执行和遵守法律等问题，将会有所助益。

有几个网站提供了有关职业道德和相关话题的更多信息。例如，在东田纳西州立大学（East Tennessee State University），Donald Gotterbarn 负责的软件工程伦理研究所。此外，Gotterbarn 还主持了一个 IEEE-CS/ACM 联合工作组的执行委员会，制定了软件工程道德与专业实践规范。

处理行为守则和道德行为的问题最终导致了与善、恶或美德、邪恶等术语有关的讨论。关于这个话题的哲学讨论超出了这本书的范围，但有很多好书涉及这个主题。

文献（Quinn，2014）详细地介绍了伦理道德理论及其在信息技术中的应用。伦理学作为一个主题，已经经过了哲学家数千年的研究和分析。这一领域的主要思想家，例如 Bertrand Russell、Sir David Ross、G. E. Moore 和 A. C. Ewing，编写了很多更为深入的著作，对此感兴趣的读者可参考文献（Sellars et al.，1952）中收集的有关伦理理论的读物。

3.4　软件工程的原则

许多软件工程专业的学生以及软件工程师都问到软件工程中是否存在与其他学科类似的自然法则或原则，例如相当于运动定律或热力学定律的东西。在软件工程中，我们没有任何一套法则，但是有一些被推荐的**软件工程原**

> **软件工程原则**　软件工程中的规则和假设，它们来源于广泛的观察。

[49] **则**。这些原则在过去多年经验的基础上演化，其中许多已被广泛接受。由于软件工程还很年轻，仍在发展中，现有原则将继续被修订，新的原则也将被添加进来。在本节中，我们将介绍其中的一些原则。

3.4.1　早期由 Davis 提出的软件工程原则

Alan Davis（1994）是最早提出软件工程基础原则的权威之一。他关于软件工程 15 项原则的文章实际上包含 30 项原则。他后来出版了一本名为《201 Principles of Software Development》的著作。在这里，我们只介绍 Davis 所认为的其中 15 项"最重要的原则"。

1. 质量放在首位：提供质量差的产品是目光短浅的。质量有许多定义，对不同的人意味着不同的含义。例如，对于开发人员来说，这可能意味着"优雅的设计"，对客户来说，这可能意味着"良好的响应时间"。无论如何，必须将质量视为第一个需求。

2. 高质量的软件是可能的：可以建立高质量的大型软件系统，虽然它可能需要很高的成本。

3. 尽早向客户提供产品：在需求阶段完全理解和获取用户需求是非常困难的。因此，给用户一个产品原型并让他们先用起来会更为有效。然后收集反馈信息，并进行产品的全面开发。

4. 在编写需求之前确定问题：在软件工程师急于提供解决方案之前，请确保问题得到很好的理解。然后探索可能的解决方案和各种替代方案。

5. 评估可选设计方案：在理解并就需求达成一致后，探索各种设计架构和相关算法。确保所选择的设计和算法能最好地满足需求目标。

6. 使用适当的过程模型：由于没有适用于所有项目的通用过程模型，每个项目必须根据企业文化、项目情况、用户期望、需求的变动性和经验资源等参数选择最适合项目的过程。

7. 在不同阶段使用不同的语言：在软件开发的所有阶段，没有一种单一的语言是最佳的。因此，要为软件开发的不同阶段选择最佳的方法和语言。从一个阶段转向另一个阶段的困难并不一定要通过在所有阶段使用同一种语言来解决。

8. 最小化智力差距：如果能最小化真实问题与该问题计算机解决方案之间的距离，则创建解决方案将会更为容易。也就是说，软件解决方案的结构需要尽可能接近现实世界的问题结构。

9. 将技术置于工具之前：在使用工具之前，需要很好地理解技术。否则，这个工具就会促使我们执行错误的事情。

10. 在使之更快之前，请确保其正确性：有必要先使软件正确执行，然后再进行改进。不要在初始编码阶段担心对执行速度或代码的优化。

11. 检查代码：IBM 的 Mike Fagan 首先提出，检查是一种能够比测试更好地发现错误的方法。一些早期应用的数据显示，这减少了 50%～90% 的测试时间。

12. 好的管理比好的技术更重要：即使拥有有限的资源，一个好的管理者也可以获得显著的成果。即使最好的技术也不能弥补糟糕的管理，因为好的管理者可以激励人，而技术不行。

13. 人是成功的关键：软件是一个劳动密集型产业，具有经验、天赋和适当动力的人才是关键。正确的人可以克服许多过程、方法或工具中的缺点。没有什么可以替代高质量人才。

14. 勿盲目跟风：谨慎地采用工具、过程和方法，不要因为别人在做或使用它而跟风。在做出重大承诺之前先做一些实验。

15. 承担责任：如果你开发了这个系统，你有责任把它做好。将失败或问题归咎于其他人、进度计划或是过程都是不负责任的。

Davis 的 15 项软件工程原则中，除两条之外，其他都致力于解决软件开发和支持的管理和技术。还要注意，第 15 项原则类似于行为准则，与前文讨论的软件工程职业道德规范相似。Davis 的前两项原则确定了软件产品的质量属性。有趣的是，质量是这些原则中唯一提到的软件产品属性。显然，需要有更多的原则来确定软件产品属性。这些产品属性可能包括以下内容：

- 可维护性
- 易安装性
- 可用性
- 可重用性
- 互操作性
- 可修改性

这些属性还没有被很好地定义。我们必须首先对它们进行明确定义，然后在哪些是重要属性上达成一致。随着软件工程领域愈发成熟，必要的软件产品属性将逐渐发展完善。

3.4.2　更现代的 Royce 原则

在 Davis 原则清单的基础上，Walker Royce（1998）在他的书中提出了一套更现代的原则。Walker Royce 的现代软件管理十大原则如下：

1. 基于架构优先的方法建立过程。

2. 建立一个迭代过程，以通过此过程尽早解决风险。

3. 强调基于组件的开发，以减少编码工作量。

4. 应该建立变更管理来处理迭代过程。

5. 增强迭代开发过程环境（称为双向工程），以通过自动化工具在多个制品上频繁地进行多次变更。

6. 使用基于模型和计算机可处理的符号来进行设计。

7.建立质量控制和项目进度评估的客观过程，包括评估所有中间制品。

8.为能够更早地评估中间制品，使用基于演示的方法，将其转换为用户场景的可执行演示。

9.计划增量式发布多个版本，每个版本由一组使用场景组成，并在细节上逐步演化。

10.建立一个可配置的过程，因为没有一个过程适合所有的软件开发。

这 10 项原则受到如下假设的深刻影响：基础开发过程本质上是迭代的。越来越明显的是，在一次迭代中建立一个庞大而复杂的系统是非常困难的，因此这些原则被认为更符合现代软件工程实践。仅仅是理解大型系统的需求就需要多次迭代。一个允许我们迭代和递增地构建软件系统的过程至关重要，它可以作为顺序方法（如瀑布过程模型）的替代。我们将在第 4 章和第 5 章对传统和新兴的软件开发过程模型展开讨论。

3.4.3 Wasserman 提出的软件工程基础概念

Anthony Wasserman（1996）认为，尽管软件行业正在发生变化，但是有 8 个软件工程概念相对保持稳定。因此，以下基本概念构成了软件工程学科的基础：

- 抽象化
- 分析、设计的方法和表示法
- 用户界面原型
- 模块化和架构
- 复用
- 生命周期和过程
- 度量
- 工具和集成环境

第一个概念，即抽象化，通常被归类为一种设计技术。事实上，软件工程师广泛采用的一种方法是帮助泛化概念，并推迟对细节的关注。正确的分析和设计是第二个概念，这是成功开发软件的关键。分析为我们提供了一个清晰的需求，设计将需求转化为解决方案的架构。许多人试图忽略或减少这些工作量，但是，正如 3.1.2 节中所述，这些工作的不完整一直是许多软件失败的主要原因。此外，分析和设计的表示法需要标准化，以有利于更广泛的沟通。

开发标准表示法对于软件工程成为一个规范的工程专业至关重要。第三个主要概念，即用户界面原型，为理解需求和用户偏好做出了重要贡献。它还对软件开发的迭代过程方法提供巨大帮助。第四个概念是软件架构中的模块化，这大大提升了软件的质量和可维护性。早些时候，David Parnas 就强调了模块化的概念和意义。除模块化之外，Wasserman 还关注设计模式和标准化架构的必要性。当然，架构的设计模式和标准化对于复用的概念有很大的贡献，而复用被列为第五个概念。自从汇编语言和标准数学函数库中开始使用宏定义以来，复用在软件行业得到了长期实践。在操作系统和软件工具中，我们发现了丰富的通用函数库。还需要开发行业特定的可复用组件。由于有一些软件项目在没有规范或过程的情况下成功完成，对软件工程来说，软件过程可能不像规约和分析这类概念那么重要。然而，重要的是要认识到，大多数大型复杂软件项目在没有一些已定义过程的情况下无法生存。因此，第六个概念是生命周期和过程。第七个概念是使用度量，这是重要的工程和管理技术。没有明确的度量和测量技术，不可能测评任何软件属性或软件过程，更不用说尝试改进这些属性和过程了。最后，作为第八个概念，工具和集成环境对于开发和支持任何大型复杂软件都是必不可少的。

当单独看 Wasserman 的每一个概念时，它们并不显得非常特殊。但是，它们合在一起描绘了软件工程领域取得的许多重大进展。这些概念中有很多是在第 2 章中提到过的，其中我们讨论了对作为一个大型复杂软件系统实例的薪资管理系统的开发和支持。

3.5 总结

本章展示了软件项目失败的例子，并描述了失败背后的一些原因。这些软件失败的主要原因在于不良需求和缺乏用户参与。自 20 世纪 60 年代末以来，软件开发者对软件质量问题的增长感到震惊，并且意识到需要一个更严格的工程学科。这个新学科被称为软件工程，在这里我们提供了几个定义。这个相对较新的领域依然在增长，软件的价值也在急剧增加。对软件知识产权价值的认识和对专业化的需求带来了软件工程道德准则的发展。近几十年来，软件工程取得的许多提升和进步使我们能够制定一套原则，这些原则还将继续发展演变。本书介绍并讨论了 Alan Davis、Walker Royce 和 Anthony Wasserman 提出的三套原则。 53

3.6 复习题

1. 列出软件项目成功和失败的两个主要原因。
2. 根据软件工程的定义，列出软件工程必须触及的 3 个方面。
3. 列出美国总审计局在 2004 年报告中提到的，确保成功交付软件 3 个策略中的两个。
4. 软件工程这个术语何时何地被第一次提出？
5. IEEE-CS/ACM 联合工作组报告（5.2 版）推荐的 8 条软件工程道德准则是什么？
6. 软件工程原则这个术语的含义是什么？
7. 软件工程师能否成为经认证的专业工程师（PE）？说明原因。

3.7 练习题

1. 对在 3.6 节第 2 题中你所列出的软件工程定义的 3 个方面进行优先级排序，并解释原因。
2. 软件工程具有职业道德规范的原因是什么？
3. 使用网络或 3.8 节列出的参考资料，查看 IEEE-CS/ACM 的《软件工程道德规范和专业实践》，并列出第 4 条原则的子原则，该原则涉及在专业判断中保持诚信和独立性。
4. 关于 Davis 提出的第一条原则中的术语质量，你认为哪个解释最重要？
5. 跟踪 Davis、Royce 和 Wasserman 的 3 套软件工程原则，并就其相关性和所强调重点围绕以下软件工程主题进行讨论。

   a. 需求

   b. 架构和设计

   c. 过程

   d. 工具

   e. 度量和测量

   f. 测试和质量

6. 浏览 Donald Gotterbarn 的网站 http://seeri.etsu.edu。选择一个关于道德规范的研究案例，并进行总结。

3.8 参考文献和建议阅读

A. M. Davis, "Fifteen Principles of Software Engineering," *IEEE Software* (November 1994): 94–101.

S. L. Edgar, *Morality and Machines* (Sudbury, MA: Jones and Bartlett, 2003).

C. Fishman, "They Write the Right Stuff," http://www.fastcompany.com/28121/they-write-right-stuff, 2005.

D. Gotterbarn, Software Engineering Ethics Research Institute, http://seeri.etsu.edu, 2004.

D. M. Hoffman and D. M. Weiss, *Software Fundamentals: Collected Papers by David Parnas* (Reading, MA: Addison-Wesley, 2001).

IEEE Computer Society and Association of Computing Machinery, Joint Task Force on Computing Curricula, *Software Engineering 2004 Curriculum Guidelines for Undergraduate Degree Programs in Software Engineering*, http://sites.computer.org/ccse/SE2004Volume.pdf

C. Jones, *Assessment and Control of Software Risks* (Upper Saddle River, NJ: Prentice Hall, 1994).

C. Jones, *Applied Software Measurement*, 3rd ed. (New York: McGraw-Hill, 2008).

S. Pfleeger, *Software Engineering Theory and Practices*, 4th ed. (Upper Saddle River, NJ: Prentice Hall, 2009).

M. J. Quinn, *Ethics for the Information Age*, 6th ed. (Reading, MA: Addison-Wesley, 2014).

N. Radziwill, "An Ethical Theory for the Advancement of Professionalism in Software Engineering," *Software Quality Professional* (June 2005): 14–23.

Research Triangle Institute, "The Economic Impacts of Inadequate Infrastructure for Software Testing," RTI Project Number 7007.011 (Research Triangle Park, NC: Research Triangle Institute, 2002).

W. Royce, *Software Project Management A Unified Framework* (Reading, MA: Addison-Wesley, 1998).

W. Sellars and J. Hospers, eds., *Readings in Ethical Theory* (New York: Appleton-Century-Crofts, 1952).

I. Sommerville, *Software Engineering*, 9th ed. (Reading, MA: Pearson Addison-Wesley, 2010).

Standish Group, Chaos, http://www.projectsmart.co.uk/docs/chaos_report.pdf, 1995.

W. A. Stimson, "A Deming Inspired Management Code of Ethics," *Quality Progress* (February 2005): 67–75.

U.S. Department of Justice, *Report of the Department of Justice's Task Force on Intellectual Property*, http://www.justice.gov/olp/ip_task_force_report.pdf, October 2004.

U.S. General Accounting Office, *Defense Acquisitions: Stronger Management Practices Are Needed to Improve DOD's Software-Intensive Weapon Acquisitions*, http://www.gao.gov/new.items/d04393.pdf, March 2004.

A. I. Wasserman, "Toward a Discipline of Software Engineering," *IEEE Software* (November 1996): 23–33.

软件过程模型

目标
- 介绍软件工程过程模型的一般概念。
- 讨论三个传统过程模型
  - 瀑布模型
  - 增量模型
  - 螺旋模型
- 讨论主程序员制团队方法。
- 描述 Rational 统一过程，以及所有过程进入和退出标准的重要性。
- 根据能力成熟度模型（CMM）和能力成熟度集成模型（CMMI）评价过程。
- 讨论修改和完善一个标准过程的必要性。

57

4.1 软件过程

我们已经在前面的章节中提到了过程的概念，并指出了它在软件工程中扮演的重要角色。开发和支持软件的过程通常需要在某些相关序列中由不同的人执行许多不同的任务。比如，任何项目都可以通过需求、设计、编码、单元测试、发布、支持和维护来一步一步地完成（如第 2 章中所示）。当软件工程师根据自己的经验、背景和价值观去执行任务时，他们不一定以同样的方式和顺序来认识和执行这些任务。换句话说，他们不遵从某个系统的过程。他们有时甚至不为所有的项目执行相同的任务。这种不一致性会导致项目花费了很长的时间，却最终得到劣质的产品，更糟的情形是会导致整个项目失败。Watts Humphrey（1997）在他的《Introduction to the Personal Software Process》一书中大量描写了关于软件过程和过程改进的内容，并且介绍了个体层面上的个人软件过程。

在这一章中，我们将介绍传统软件过程，敏捷过程等新兴的过程将留到下一章介绍。本章我们还将介绍过程的总体评价和评估。

4.1.1 软件过程模型的目标

软件过程模型的目标是为系统地协调和控制必须执行的任务提供指导，以实现最终产品和项目目标。一个过程模型（类似于第 2 章关于软件开发过程的定义）定义如下：
- 一系列需要执行的任务
- 每个任务的输入和输出
- 每个任务的前置条件和后置条件
- 任务的顺序和流程

我们可能会问只有一个人开发软件是否需要软件开发过程，答案是要视情况而定。如果软件开发过程只被视为协调和控制的中介，则它是不需要的，因为只有一个人。但是，如果过程被视为用于生成可执行代码及各种中间制品的说明性路线图（如设计文档、用户指南、测试用例），那么，即使是一个人的软件开发项目也需要软件开发过程。

4.1.2 "最简单"的过程模型

当程序员一个人开发软件时，自然会倾向于通常被认为是最重要的任务——编码。正如第1章中所述，大部分涉足信息技术领域的人，包括软件工程师，都是通过学习如何使用某种语言编写代码来开始职业生涯的。图4.1显示了这个简单的过程。它将任务描述为编码－编译－单元测试的循环。因为编码通常被认为是这个过程的核心任务，所以这个模型有时被称为编码－修复模型。当在编译或单元测试中检测到缺陷时，执行调试，以分析和解决缺陷。然后，通过修改代码来改正缺陷并重新编译，随后进行单元测试。当单元测试完成，且所有检测出的缺陷都被解决后，代码将被发布。

图 4.1　一个简单的过程

图4.1中有两个区域值得关注。第一个是问题陈述，它是软件工程中我们现在称为需求规约的前身。这一区域的重要性在早期并没有得到承认和重视。第二个是测试，代码作者以一种非正式的方法执行代码的单元测试。由于问题陈述经常是不完整或不清楚的，所以为了确保代码满足问题陈述的测试本身也常常是不完整的。测试工作通常反映了程序员对问题的理解。

尽管简单过程模型有很多的缺点，但它还是为很多早期项目提供了服务。随着软件项目复杂性的增加，项目开发引入了更多的任务，如设计和集成。随着越来越多的人参与到软件项目中来，还引入了更好的协调。过程中的任务、任务之间的关系以及这些任务的流程变得更加明确。

随着软件设计师获得了更多的经验，他们引入了不同的软件开发模型来解决不同的关注点。如今，大家一致认为没有一个过程模型能够满足所有的软件项目。本章将介绍一些早期的过程模型和相关主题，近期开发的过程模型将在第5章中讨论。

4.2　传统过程模型

在本节中，将介绍几个早期的软件开发模型。为了适应不同的情形，这些模型中的每一个都需要进行相应的适配和修改。在这里只介绍这些模型的基本形式。

4.2.1　瀑布模型

瀑布软件开发过程模型可能是已知模型中最早提出的，它有时被称为经典软件生命周期模型。很多组织都使用了这种模型，Royce（1970）是最早提出这个模型的人之一。瀑布模型的名称是从它所代表的过程衍生出来的，如图4.2所示，任务依次顺序出现，上一个任务将输出传递给下一个任务。

类似于一个多层的瀑布，该模型有许多优点，特别是对于 20 世纪 70 年代初的软件项目经理来说更是如此。它作为管理软件项目的工具，代表了软件经历不同开发阶段的生命周期。它给项目经理提供了一个更准确地描述软件开发状态的方式，而不仅仅是说软件"差不多快要完成了"。虽然我们现在已经认识到这个过程的许多缺点，但瀑布模型也有很多积极的方面：

图 4.2　瀑布模型

- 必须在第一步中指定需求。瀑布模型包括计划阶段，而该阶段可能在组织内部就已经完成，因此是需求的先决条件。
- 在软件被打包发布之前必须完成四个主要任务：需求、设计、实现和测试（如图 4.2 中突出显示的阶段）。
- 每个阶段的输出按顺序传递给下一个阶段。
- 可以根据在特定的、可识别的阶段间的移动顺序跟踪软件项目。

60

由于软件的需求、设计和测试阶段生成了大量的文档，因此瀑布模型也被称为文档驱动方法。

多年来，基本的瀑布模型与早期定义相比经历了多次修改，以解决它存在的一些缺陷。例如，这个模型通常被视为只提供很少任务重叠的单次迭代模型。因此，在图中引入了反向箭头来描述额外的迭代活动。由于瀑布模型只在需求阶段和交付软件时与用户进行有限的交互，因此它也受到很多批评。瀑布模型的实现者通过使用联合应用程序开发（Joint Application Development，JAD）技术，在设计阶段和测试阶段中加入了用户和客户。我们还意识到存在维护阶段，这可能是项目中最长的一个阶段。

瀑布模型一个最重要的贡献可能是它给软件工程师提供了在软件开发时应该关注的过程。由于对过程的关注，瀑布模型与通用的软件质量问题一样，多年来一直有待解决。

4.2.2　主程序员制团队方法

主程序员制团队方法是一种协调和管理方法，而不是一个软件过程。这个概念在 20 世纪 70 年代中期是一个流行的组织观念。

Fred Brooks（1995）在他的著作《人月神话》中描述了一种小团队协调软件开发活动的方法，他把最初的提议归功于 IBM 公司的 Harlan Mills。他所提出的这个方法模拟一个外科手术团队，这个团队中有一个主刀外科医生，而其他专家都为这位主刀外科医生提供支持。这个方法不是让很多人都处理问题的多个小部分，而是有一个主程序员，他将计划、划分指定工作并分配任务给不同的专家。主程序员的作用就像外科手术团队中的主刀外科医生，由他来指导所有的工作活动。这个团队的规模应该在 7 到 10 人，由设计师、程序员、测试人员、文档编辑员和主程序员等专家组成。这种方法合情合理，在此基础上，可将大问题分解为多个组件，再由小型主程序员制团队开发各个组件。

4.2.3　增量模型

增量模型可以被看作是对瀑布模型的修改。随着软件项目规模的增大，人们意识到，将大型项目细分为更小的组件能够使软件的开发更为简单，因为这样可以通过增量和迭代的方式开发软件。而且，这种细分有时是必不可少的。在早期，每个组件都遵循瀑布过程模型，需要反复地遍历每个步骤。在增量模型中，组件是以图4.3中所示的重叠方式开发的。这些组件都必须进行集成，然后在最终的系统测试中作为一个整体进行测试。增量模型中提供了一定的风险控制，如果任何一个组件遇到了问题，其他组件仍然可以继续独立开发。除非遇 [61] 到的问题是一个普遍问题，如底层技术是错误的，否则单个问题不会阻碍整个开发过程。

图4.3   多组件增量模型

使用增量模型的另一个观点是首先开发包含大部分所需功能的核心软件。第一个增量可以作为版本1交付给用户和客户。然后，额外的功能和补充的特性将在随后开发，并在完成后分别作为版本2、版本3等进行交付。以这种方式使用增量模型提供了一种更类似于演化式软件产品开发的方法。在使用这种开发模型时，图4.3中的模型将不具有集成桶。

图4.3中的增量模型可以有单独的版本。例如，需求1将是核心功能版本，其他需求将分别描述不同的版本。图4.4描述了多版本增量模型的场景，第一个版本是核心功能，后续版本可能包括对以前版本中错误的修复以及新的功能特性。第一个版本是可能存在缺陷的，多版本增量模型还可以通过后续版本将它演化成理想的解决方案。因此，由包括提出"evo"过程的 Tom Gilb（2004）在内的许多人提出的增量模型，是有助于演化软件开发和管理的。软件项目的版本数量将取决于项目的性质和目标。虽然每个版本都是独立构建的，但由于以前版本中已有的设计和代码是构建未来版本的基础，因此版本之间仍是存在联系的。

图4.4   多版本增量模型

两种增量模型都使用"分而治之"的方法，将大型复杂的问题分解为多个部分。这个 [62] 模型的难点在于这些问题也是相互交织在一起的，将各部分解耦为独立可实现的部件是很困难的，它需要对问题、解决方案和使用环境有深入的了解。不同增量的重叠是另外一个难点，即组件之间可能存在一些顺序的信息依赖。可以产生多少重叠取决于需要多少先决条件信息。

4.2.4　螺旋模型

　　另一个软件开发的演化方法是螺旋模型，它是由 Barry Boehm（1988）在人们关注瀑布模型的文档驱动方法时提出的。早期的螺旋模型基于 TRW 公司关于各种大型政府软件项目的经验。螺旋模型的一个重要方面是它强调降低软件开发中的风险。因此，该模型是一种风险驱动的软件过程方法。如图 4.5 所示，它提供了一种循环的方法来增量地开发软件系统，同时降低项目在开发周期中的风险。

图 4.5　螺旋模型

　　螺旋模型有四个象限，软件项目在增量开发过程中会遍历这些象限。如图 4.5 所示，螺旋路径可能不是非常平滑。每次循环涉及每个关注点、组件或制品的相同步骤序列。

　　螺旋模型是基于一些目标的，它同样适用于软件开发和软件改进项目。然后，螺旋过程涉及对该目标或需求的连续测试或迭代，直到达到最终结果或被证明是不可实现的。对四个象限的一次典型遍历过程如下：

　　1.确定螺旋中每次循环的目标、备选方案或约束。

　　2.评估与目标和约束相关的备选方案。在执行此步骤时，会识别和评估很多风险。

　　3.根据所识别风险的数量和类型，开发一个原型，进行更详细的评估，进行更进一步的开发，或用其他步骤来进一步降低实现既定目标的风险。另一方面，如果风险大幅度降低，那么下一步可能只是一项任务，如需求、设计或编码。

　　4.验证目标的实现并计划下一次循环。

　　循环的一个组成部分是检查项目中所有主要利益相关者在循环中的活动以及产品完成情况。检查的主要目的是确保各方持续地致力于该项目，并就项目下一阶段的方法达成一致。

　　因为螺旋模型是通过迭代来降低项目风险的，因此它有几个内置的方便特性。

- 该模型将原型设计和建模作为过程的一个组成部分。
- 它允许对所有活动基于涉及的风险量采用迭代和演化的方法。
- 如果确定了更好的备选方案或识别到新的风险，该模型不排除对早期活动的返工。

63
~
64

螺旋模型的讽刺之处在于其风险之一是它依赖于风险评估的专门技能，但是并非所有软件工程师都受过风险识别和风险分析方面的培训或在此方面有经验。

4.3 一个更加现代的过程

近年来，人们提出了很多新的过程，本节将介绍一个最初由 Rational 软件公司开发的流行过程。

4.3.1 Rational 统一过程框架的一般基础

Rational 统一过程（RUP）是由 IBM 公司收购的 Rational 软件公司所开发的软件过程框架，而不是一个单一的过程。RUP 起源于 1987 年的对象过程、1997 年的 Rational 对象过程以及**统一建模语言（UML）**。Fowler 和 Scott（2003）在他们的著作《UML 精粹》中全方面地介绍了 UML。RUP 在许多方面都吸取了增量和迭代模型以及螺旋模型中的早期经验。这个过程框架是由三个主要概念驱动的：

- 用例和需求驱动
- 以体系结构为中心
- 迭代和增量

用例主要用于捕获需求，但也可被用于描述软件系统

> **统一建模语言（UML）** 一种面向对象的建模语言，提供元素和关系来建模软件需求和设计。

与外部任何内容（例如系统用户）之间的任何交互。这种方法与传统的功能规约方法不同，传统的功能规约方法描述系统的功能，但并不描述系统和用户之间的完整交互。此方法的重点在于用户以及用户的价值。用例驱动意味着开发过程是从用例开始的，设计是从用例中开发出来的，测试用例也是从用例中派生出来的。因此，是用例驱动了软件开发过程。

体系结构在 RUP 中扮演着重要的角色，它描述了整个系统的静态和动态方面，强调系统中更重要的方面，忽视其中不重要的细节。在 RUP 中，体系结构最初是由 Jacobson、Booch 和 Rumbaugh（1999）所称的系统"形式"提供的，它是独立于用例的。它描述了超越所有用例的高层设计，例如用户界面标准或错误处理。基于这条基线，体系结构被细化以适应重要的主要用例。每个重要的用例都代表软件系统的一个关键组件，它为设计提供了更多的细节。随着用例的更多细节被考虑到，体系结构也演变成一个更加成熟和稳定的设计。用例驱动体系结构，体系结构影响用例的选择。

RUP 也是迭代和增量式的，因为它促进大型软件以较小的部分或增量式开发。在开发所选择的增量时，RUP 促进了迭代方法。第一次迭代将包括用来表示产品增量或部分的所有用例或需求。第二次迭代将处理所选增量中所有最重要的风险。后续的迭代将基于之前迭代的结果。

用例、体系结构以及迭代和增量这三个概念构成了 RUP 的基础。有关 RUP 的更全面学习，请参阅本章结尾处的"参考文献和建议阅读"部分。

65

4.3.2 RUP 的阶段

RUP 中的阶段不是以设计、测试或编码等活动命名的，一个迭代可能包含许多不同程

度的活动。RUP 中有四个阶段：

1. 初始（Inception）
2. 细化（Elaboration）
3. 构造（Construction）
4. 交付（Transition）

开发产品的一个增量时，它可能会在每个阶段进行几次迭代。在每个阶段中，需求规约、测试或编码等活动的完成程度也不同。

初始阶段可以被视为产品增量仍不确定的早期阶段。在这个阶段，开发实现一个初步的想法。在细化阶段中制定详细的用例，体系结构和设计也得到加强。产品增量是在构造阶段构建、编码和测试的。最后，产品增量在交付阶段向一小部分受限制的用户发布，以便进行进一步的测试和修正，然后再发布给公众。图 4.6 提供了 RUP 四个阶段的视图，并展示了各类开发活动与各阶段的关系。图 4.6 中左侧的软件开发活动都经历了四个阶段。每个活动将在不同阶段处于"峰值模式"。每一项活动的程度都是由条形的厚度来表示的，用相对的近似来显示活动的峰值。虽然在图中没有明确显示，但是任何活动（如设计）都可能在一个阶段中迭代多次。RUP 不仅提供增量开发，而且还包括迭代开发。这四个阶段提供了一个跟踪项目里程碑的机制。

图 4.6　Rational 统一过程

来源：https://en.wikipedia.org/wiki/Rational_Unified_Process#/media/File:Development-iterative.png。

初始阶段　初始阶段是一个计划阶段，包括以下主要目标：
- 确定软件项目的范围并明确其目标。
- 创建关键的用例以及驱动体系结构和设计的主要场景。
- 建立一些体系结构和早期设计的备选方案。
- 估算进度计划和所需的资源。
- 计划实现、测试、集成和配置方法。
- 估计潜在风险。

为了实现这些主要目标，需求活动的建立必须完全达到顶点。软件系统的体系结构是很窄的，在此阶段必须考虑各种不同的设计方案。在初始阶段需要计划实现、测试、集成方法、工具等。根据主要需求和早期体系结构估算整个项目的进度计划、所需资源以及潜在风险。建立项目的目标和度量。利益相关方应就项目的估算和计划达成一致。

细化阶段　细化应该是 RUP 中最关键的阶段。在这一阶段结束时，大部分未知的问题

66

都应该被解决。这一阶段的主要目标包括以下内容：

- 建立系统中所有主要和关键的需求。
- 建立并展示基线设计。
- 建立实现、测试和集成的平台和方法。
- 建立主要测试场景。
- 建立所商定目标的测量和度量。
- 组织并建立实现、测试和集成中所需的所有资源。

为了实现这些目标，所有的需求都必须在细化阶段被所有各方收集、分析、理解、记录和达成一致。需求中的所有原型、体系结构以及大部分设计都必须完成。设计中的所有可行性问题都必须进行原型设计和回答。在这一阶段要确定主要测试场景。要完成实现、测试和集合的计划。要获取并组织实现、测试和集成所需的资源。要完成实现、测试和集成所需的新方法或工具的培训。要接受明确的度量和测量系统，并获取测量所需资源。也就是说，对项目其余阶段的控制都已经就位。在细化阶段结束时，软件项目已准备好进入全面的实现和测试模式。

构造阶段　构造阶段等同于工业中的生产阶段。在这一阶段完成时，软件代码应该已经完成，所有的主要需求都经过了测试。以下是该阶段的主要目标：

- 在估算成本内及时完成实现。
- 实现一个可发布的版本，以进行一组受限的 Alpha 测试。
- 为了实现项目的目标，确立还需要完成的剩余活动。

为了实现这些目标，设计的编码必须在构造阶段完成。在这一阶段，必须执行所有计划的测试用例，并且大部分已经发现的问题都需要被解决。软件必须满足项目的大部分既定目标，并且通过测量去验证。为了实现计划的目标，必须评估还需要多少剩余活动，以及这些剩余活动是什么。例如，需要对是否达到软件产品质量目标进行评估。必须建立后续为实现目标要进行的所有必要活动，如额外的测试和修复。

交付阶段　交付阶段是将软件交付给普通用户之前的最后一个阶段。所有的修复和组件都已经被集成。非代码制品，如手册和培训材料，也都被整合到完整的产品中。这一阶段的主要目标如下：

- 建立正式发布的最终软件产品。
- 建立软件的用户准备和验收。
- 建立支持准备。
- 获得发布和部署许可。

必须由一定数量的用户对软件完成 Alpha 和 Beta 测试，以修复在这个阶段中发现的缺陷，并将其集成到最终版本中。必须对用户进行培训。所有交付活动，如数据迁移和使用流程的修改，都是在这一阶段结束之前完成的。软件支持组需要经过培训，必须随时准备为用户提供服务。如果这是一个对外部销售的软件产品，也必须对销售组织进行培训，并且必须创建营销材料以供分发。根据目标对软件进行最终评估，并做出发布决定。

4.4　进入和退出标准

迄今为止，讨论的过程都强调活动的顺序和协调性。而 RUP 还会进一步提供一些关于哪些制品需要由谁开发的指导。但是，对于每一项活动必须执行多少的指导很少。也就是说，每项活动的退出标准是什么？进入下一项后续活动的标准又是什么？

　　如图 4.7 所示，每项活动的进入标准在活动开始前必须满足，而且必须满足退出标准，才能将活动视为完成，然后才可以开始下一个活动。当活动以并行方式产生重叠时，困难就 │68│ 出现了，这时必须更细粒度地定义进入和退出标准。

图 4.7　进入和退出标准

4.4.1　进入标准

　　在执行过程图中所描述的任何活动之前，我们必须获取允许活动执行者开始活动的条件。活动开始的条件定义了进入标准。这些标准包括以下资源列表和描述：

- 所需制品
- 所需人员
- 所需工具
- 需要对执行的活动进行定义

　　必须有一个制品的指定列表，但仅仅把它们列出来是不够的。这些制品必须处于活动可以使用它们的状态。例如，考虑需要需求规约的设计任务。每个规约的状态必须定义为已完成，这意味着：

- 所有规约都已经由客户和其他利益相关者评审过。
- 评审过程中发现的异常都已经被修改。
- 修改后的规约被各方接受。

　　当需求规约达到这些条件时，它们被认为是完整的，并且符合设计任务的进入标准。注意，如果所期望的过程是增量驱动的，则完成状态可能只适用于下一个设计活动所需的增量需求。

　　还必须指定执行任务所需的人员。他们必须已经做好准备，这意味着他们是可用的，并且可以在任务开始之前投入到任务中。

　　需要指定任何所需的或以后用于执行任务的工具。同样，仅仅列出这些工具是不够的，还必须说明使用任何工具执行任务的理由和期望。在执行任务之前，必须确定使用工具的人员并对他们进行培训。

　　最明显但常常被忽略的需求是对任务本身的定义和解释。如果对任务没有明确的理解，不同的人可能会以不同的方式执行任务，这会导致结果的不稳定。

　　过程中描述的每个步骤或活动进入标准的定义会将过程抽象层次的定义细化到可执行级别，它还允许组织的每个部分通过为过程中的每个任务指定稍有不同的进入标准来定制过程。

4.4.2　退出标准

　　在声明活动完成之前，需要提前指定这个声明的退出标准。只有满足这些标准，才能认 │69│ 为该活动已经完成。同样，在面向增量和重叠的活动时，也必须以更细粒度的级别声明退出标准。

退出标准的主要目的是描述下一个活动中必须可用的制品。必须明确说明每个完成的制品中必须包含的内容。此外，清楚地说明诸如以下的所有条件是很重要的：

- 所有的制品都被评审过。
- 纠正所有错误或预先确定好百分比的错误。
- 执行下游活动的人员同意并接受这些制品。

我们还可以将其他条件作为退出标准的一部分，例如，将参与下一个下游活动的人从当前活动中释放。提前明确地规定好退出标准是很重要的。

4.5 过程评估模型

通过无数的研究、实验和实现，软件工程开发和支持过程被持续修改、改进和发明。其中有些行动取得了巨大的成功，而有些则彻底失败了（Cusumano et al., 2003；MacCormack, 2001）。多年来，软件行业一直认可软件开发过程的重要性。致力于促进、推动和倡导软件开发过程的关键组织之一是软件工程研究所（SEI），它是一个由美国国防部资助的位于卡内基 – 梅隆大学的研发中心。它的核心目标是"帮助其他人对他们的软件工程能力做出可度量的改进"（参见 4.10 节中的 SEI 网页）。

另一个在软件工程领域做出贡献的组织是国际标准化组织（ISO）。其 ISO 9000 系列软件质量标准包括 ISO/IEC 90003:2004 文件，为该组织在计算机软件活动中应用 ISO9001:2000 提供指导。具体来说，有四个文件涉及软件质量的各个方面：从 ISO/IES 9126-1 到 ISO/IES 9126-4。除此之外，面向信息技术文档的 ISO/IEC 12207 标准讨论并提供了软件生命周期过程的框架。这些文档可以从 4.10 节中列出的 ISO 网站上购买。SEI 和 ISO 对如何评估一个组织在软件开发和支持方面的成熟度做出了巨大贡献。

4.5.1 SEI 的能力成熟度模型

能力成熟度模型（Capability Maturity Model，CMM）最初是由 SEI 提出的，它是一个用于帮助软件组织定义其在软件开发方面成熟度水平的框架（参见 Paulk 等人于 2003 年关于 CMM 的原始文件中的信息）。模型基于持续改进的观念提出了成熟度的 5 个等级。软件组织的成熟度水平是由其在实践中采取的不同关键软件开发过程活动所决定的。成熟度水平是连续并且可以累积的，一个被评为 x 级的组织是从（$x–1$）级提升上来的。可以从 SEI 获得一个经过官方培训的 CMM 评估员名单，他们对一个组织进行评估，并对其关键过程活动的优势和弱点提供反馈意见。CMM 的 5 个等级如图 4.8 所示。

图 4.8 能力成熟度模型的 5 个等级

在初始级（图 4.8 中的第 1 级）中，组织内部没有过程，任何成功都可以归功于一个强大而有经验的领导，想要重复这种成功的可能性很低。当一个组织在不同过程中进行定义、实践并不断改进时，它的成熟度就会提升一个等级。

在第 2 级，组织必须掌握 6 个关键过程：

- 需求管理
- 软件项目跟踪和监督
- 软件质量保证
- 软件项目计划
- 子合同管理
- 软件配置管理

第 2 级（可重复级）的组织已经掌握了这些关键的项目管理相关过程，预计在给定相似项目时可以重复取得成功。

为了使一个组织从第 2 级升到第 3 级（已定义级），它必须掌握 7 个关键过程：

- 组织过程焦点
- 培训计划
- 软件产品工程
- 同行评审
- 组织过程定义
- 集成软件管理
- 组间协调

组织在第 3 级掌握了软件构造相关的主要过程以及项目管理相关的附加过程。

一个组织在满足第 2 级和第 3 级的所有关键过程的同时，还将精力集中在定量和质量管理上，其级别就会提高到第 4 级（已管理级）。同样增加了两个关键过程：

- 定量的过程管理
- 软件质量管理

前面已经介绍了过程和软件制品的度量和测量。这一级别的组织对质量、生产率或效率等属性进行定量管理。通过获取的测量，先前活动的反馈变得可见，以便在未来对过程和产品进行改进。

CMM 的最高级别是第 5 级（优化级），这一等级强调的是持续改进。为了促进这种改进，必须包括三个关键过程：

1. 缺陷预防
2. 技术变更管理
3. 过程变更管理

这个最终级别的所有关键过程都有助于组织平稳地应对变更和改进。

SEI 最初的 CMM 已被多个国家的成千上万的软件组织使用。如今，世界各地的大小企业，从印度的 Wipro 到中国的东软，都已经达到了第 5 级。有时候，同一家公司的几个组织可能会在不同的级别进行评估，例如，美国航空航天业的技术巨头 Lockheed Martin 公司就是一个案例，该公司中有几个达到了 CMM 第 5 级的组织。美国在已获 CMM 评估的组织的数量上居世界第一。然而，有些组织仅仅利用 CMM 框架进行自我完善，从不要求任何正式评估。另一些组织将 CMM 等级评估作为一项营销工具，这在软件服务业尤为明显。

从一个等级提升到下一个更高等级通常需要一两年的时间，很少有组织能通过几个月或几天完成。

4.5.2　SEI 的能力成熟度集成模型

2001 年，CMM 升级为能力成熟度集成模型（Capability Maturity Model Integrated，CMMI）。同样，要记住的重要因素是 CMMI 的目的是为改进组织的过程以及提升组织软件产品和服务的开发、管理和支持能力提供指导。虽然 CMMI 有多个方面（例如系统工程、软件工程、集成化产品和过程开发以及供应商采购），但我们感兴趣并将在此讨论的是软件工程模型 CMMI-SW。

72

CMMI-SW 模型有两种表述方式：
- 连续式
- 阶段式

连续式表示模型更适用于对过程的评估和改进。阶段式表示模型和 CMM 一样，能更好地应用于评估组织的成熟度。在接下来的内容中，我们将首先讨论连续式和阶段式表示方式中三个共同的关键概念，然后将描述这两种表示方式之间的差异。

CMMI 的过程域　在 CMMI 中，与连续式和阶段式表示方式都相关的第一个关键概念是，它们有 25 个主要过程域，覆盖四大类：过程管理、项目管理、工程、支持。

过程管理中包含下面 5 个过程域：

1. 组织过程焦点
2. 组织过程定义
3. 组织培训
4. 组织过程绩效
5. 组织创新与部署

项目管理中包含下面 8 个过程域：

1. 项目规划
2. 项目监督与控制
3. 供应商协议管理
4. 集成化项目管理
5. 风险管理
6. 集成化团队
7. 集成化供应商管理
8. 量化项目管理

工程中包含下面 6 个过程域：

1. 需求开发
2. 需求管理
3. 技术解决方案
4. 产品集成
5. 验证
6. 确认

支持中包含剩下的 6 个过程域：

1. 配置管理
2. 过程和产品质量保证
3. 测量与分析
4. 组织集成环境
5. 决策分析与解决方案
6. 因果分析与解决方案

这 25 个过程域构成了 CMMI 过程评价的基础。

CMMI 的等级　连续式和阶段式表示方式都用等级进行评估。在连续式表示方式中有 6 个能力等级（0～5）来评估过程域。在阶段式表示方式中有 5 个成熟度等级（1～5）来评估组织。图 4.9 比较了能力等级和成熟度等级。指定评估结果的等级是 CMMI 中的第二个关键概念。需要注意的是，连续式能力等级和阶段式成熟度等级中的第 2 级到第 5 级的名称是相同的。但是，正如本章后面部分所述，这些等级在结构上是不同的。

等级5	优化级	优化级
等级4	量化管理级	量化管理级
等级3	已定义级	已定义级
等级2	已管理级	已管理级
等级1	已执行级	初始级
等级0	未完成级	—
	连续式 （能力等级）	阶段式 （成熟度等级）

图 4.9　CMMI 的不同等级

CMMI 的目标和实践　CMMI 的连续式和阶段式表示方式共有的第三个关键概念是目标和实践。25 个过程域中的每一个都是一组指定的特定目标，它们唯一地描述了为满足该过程域必须实现的特定实践。除此之外，与每个目标相关的特定实践对每一个目标也都是唯一的。因此，特定实践各不相同，如图 4.10 所示。

图 4.10　目标和实践

例如，考虑 25 个过程域之一的组织过程焦点。这个过程域有两个特定目标和各自的特定实践。特定目标 1 有三个特定实践，特定目标 2 有四个特定实践。

- 特定目标 1：根据需要定期确定组织过程的优势、劣势和改进机会。
- 特定实践 1.1：确立组织过程的需求。
- 特定实践 1.2：评估组织的过程。

[74]

- 特定实践 1.3：确定过程的改进。
- 特定目标 2：计划和实施改进，部署组织过程资产，并将与过程相关的经验纳入组织过程资产。
- 特定实践 2.1：建立和维护过程行动计划。
- 特定实践 2.2：实施过程行动计划。
- 特定实践 2.3：部署组织过程资产。
- 特定实践 2.4：将与过程相关的工作产品、措施和改进信息纳入组织过程资产。

CMU/SEI-2002-TR-028, http://resources.sei.cmu.edu/asset_files/TechnicalReport/2002_005_001_14069.pdf

请参阅 4.10 节中的 CMMI 文档 CMU/2002-TR-028，以获得 25 个过程域的特定目标及其各自特定实践的完整列表。

与每个过程域不同的特定目标相比，有 5 个通用目标适用于所有 25 个过程域（参见图 4.10）。5 个通用目标如下：

- 通用目标 1：实现过程域的特定目标。
- 通用目标 2：制度化已管理过程。
- 通用目标 3：制度化已定义过程。
- 通用目标 4：制度化量化管理过程。
- 通用目标 5：制度化优化过程。

这些通用目标也分别映射到连续式表示方式的能力等级 1 到能力等级 5。能力等级 0 是

[75]

未完成级，没有与它相关的通用目标。

这 5 个通用目标中的每一个都关联了一组通用实践。因为这些目标是适用于所有过程域的，所以这一组通用实践也适用于 25 个过程域。通用目标 1 与一个通用实践有关。通用目标 2 与 10 个通用实践有关。通用目标 3 与两个通用实践有关。通用目标 4 与两个通用实践有关。通用目标 5 也与两个通用实践有关。因为这些通用目标适用于所有过程域，所以它们各自的通用实践也适用于所有过程域。

连续式表示模型　在连续式表示模型中，按照每个过程域的能力水平对其进行评估，同时使用特定目标和通用目标来评估过程域。图 4.11 描述了一个组织的过程域能力水平概况。此概况不仅对能力水平进行了评估，还可以为如何改进组织中需要改进的过程域提供指导。连续式表示模型在一个组织中有多种功能：

- 允许组织选择最符合该组织需要和结构的改进顺序。
- 允许在过程域的基础上对一个过程域在不同组织间进行比较。
- 允许从电子学会联盟国际标准（EIA/IS）731 以及国际标准化组织和国际电工委员会（ISO/IEC）15504 轻松迁移并与它们进行比较。

每个过程域起初都是从能力等级 0（CL0）或未完成级开始的。任何过程域想要从等级 0 移动到下一个等级（已执行级或 CL1），都需要完成以下两组活动。

图 4.11　连续式表示模型中的过程域能力等级

- 必须通过完成与特定目标相关的所有特定实践来实现该过程域的特定目标。
- 必须通过完成与通用目标 1 相关的通用实践来实现通用目标 1。

　　一旦过程域达到能力等级 1（已执行级），就可通过满足后续通用目标及其相应的通用实践来达到后续等级（见图 4.12）。从图中可以看出，过程域必须满足通用目标 $n+1$ 后，才能从 CLn 提升到 $CLn+1$。 $\boxed{76}$

图 4.12　连续式表示模型中过程域达到能力等级的流程

　　阶段式表示模型　在阶段式表示模型中，一共定义了 5 个成熟度等级（ML）。我们将 25 个过程域分类到 5 个成熟度等级中的 4 个。成熟度等级 1（ML1）是起始等级，没有过程域与它相关。从本质上讲，ML1 与连续式表示模型中的 CL0 相似。组织通过满足被分类到该成熟度等级下的一组过程域来达到这个成熟度等级。阶段式表示模型成熟度等级的过程域分组如下。

ML5
- 组织创新与部署
- 因果分析与解决方案

ML4
- 组织过程绩效
- 量化项目管理

ML3

- 需求开发
- 技术解决方案
- 产品集成
- 验证
- 确认
- 组织过程焦点
- 组织过程定义
- 组织培训
- 集成化项目管理
- 风险管理
- 集成化团队
- 集成化供应商管理
- 决策分析与解决方案
- 组织集成环境

ML2

- 需求管理
- 项目规划
- 项目监督与控制
- 供应商协议管理
- 测量与分析
- 过程和产品质量保证
- 配置管理

ML1

- 无

成熟度等级是顺序的，任何成熟度等级 n 都建立在成熟度等级 $n-1$ 之上。阶段式表示模型为组织提供了一个基于所满足过程域的单一成熟度等级评估。例如，一个组织如果满足 ML2 分组下的所有 7 个过程域，那它就被评估为成熟度等级 2。阶段式表示方式为组织提供以下内容：

- 按成熟度等级对过程域进行一系列改进
- 按成熟度等级比较各组织的能力
- 从较早的软件 CMM 模型中轻松迁移

在阶段式表示模型中，一个过程域被满足的规则类似于连续式表示模型，但是有一些细微的差别。一个分类在 ML2 已管理级的过程域，需要满足其特定目标和相关的特定实践，还要满足通用目标 2 及相关的通用实践。对于分类在 ML3 已定义级的过程域，需要满足其特定目标和相关的特定实践，还要满足通用目标 2 及相关的通用实践。对于分类在 ML4 量化管理级的过程域，需要满足其特定目标和相关的特定实践，还要满足通用目标 3 及相关的通用实践。类似于 ML4，每个 ML5 优化级的过程域，需要满足其特定目标和相关的特定实践，还要满足通用目标 3 及相关的通用实践。需要注意的是，阶段模型在评估是否满足成熟度等级时，通用目标 1、通用目标 4 和通用目标 5 不参加该体系。

4.6　过程定义和通信

我们讨论了几种传统软件开发过程。虽然它们是很好的模型，但可能需要对其一些修改以适应特定的组织。根据软件项目的目标，可能一些需要或强调的活动会稍有不同。正如Osterweil（1987）所观察到的那样，软件开发过程只是进行这些活动的载体。因此，具体说明过程模型就类似于构建软件系统本身。一个过程的模型或规范是对实际过程的抽象表示。　78
为了项目能够顺利进行，修改后的过程应该被明确定义，并传达给所有参与者。

软件过程规范由两个基本部分组成：
- 包含在软件项目中的活动
- 执行这些活动的顺序

这两个主要部分被进一步扩展和完善，包括以下内容：
- 活动：对过程中所包含每一项活动的详细描述
- 控制：每项活动必要的进入和退出标准，以及每项活动的执行顺序
- 制品：每项活动的输出结果
- 资源：执行活动的人
- 工具：可用于提高活动性能的工具

用于开发和支持项目的软件过程定义需要以不同的详细程度包含上述所有信息。为特定组织修改的过程定义需要描述要执行的活动，指定进入和退出标准的受控条件，并定义执行这些活动的顺序。必须识别并定义每个活动产生的制品，还要包括不产生任何制品的情况。一个软件项目通常由多个具有不同技能和经验的人共同完成，必须指定需要的人数、他们的个人技能水平和每个人的经验水平。最后，应该指定任何可以提高活动性能的工具。

定义上述所有活动和相关项是困难而乏味的。因此，一个团队可以把重点放在与每个项目最相关的部分上。另一方面，为了给曾经在类似项目中工作过的经验丰富的团队提供一些灵活性，他们可以选择在抽象层次上定义所有5个部分，以便在总体上进行管理。请注意，将软件过程指定到最详细的级别几乎等同于执行软件过程本身的详细设计和编程。

4.7　总结

在前面的章节中，我们提到了由一个或一组过程来指导大型开发和支持项目中软件开发人员的重要性。在本章中，我们追溯了三个传统过程模型：
- 瀑布模型
- 增量模型
- 螺旋模型

此外，还介绍了一个更现代的过程模型——Rational 统一过程（RUP）。该模型的重点是需要明确定义过程模型中活动的进入和退出标准。　79
卡内基－梅隆大学的软件工程研究所一直是过程建模和过程评估领域的驱动力之一。它的第一个软件过程模型——能力成熟度模型（CMM）在软件行业从业者中广为人知。近年来，其改进的模型——能力成熟度集成模型（CMMI）的势头越来越猛。CMMI 的连续式表示模型允许组织分别评估其过程域的能力等级，而阶段式模型与 CMM 模型类似，其允许组织评估整个组织的成熟度等级。一个标准的过程很可能需要进行修改和改进，才能被软件项目所利用。

在下一章中，我们将介绍最新的过程和方法，如敏捷过程和极限编程。

4.8　复习题

1. 讨论瀑布过程的一个优点和一个缺点。

2. 软件过程模型的目标是什么？

3. 螺旋模型中的 4 个象限是什么？通过每个象限追踪活动的需求集。

4. 过程的进入和退出标准是什么？

5. 是什么促使软件工程师从瀑布模型转向增量或螺旋模型？

6. 驱动 RUP 框架的主要概念是什么？

7. RUP 的 4 个阶段是什么？

8. 列出 SEI 的 CMM 模型处理的所有关键过程。成熟度等级 2 需要哪些关键过程？

9. SEI 的软件 CMMI 中共包含多少个过程域？列出其中属于工程类和支持类的过程域。

4.9　练习题

1. 回顾图 4.1 中的简单过程模型。你会选择首先在过程中添加哪个开发活动？为什么？

2. 多组件增量模型和多版本增量模型的区别是什么？

3. 讨论 RUP 的 4 个阶段及其与需求分析、设计和测试等开发活动间的关系。

4. 给出两个进入标准的示例，并讨论它们的重要性。

5. 给出两个退出标准的示例，并讨论它们的重要性。

6. 请访问 http://www.sei.cmu.edu 并找到 SEI 的愿景和使命。你认为我们需要这样一个组织吗？为什么需要或者为什么不需要？

7. 列出 CMMI 阶段式成熟度等级 2 所需的过程域。这与 CMM 成熟度等级 2 的不同之处是什么？

8. 讨论 CMMI 中的两种表示模型。这两种模型用于评估什么？

9. 讨论在连续式表示模型中过程域如何从 CL2 移动（或改善）到 CL3。

4.10　参考文献和建议阅读

D. M. Ahern, A. Closure, and R. Turner, *CMMI Distilled—A Practical Introduction to Integrated Process Improvement*, 3rd ed. (Reading, MA: Addison-Wesley, 2008).

B. Boehm, "A Spiral Model for Software Development and Enhancement," *Computer* 21, no. 5 (May 1988): 61–72.

F. P. Brooks, *The Mythical Man Month*, 2nd ed. (Reading, MA: Addison-Wesley, 1995).

Capability Maturity Model Integration (CMMI) Version 1.1, CMMI for Software Engineering, CMU/SEI–2002–TR–028, August 2002.

M. Cusumano, A. MacCormack, C. F. Kemerer, and B. Crandall, "Software Development Worldwide: The State of the Practices," *IEEE Software* 20, no. 6 (November–December 2003): 28–34.

K. E. Emam and N. H. Madhavji, *Elements of Software Process Assessment and Improvement* (Los Alamitos, CA: IEEE Computer Society, 1999).

M. Fowler and K. Scott, *UML Distilled*, 3rd ed. (Reading, MA: Addison-Wesley, 2003).

T. Gilb, *Principles of Software Engineering Management* (Reading, MA: Addison-Wesley Longman, 1989).

———"Rule-Based Design Reviews," *Software Quality Professional* 7, no. 1 (December 2004): 4–13.

T. Gilb and K. Gilb, *Evolutionary Project Management and Product Development*. Unfinished book manuscript at http://www.result-planning.com, October 2004. Last accessed 2012.

T.Gilb and K. Gilb, "Evo: The Agile Value Delivery Process, Where 'Done' Means Real Value Delivered; Not Code," www.infoq.com/articles/evo-agile-value-delivery, Jan. 2015.

F. Guerrero and Y. Eterovic, "Adapting the SW-CMM in a Small IT Organization," *IEEE Software* (July/August 2004): 29–35.

W. S. Humphrey, *Managing the Software Process* (Reading, MA: Addison-Wesley, 1989).

——*A Discipline for Software Engineering* (Reading, MA: Addison-Wesley, 1995).

——*Introduction to the Personal Software Process* (Reading, MA: Addison-Wesley, 1997).

International Standards Organization (ISO), www.iso.org.

I. Jacobson, G. Booch, and J. Rumbaugh, *The Unified Software Development Process* (Reading, MA: Addison-Wesley Longman, 1999).

P. Kruchten, *The Rational Unified Process*, 3rd ed. (Reading, MA: Addison-Wesley, 2003).

A. MacCormack, "Product-Development Practices That Work: How Internet Companies Build Software," *MIT Sloan Management Review* (Winter 2001): 75–83.

L. Osterweil, "Software Processes Are Software Too," Proceedings of 9th International Conference on Software Engineering (April 1987): 2–13.

M. C. Paulk, C. V. Weber, B. Curtis, and M. B. Chrissis, "Capability Maturity Model for Software, Version 1.1," Software Engineering Institute, CMU/SEI–93-TR-24, DTIC Number ADA263404, February 1993.

R. S. Pressman, *Software Engineering: A Practitioner's Approach*, 8th ed. (New York: McGraw-Hill, 2014).

W. W. Royce, "Managing the Development of Large-Scale Software Systems," *Proceedings of IEEE WESCON*, August 1970.

J. Rumbaugh, I. Jacobson, and G. Booch, *The Unified Modeling Language Reference Manual*, 2nd ed. (Reading, MA: Addison-Wesley, 2004).

Software Engineering Institute (SEI), www.sei.cmu.edu.

J. Wood and D. Silver, *Joint Application Development*, 2nd ed. (New York: John Wiley, 1995).

81

82

新兴过程方法

目标
- 了解传统过程方法的局限性和敏捷过程的适用范围。
- 了解敏捷软件过程的基本原理。
- 熟悉几种常用的敏捷过程：极限编程、水晶系列方法、敏捷统一过程、Scrum、开源
  软件开发和看板方法。

5.1 什么是敏捷过程

敏捷过程是一系列软件开发方法，它们在短周期的迭代中生产软件，并允许更大的设计变化。首先应该指出的是，并不是敏捷过程的所有特征都是新的且具有革命性的。许多特征与第 4 章中讨论的迭代和增量过程相似，都来自多年的经验。由于软件开发仍然是劳动密集型的，敏捷方法也关注软件开发的人员和团队方面。

如图 5.1 中所示的敏捷宣言已经成为许多敏捷方法支持者之间的强烈共识。有关更多信息，请访问 http://www.agilemanifesto.org。

> 我们一直在实践和帮助他人中探寻更好的软件开发方法。由此我们建立了如下价值观：
> **个人和互动**高于过程和工具
> **可工作软件**高于详尽的文档
> **客户合作**高于合同谈判
> **响应变化**高于遵循计划
> 也就是说，虽然右边的内容很有价值，但我们更重视左边的内容。

图 5.1　敏捷宣言

来源："The Agile Manifesto," http://www.agilemanifesto.org, accessed June 2016。

虽然对于敏捷方法的构成没有绝对的定义，但是大多数敏捷方法都有几个共同的特点。不幸的是，一个过程有时仅仅因为其作者的声明，就称它是敏捷的。下面是描述敏捷方法的一系列特征和方法：

- 短周期的版本发布和迭代：将工作分成小块，尽可能频繁地向客户发布软件。
- 增量设计：不要试图预先完成设计，因为早期对系统的了解还不够。尽可能多地推迟设计决策，并在获得更多知识时改进现有的设计。
- 用户参与：不要试图在一开始就产生正式的、完整的、不可变的标准，而是让参与项目的用户提供持续的反馈。这通常会产生一个更合适的系统。
- 最少的文档：只做必要的文档，这只是达到目的的方法。源代码占实际文档的大部分。
- 非正式沟通：保持持续的沟通，但不一定要通过正式文件。人员之间非正式的沟通效果更好。只要取得了理解，这种方法就会起作用。
- 变化：假设需求和环境会发生变化，设法找到好的方法来应对这一事实。

当遵循这种有趣而灵活的方法时，重要的是确保没有人滥用此方法，特别是与文档相关的方法。显然，如果发布的软件需要由与原开发人员不同的小组维护，则必须提供足够的文档。

5.2 为什么使用敏捷过程

虽然传统软件过程已经成功应用于一些项目，但它们通常或多或少地存在以下几个问题：

- 漫长的开发时间：采用传统的开发方式，项目开发周期长达一到五年的情况并不少见。对于许多公司，特别是对于中小型企业而言，周期显然太长而且不合适。许多小企业可能只能存活一年甚至更短的时间。在三年内，更多的公司可能已经改变了它们的主要关注点或产品。即使项目按传统标准取得了成功，也可能太晚了。
- 无法适应不断变化的需求：在大多数领域，环境变化非常迅速，迫使企业去适应新环境并且做出改变。大多数软件开发项目都必须处理许多需求变更。传统的软件开发方法不能很好地处理变化的需求，它们假定变化发生的越晚，代价就越高。
- 假设在项目开始之前就完全理解了需求：这是许多传统方法中常见的不成文假设。虽然对于一些项目来说，它是现实的，但对更多项目而言不是。大多数用户不能用清晰而明确的语言表达需求。在许多情况下，他们甚至不确定自己想要什么。尽管许多系统分析员做出了巨大的努力，但这些需求还是不完整，甚至很多时候是不正确的。
- 过分依赖于英勇的开发人员的努力：不幸的是，太多的软件项目依赖于额外的开发工作量来按时完成。除非团队非常有动力，否则团队成员不能长期保持这么努力的状态。在某一个时间点之后，生产率会下降，这会导致更长的工作时间。
- 复杂的方法：大多数传统方法提供活动和工作产品的详细规范。这些规范可能令人望而生畏。例如，Rational 统一过程（RUP）中包含 100 多个工作产品和 30 个角色。理解这些方法是费时的，而且大多数从业者无法成为方法学专家。
- 多余/重复工作：许多文档是强制性的，可能包括需要和不需要的文档。许多信息以多种形式维护，需要密切关注它们以保持同步。例如，详细设计可以通过统一建模语言（UML）图和源代码的方式保存。对代码的更改可能意味着还需要对 UML 图进行更改，这意味着必须完成两次工作，这存在信息不同步的风险（例如，UML 图中具有与代码不同的类）。保持所有制品同步需要一个复杂的配置管理系统。工具支持可以最大限度地减少这种重复，允许你只需要保存和修改一次信息，就能生成不同的视图。

敏捷开发方法允许在较小的迭代中开发软件，保证在任何时候都有一个成品，并且只需要开发人员的正常工作量。敏捷方法非常擅长处理变更，这意味着不需要从开始就完全指定需求。虽然大多数成功案例来自中小型软件项目，但我们认为，敏捷方法和过程的许多部分也很有可能适用于大型项目。

5.3 一些过程方法

本节将提供一个更好的敏捷过程开发方法概念。我们认为，没有一种特定的方法能够适用于所有项目和所有组织，因此决策过程需要考虑到项目的特点以及组织的文化。

我们不赞成任何特定的方法，并且相信还有许多敏捷的方法值得研究。篇幅因素限制了我们在这里可以关注的方法数量，所以这里选择了一个有代表性的示例。在传统的敏捷方法论中，我们选择了曾经最流行的极限编程（XP），并且它为许多最近出现的敏捷方法，如水晶系列方法、Scrum 和看板方法等，奠定了基础。统一过程是当今软件工程中最流行和最重要的框架之一，我们将讨论如何在敏捷环境中使用它。这里简要地讨论开源软件开发，并着重介绍它与敏捷开发的相似之处。感兴趣的读者可以通过本章末尾的"参考文献和建议阅读"部分获得关于上述方法及其他敏捷开发方法的更多信息。

5.3.1　极限编程

极限编程，通常简称为 XP，是最早、也是更广为人知的敏捷开发方法之一。它最早由 Kent Beck 在克莱斯勒汽车公司（Chrysler Corporation）以前名为 C3 的项目中使用。XP 通过让小团队在同一个房间工作来鼓励交流，建议只创建绝对必要的文档，将代码和单元测试也作为文档。本节将使用许多 XP 术语，其中一些第一次出现时可能会令人感觉有点别扭。XP 的核心价值观可以概括如下：

- 团队成员与客户之间的频繁沟通。
- 设计和代码的简单性。
- 多层次反馈。单元测试和持续集成为单个开发人员或结对开发人员提供反馈。另外，通过小规模迭代提供客户反馈。
- 勇于执行艰难但必要的决定。一个可能的决定是不使用 XP，如果它不适合项目的话。

此外，XP 遵循 5 个体现其核心价值观的基本原则：

86

1. 快速反馈：使用结对编程、单元测试、集成以及短周期迭代和发布。
2. 简单：尝试尽可能最简单的方法。不要过于考虑将来可能发生或可能不会发生的情况。
3. 增量式变化：不要试图做出大的改变，尝试将小的变化累加起来。这一点通过重构、规划和团队组合以及采用 XP 应用到设计中。代码重构是一种改进代码结构的代码修改形式。
4. 拥抱变化：在实际解决最紧迫的问题时，尽量为未来保留选项。延迟决定，直到最后时刻再做出选择。
5. 优质工作：努力创造尽可能好的产品。一直做最好的工作，这对大多数程序员来说，是一种自然的倾向，并且许多实践都鼓励这种做法（Beck et al., 2004）。

XP 也提出了几个非中心原则：（1）持续学习；（2）初始投资少；（3）为胜利而战；（4）具体实验；（5）公开、诚实的沟通；（6）随着人的本能工作，而不是反对它们；（7）承担责任；（8）适应当地；（9）轻装上阵；（10）如实地测量。

大多数时候，对 XP 的最初介绍是细数 XP 方法的 12 个关键实践。每一个实践都可以扩展为一个很长的讨论。但是，这里只用一个实践——计划——作为示例进行详细讨论。可以将这些关键实践简单地概括如下。

1. 计划：使用业务优先级和技术评估相结合的方法，快速确定要在下一个版本中包含的特性。我们将在本节后面讨论更多关于 XP 计划的内容。
2. 短周期发布：尝试尽快得到一个可工作的系统，然后在很短的周期内发布新版本。XP 的典型发布时间是两到四个星期。在发布之后，客户运行其测试以查看新特性是否真正地工作，并向团队提供即时反馈。制定下一个版本的详细计划。
3. 隐喻：使用隐喻作为一个简单的共同愿景，而不是用一个正式的体系结构来表示整个系统是如何工作的。隐喻很简单，所以每个人都能够理解它，并可以用它来指导设计。然而，说起来容易做起来难。设计风格和隐喻是很难提出的。

4. 简单设计：尽可能地保持系统设计简单。一旦发现不必要的复杂性就要将其消除。不要根据未来可能需要的东西使设计复杂化，而是选择现在最简单的解决方案。如果有必要的话，在未来可能会更改设计。

5. 测试驱动开发：确保测试不断地进行，并尽可能使其自动化。为所有代码编写单元测试。在某些情况下，实际执行测试先行的开发，在编写实际代码之前先编写测试用例，保持测试用例一直在运行。要求客户编写功能验收测试用例，以验证功能何时完成。在第一次运行之后，保持这些测试用例持续运行。

6. 改进设计（重构）：实践重构，涉及改变系统的结构而不改变其行为，旨在消除重复、改进通信并且简化或添加所需的灵活性。因为开发人员执行了单元测试，并且进行了持续集成，所以对系统行为没有改变可以有一定的信心。最初的设计是不完整的，但是会根据需要对其进行修改，并随着时间的推移对其进行改进。 `87`

7. 结对编程：确保所有的产品代码都是由两个程序员在同一台计算机或设备上编写的。这是极限方法采用的审查步骤。所有代码总是由另外至少一个人审查。虽然结对编程一开始听起来并没有多少吸引力（因为需要两个人做同样的工作），但质量的提高通常会远远补偿生产率的小幅下降。想象和别人一起编写一个程序，编写"丑陋的"代码、偷懒或者躲避测试是很尴尬的，因为合作伙伴总是在场。此外，设计和代码必须是可理解的，否则合作伙伴不容易跟进设计和代码，并会对此产生抱怨情绪。

8. 集体所有权：由整个团队拥有代码的所有权。任何人都可以随时更改系统中的任何代码。由于同时强调单元测试和持续集成，所以可以在一定程度上确信这些更改不会破坏系统的其他部分。

9. 持续集成：每次完成任务后，集成系统并每天多次构建系统。这样，开发组织总是有一个可工作系统，并且可以立即检测集成错误。这里假设系统构建不像大型软件项目那样可能需要半天到一整天才能完成。

10. 可持续的步调：只以你能维持的步调工作；一周工作40小时是合理的。通常不要连续两周加班。如果一个开发人员经常需要加班，那么初始的估计是不正确的，并且计划可能需要调整。另外，记住编程是一项困难的智力活动。如果一个人不断地加班，他或她的工作效率就会降低，导致在更长的时间内完成更少的工作。疲劳的头脑也会产生更多的错误。

11. 现场客户：在团队中加入一个真正的客户，随时可以回答问题。这使开发能够在没有一组预先指定完整需求集的情况下工作。对于那些用户充分投入的幸运项目来说，项目成功的机会将大大增加。

12. 编码标准：要求所有程序员按照同一组规则编写所有代码，以促进通过代码进行交流。开发人员将与团队中的其他程序员结对工作，团队成员将修改其他人的代码。这就需要一个被所有人遵守的编码标准。这个特定的标准并不是那么重要，大多数选择都同样好。重要的是让每个人都使用同样的规则（Beck et al.，2004）。

这些实践并不都容易遵循。例如，很难有一个用户或客户承诺全职在现场回答与需求相关的问题。这些客户或用户通常有自己的工作职责，并不总是可以现场回答问题。在没有开明的管理时，每周工作不超过40小时是另一个困难的实践。

接下来，我们将以12个实践中的第一个——计划作为示例来进行详细的讨论。 `88`

计划　计划在任何过程中都是非常重要的。在XP中，程序员只详细计划当前的下一个迭代，如果需要，可以在迭代期间对计划进行更改。XP中的基本假设是，可以在一个项目中调整四个变量：范围、成本、质量和时间。通常，最容易调整的是范围，而且它也经常被更改。

在计划期间，必须对项目做出许多决定。必须进行权衡，并且做出调整。XP方法区分业务和技术人员应该做出的决定。业务人员和客户对下列内容做出决定。

- 范围：为了使系统有用，需要做些什么？
- 优先级：某些功能的特征是什么？它们应该按什么优先顺序排序？
- 发布范围：每个版本需要包含哪些内容？
- 发布日期：发布软件或软件特定组件的重要日期是什么？

技术人员必须做出以下决定：

- 估算：每个功能需要多长时间？
- 结果：与技术问题和编程语言相关的最佳选择是什么？请注意，可以在做出某些权衡并且成本结果可以被理解后，再与业务人员共同做出决定。
- 过程：工作活动是如何进行的？团队是如何组织起来的？

在XP中，传统的计划时期被叫作计划游戏。在这个过程中，发布计划是在每个版本的软件发布之前执行的一项重要活动，以决定该版本中包含哪些内容。还有一种叫作迭代计划的活动，它在迭代中执行。每个版本通常有好几次迭代。

功能需求是通过故事定义的，它们扮演着与其他方法中的功能特征或用例类似的角色。故事通常写在纸或故事卡片上。XP的支持者认为，使用物理卡片在很多方面都有帮助，尽管这些故事以后可能会被录入计算机中。卡片可以根据需要进行传递并重新排列。

计划游戏的目标是最大化软件产生的价值。玩家包括开发人员和客户，制品是故事卡片。策略是以尽可能少的投资，尽可能快地获得最有价值的功能。计划游戏分为三个阶段。

1. 探索：找出系统可以做的几个所谓的动作。这些动作包括由业务人员编写一个故事。另一个动作是估算一个故事，这是由开发人员完成的，他们提出一个理想的工程时间估算。这个估算没有考虑到许多相关项，并且假设没有中断、会议、休假等。第三个动作是拆分故事，如果开发人员不能提供一个估算，或者业务人员决定某个特定部分比其他更重要，则对故事进行拆分。

2. 承诺：业务人员选择下一个发布版本的范围和日期，并且由开发人员承诺去交付它。[89] 这里的动作包括由业务人员将故事根据其价值分为三类：必要的、重要的和有了会更好的功能。开发人员根据风险也将故事分为三类：可以精确估算的、可以合理估算的以及不能估算的。开发人员还设置了所谓的速率，这是理想时间与日历时间的比例。最后，业务人员选择范围，即在故事卡上表达的业务需求。这是通过设置发布日期并只选择那些适合做的故事卡，或者通过选择故事卡并重新计算日期来完成的。

3. 调整：计划在调整阶段更新，这由几个动作或活动组成。第一个动作是在迭代级别，在这个级别中，业务人员选择故事卡的迭代价值。第一次迭代的完成将产生一个可执行一定数量功能的软件系统。恢复是另一个动作。在这个阶段，如果开发人员意识到对进度计划的速率已经判断失误，则可以要求业务任务调整故事卡中需求的优先次序。如果业务人员意识到在发布过程中需要一个新的故事，则可能会引入一个新的故事。一个新的故事可以用来取代一个或多个同样工作量的现有故事。重新估算是一个动作，或一个活动，如果感觉到需要修改计划，开发人员可以在这个活动中重新估算所有剩下的故事，并设定速率。

在作为发布版本一部分的每一次迭代中，开发团队内部将故事细分为任务，并通过任务执行类似的计划。计划分为以下任务：

- 探索：动作是编写任务并拆分 / 组合任务。
- 承诺：动作是接受任务，即开发人员承担相应责任，估算任务并根据每个开发人员对其能力与理想工程时间对比的估计设置负载因子。在程序员增加他们的任务时需要对任务进行平衡，确保他们不会承诺过多的工作。
- 调整：本阶段包括以下动作：（1）实现一个任务；（2）当程序员每隔几天被问及他们的工作状态和剩余工作量时记录进展状态；（3）在工作过度的程序员可能会寻求帮助时进行恢复；（4）验证故事，这本质上是对故事执行功能测试。迭代的调整阶段包含了一些超出计划的动作。它实际上包括执行任务并在必要的时候重新调整迭代的计划。

XP 方法的描述在编程级别上无疑粒度更细。很明显，一些 XP 实践需要一组非常易于合作且成熟的团队成员，也可能会给项目管理提出一些挑战。例如，结对编程给许多管理人员带来了问题，他们必须对个人表现进行评估。对评估而言，团队努力与个人成就之间的权衡可能很棘手。

5.3.2　水晶系列方法

水晶系列方法是由 Alistair Cockburn 提出的，他认为一个方法不能适用于所有的项目，该方法需要针对项目进行调整。他提供了根据项目如何调整和使用什么样实践的指南。｜90｜

Cockburn 根据三个因素对项目进行分类：（1）项目的规模，这由开发者的最大数量来衡量；（2）项目的关键性，这由故障可能造成的损失来衡量；（3）项目的优先级，这由项目的时间压力来衡量。请注意，项目的规模在这里不是通过代码的行数或功能点数来衡量的。高压力的项目需要方法以提高生产效率，而其他项目可能更愿意以牺牲生产效率为代价优化可追溯性。此外，下面描述与质量和项目复杂度有关的四个关键性等级：（1）生命，这是指故障可以对人的身体造成物理伤害，甚至危及生命；（2）必需的资金，这是指故障可能会导致组织损失对其生存至关重要的资金；（3）可自由支配的资金，这是指故障可能造成资金损失，但这不是组织生存中必不可少的；（4）舒适度，这是指故障不会导致可衡量的资金损失，但仍会降低用户的舒适度和愉悦感。

Cockburn 定义了一些软件方法的基本原则，并描述了如何使方法适应于项目。这里定义三种方法：透明水晶、橙色水晶和橙色水晶网。基本上颜色越深，方法就越重量级。但这些并没有涵盖全部项目，缺少适用于性命攸关或大规模项目的方法。

透明水晶方法被认为适用于可自由支配资金等级的非关键性项目，这些项目需要有六到八人的团队。橙色水晶被认为适用于关键但不是生命攸关的项目，这些项目需要多达 40 人的团队。

在设计水晶系列方法时，下面的基本方法应该是过程的一部分：

- 为较大的团队使用更大的方法。
- 为更重要的项目使用更重量级的方法。
- 优先考虑较轻量级的方法，因为重量级的方法成本昂贵。
- 优先考虑交互式的、面对面的交流，而不是正式的书面文档。
- 要明白在一个团队中人员会随着时间变化，而且团队中人员的工作习惯往往会不一致。高纪律性的过程更难被接受，并且更有可能被抛弃。

● 假设人们想成为优秀公民，他们会主动进行非正式交流。要在你的项目中使用这些特性（Cockburn，2006）。

除此之外，还有七个属性扩展了这些原则，并提供了进一步的指导，其中前三个被认为是非常重要的：

1. 频繁交付：尽可能频繁地向实际用户提供可运行且测试过的代码，至少每隔几个月就交付一次。这里交付可能意味着几件事情。在最高层次，系统被交付给所有的用户组；中间层次是将软件交付给有限的用户，对系统进行测试；最低层次是只允许用户查看或演示系统。在最低层次，用户也可以在受控环境中使用软件一小段时间。

功能通常在迭代中交付，并且通常是有时间限制的。这意味着交付的时间和包含的功能范围是固定的，并可以在必要时进行修改。这种迭代和频繁发布的概念非常类似于 XP 中提出的概念。

2. 反思改进：在项目之前、期间和之后，停下来思考过程以及可以改进的内容。即使在项目期间也可以尝试进行改进。虽然经常提到类似的想法，但水晶方法是显式地包含这一概念的少数方法之一。

在项目期间更改或修改过程必须谨慎地执行。必须通知项目组并为修改过程做好准备。积极的一面很明显，即当前的项目而不是未来的项目，将立即受益于反思活动。

3. 密切交流：鼓励团队成员之间的密切交流。这种交流可以是非正式的，最好是面对面的交流。在透明水晶方法中，这个属性被扩展为渗透式沟通，这是指信息融入团队成员听到的背景声音中。这样他们就可以像通过渗透作用一样，不自觉地获得相关信息。有希望地，这也意味着问题能立即得到回答，而不需要花费大量的精力来寻找答案。通常，渗透式沟通要求所有的团队成员都位于同一个房间，如果小组在不同的位置，离得很近也是可行的。

其余的四项原则被认为不是绝对必要的。然而，为了获得更大的收益，也应该包括以下属性。

4. 个人安全：鼓励团队成员说话而不用担心报复。这包括对某些做法表示不满或承认自己的无知、错误甚至自己无法完成一项任务。这为团队成员提供了心理上的安全保障，使个人能够给予坦诚的反馈。

5. 焦点：解决最小化干扰的问题，并允许专注于手头的任务。这使得团队成员能够准确地知道任务优先级是什么，并将重点放在高优先级的任务上。有时，一些团队成员可能无法集中精力，因为他们不断被团队其他成员打扰，希望获得他们在方法、领域或技术方面专业知识的帮助。通常团队可以自我调整，他们可以通过建立一个无声区——留出一段特殊的时间让这些专家专注于自己的任务。虽然这听起来是个小问题，但这些人通常是最好的设计师、编程人员或调试人员，也是团队中最平易近人的人物，他们经常被别人的问题淹没，因而无法完成自己的工作。

6. 与专家用户建立方便的联系：使团队能够从专家用户那里获得关于产品、设计、需求和任何更改的快速反馈。透明水晶方法允许问题和解答中存在几天的间隔。请注意，XP 中也有类似的属性，让用户与开发人员在一起，以方便快捷地获取答案。

7. 良好的技术环境：建立一个包括自动化测试、配置管理和频繁集成的环境（Cockburn，2006）。

图 5.2 概括了透明水晶和橙色水晶的基本特征。

	透明水晶	橙色水晶
团队	一个团队，同一房间	不同团队进行系统规划、项目监控、体系结构、技术、功能、基础设施和外部测试
角色/不同的人	至少4人，扮演赞助商、高级设计师、程序员和用户的角色　　其他角色可以由同一人扮演，包括项目经理、业务专家或需求采集者	由不同的人扮演14个角色，除了透明水晶方法中的以外，还包括项目经理、赞助商、业务专家、架构师、设计顾问、测试人员和UI设计师
工作产品	9项，包括时间表、用例、设计草图、测试用例和用户手册	13个产品，除透明水晶方法中的以外，再加上需求文档、状态报告、UI设计文档和团队内部规范　　工作产品被开发出来，直到可以理解、足够精确和稳定，以便同行评审
最长交付时长	2个月	2~4个月，每个版本有两次用户查看

图 5.2　透明水晶和橙色水晶方法对比

注：Based on A. Cockburn, " Just in Time Methodology Construction," http://alistair.cockburn.us/just-intime+methodology+construction, accessed May 2016.

两种水晶方法有许多共同特点：
- 进展是通过软件交付或主要决定来跟踪的，而不是通过书面文档。
- 有自动回归测试。
- 有用户直接参与。
- 每个版本有两次用户查看。
- 每个版本的开始和中间都会举行方法调整研讨会。
- 策略标准是强制性的，但可以用等效技术加以替代。
- 编码风格、模板、用户界面标准等都可作为团队维护的本地标准。
- 与个人角色相关的技术留给个人。

93

透明水晶和 XP 有许多共同的特点，两者的主要区别在于纪律。XP 要求严格遵守设计和编码标准、结对编程、重构以及 100% 运行测试，它也依赖于尽可能少的书面文档。透明水晶的设计是为了容忍人们之间的差异，需要一套更小的规则。

5.3.3　敏捷统一过程

虽然统一过程没有为所有阶段指定特定的技术，但它通常被认为是一种重量级方法，通常需要在起始阶段，一开始就获得大部分（如果不是全部）需求。它还需要预先完全指定架构和大型设计，包括 Rational 统一过程在内的流行实例，需要很多工作产品和工件。

另一方面，它是一个迭代和增量的过程，这是敏捷方法的要点之一，它被设计成一个允许适应本地条件的框架。此外，这个框架本身不需要所有的工作产品。RUP 是统一过程的第一个且更广为人知的实例，它需要所有工件。

使 RUP 更符合敏捷方法的一个明显的方式是限制所需的工作产品，消除或合并某些角色，并通过迭代添加更多的参与客户。RUP 也可以通过增加一个迭代等级，重复每个迭代的所有阶段来进行修改。当然，细节决定成败。我们究竟能从 RUP 中消除什么使它更敏捷呢？

许多人正在积极地研究如何将 RUP 和敏捷项目的最佳特性结合起来，要么使 RUP 敏捷化，要么将 RUP 特性添加到敏捷过程中。IBM Rational 出版了几本白皮书，甚至专门为 XP 发布了特殊的 RUP 插件。

5.3.4　Scrum

Scrum 是另一种敏捷开发方法，它已经取得了很好的成果。它的规则比 XP 更轻量级，所以它通常与一些 XP 实践联合使用。这种方法是由 Takeuchi 和 Nonaka（1986）首先在其基于制造业中的成功应用上提出的 [Takeuchi 1986]。在 Scrum 中使用的许多术语都来自橄榄球游戏。Ken Schwaber 使用了这种方法，并且后来与 Mike Beedle 合著了一本名为《Agile Software Development with Scrum》的著作。

Scrum 框架由团队角色、事件、制品和规则组成。你必须使用所有这些组件，但也可以添加其他技术或组件。

Scrum 是一种迭代方法，它是基于称为冲刺的短迭代。冲刺是软件产品功能开发的基本单位。它时间短（一个月或更短）并有时间限制（持续时间保持不变，但需要时可以调整范围）。理想情况下，在每个冲刺结束时都会产生可能发布的产品。

一个 Scrum 项目定义了对项目成功至关重要的三个核心角色（可能还有其他配角）：

94

1. 产品负责人，代表客户的声音，并确保团队为企业提供价值。

2. 开发团队，通常是 3～10 个开发人员，他们实际生产软件。

3. 一个 Scrum 教练，他保持团队处于正轨，并确保遵循 Scrum 方法，他就像一个教练，而不是项目领导者。还有两个附加的辅助角色：利益相关者和管理者。

Scrum 的成功基于三个"支柱"概念：透明（使过程可见），检查（制品和进度），适应（每当发现严重偏差时，纠正它）。透明的一个重要方面是对项目何时完成有一个共同的定义，以便开发人员、产品负责人和 Scrum 教练就一个事项是否完成达成一致。

Scrum 事件　Scrum 过程可以概括为一系列连续的活动或事件。Scrum 定义了 4 个事件（冲刺本身不被视为事件）：

- 冲刺计划会议，在该会议中，产品负责人和团队决定在该冲刺期间实现什么。
- 每日 Scrum，一个团队成员同步的短会，确保他们处于正轨，并在需要时寻求帮助。一个基本原则是保持这些会议很短（15 分钟或更短）。通常，所有参与者都站立而不是坐着，以确保会议很短。
- 冲刺评审，在冲刺结束时举行，检查产品，如果需要的话，调整产品积压的工作。在此评审期间，产品负责人确认已完成的内容，并讨论产品积压工作。开发团队演示所完成的工作、回答问题并讨论进展顺利的部分、遇到什么问题以及是如何解决这些问题的。最后，整个团队就下一步做什么（这是下一个冲刺计划的输入）进行合作。
- 冲刺回顾，发生在冲刺评审之后，在冲刺的最后一天进行，团队成员讨论冲刺的结果，从中学习，并将这些经验作为下一次冲刺计划的输入。

Scrum 制品　在任何软件项目中，定义生成的制品并用于管理该项目是很重要的。Scrum 定义了以下用于控制项目的制品：

- 产品积压工作，产品所有剩余需求或用户故事的有序列表。产品所有者划分需求的优先级并进行排序。每个人都可以看到总体上还需要做什么（尽管开发者主要关注冲刺积压工作）。
- 冲刺积压工作是当前冲刺需要完成任务的有序列表。这里的任务被分解得很小（通常是 4～16 小时），所以开发人员明确地知道该做什么。开发人员不是根据所分配的任务，而是根据冲刺积压工作及其特定技能来选择下一个任务的。
- 增量是当前的项目。也就是说，在这个冲刺和所有以前的冲刺中实现的所有需求的总和。这应该是可交付的（虽然不是功能完整的）项目。
- 燃尽图是经常更新（每日或更频繁）并公开显示的图表，显示当前冲刺积压工作中的剩余记录。

95

　　Scrum 是一种敏捷方法，并在许多项目中都取得了良好效果。目前有许多组织使用、改进和调整它，并将其与看板方法等其他技术相结合。看板方法是一种精简且即时的方法，最初用于日本的汽车工业。现在很多组织正在将 Scrum 扩展到更大的项目，这些项目拥有几个团队，并举办"Scrums 的 Scrum"会议。

5.3.5　看板方法：一个新增的敏捷方法

　　敏捷过程和方法不断被测试和改进。敏捷过程中最近添加的内容之一是看板方法。

　　看板是指日语中的"告示牌"或"可视板"。软件开发中的看板方法来源于使用精益生产的丰田系统。对于有兴趣的读者，请参阅原作者为 Taiichi Ohno 的英文翻译版著作（Ohnk，1988）。这种制造方式的核心概念是通过使用卡片（看板）从上游过程中即时地"拉"所需组件来最小化在制品（Work in Progress，WIP）的数量，指定需要哪些部件完成下游任务。

　　软件开发中使用看板方法的倡导者之一是 David J. Anderson（2010）。这不是软件开发的新方法，而是修改制造业中的看板方法以适用于软件开发中，采用"拉"的方法来提高软件开发的整体生产效率。它的想法是保持当前的过程，只做微小的修改。

　　考虑下面如图 5.3 所示的例子，我们正在开发相互关联的 X、Y 和 Z 模块。在图 5.3 中，A 的模块 1 可以等同于模块 X，A 的模块 2 可以等同于 Y，B 的模块 3 可以等同于 Z。考虑到模块 X 已经在单元测试中。为了完成对模块 X 的测试并发布给用户，所有直接相关的模块 Y 和 Z，必须与 X 一起集成和测试。在这种情况下，如果 Y 和 Z 的开发人员被告知 X 已经在单元测试中，并且很快就准备好进行集成测试，那么整体生产效率可能会得到提高。组织应该把更多的重点放在完成 Y 和 Z，并为了联合集成对其进行测试。换句话说，我们需要"拉"Y 和 Z，而不是耐心地等待 Y 和 Z 以自己的速度完成。因此，我们限制 WIP，或者缩短等待 Y 和 Z 的时间。这个方法不要求对当前使用的过程进行任何重大修改，它只包括对当前过程的小幅增量更改。"核心"实践包括以下内容。

96

- 使项目状态和工作流程可视化。工作流程由各种看板卡表示。
- 最小化过程中的总体 WIP。利用"拉"技术完成上游任务。
- 通过测量开发中的任务和事项来管理整个工作流程。
- 使过程清晰明了，例如明确定义每一个步骤的退出标准。
- 确保有一个反馈回路来恰当地监控和控制项目的流程。

- 确保并改进协作，这实际上只是敏捷宣言的延伸。
- 在软件开发中，当我们"拉"一个项时，要求从上游任务获得制品。如需进一步阅读，请参见 5.8 节中的文献（Anderson，2010）。

图 5.3   软件开发中使用看板方法的示例

5.3.6   开源软件开发

在过去的几年中，开源软件开发已经成为一个成功的模型。这种软件以可执行的形式得到，且通常是免费的，也提供对源代码的访问。除访问源代码之外，还授予人们重新分发和修改源代码的权限。这导致出现了许多开发人员可以修改和改进程序的情况。

有很多成功的开源项目，包括 Apache Web 服务器，这是使用最广泛的 Web 服务器程序；Linux 和 BSD 操作系统；Mozilla，一个集成了其他相关程序的 Web 浏览器。Mozilla 包含一个邮件程序和一个页面设计器，它们现在也与流行的 Web 浏览器 Firefox 一起作为单独的组件分发。几个流行的数据库服务器，如 PostgreSQL 和 MySQL，以及许多互联网基础设施程序，如 Bind、Sendmail 和 Postfix，也是开源程序。

开源程序以及它们的开发有巨大差异，其中有些是由一个公司开发的，如 MySQL 产品。其他的，如 Linux，则有强大的企业支持，还有一些是由个人在没有任何资金补偿的情况下开发的。其他变量包括团队规模、参与人数以及程序开放源代码的时间长度。很多项目都是作为商业风险性投资开始的，当业务案例出现时变成了开源。

尽管有这些差异，但许多开源程序的开发过程中都有一些相似之处，并且与敏捷方法有许多相似之处：

- **小版本**：在开源世界中，其含义是"早发布，经常发布"。在大部分情况下，发布是非常频繁的，从几个星期到几个月不等，甚至在发布之间就可以在网上找到源代码。
- **使用互联网工具进行非正式的书面交流**：交流是非正式的，主要通过公告栏和邮件列表进行。这虽然不是面对面的交流，但也不是正式的文档。这样做的一个好处是沟通很容易存档和传播。
- **客户可用性**：对于大多数成功的开源项目，开发人员是最初的客户。大多数程序都是从某人一个具体的需求开始的，这就是为什么大多数成功的项目都在编程工具和系统基础设施领域。失败的一个常见原因是缺乏客户反馈。
- **持续集成**：系统通常通过互联网工具进行集成。
- **共同愿景**：成功的开源项目通常具有强大的领导力，可以促成共同愿景。例如，Linus

Torvalds，Linux 的创造者和最接近最高权威的人，被描述成一个仁慈的独裁者，他做出了大部分架构决策。如果这个愿景不是共同的，开发人员将会放弃该项目，或者有时会有分歧，并从原始源代码开始一个新的分支。

开源项目和大多数敏捷方法之间还有许多不同之处：

- 更大的团队：尽管大多数开源项目的核心团队非常小，从一两个人到几十人，但它通常比大多数敏捷团队都要大。此外，还有更多的用户和开发人员提供反馈，并添加小的修改和功能。
- 分布式团队：在许多情况下，参与开源项目的团队成员来自不同的国家或地区，这意味着沟通常常是不同步的。大多数敏捷方法把团队放在同一个房间里。
- 规模：一些成功的开源项目已经达到了巨大的规模。例如，Linux 内核包含数百万行的 C 代码。大多数敏捷项目的规模要小得多。

还有其他因素影响开源项目的成功，包括程序员的专业知识。这些成功的项目大多包括异常熟练和有动力的程序员。这些程序员许多都免费工作，他们从无形资产中获得满足感。令人惊讶的是，这的确增加了他们的动力。

关于开源开发方法还有很多东西需要学习，包括对什么可以使它们成功的广泛评估。我们可以看到，成功的项目都有一些共同的特点，但我们不知道其他具有相同特点的项目有多少是不成功的。看起来，开源开发方法在未来将变得更加重要，特别是当它们的许多技术被更好地理解并应用于更主流的方法时。

5.3.7　过程总结

本章重点讨论几个过程，其中大部分与敏捷方法相关。表 5.1 总结了本章介绍的过程。

表 5.1　新兴的方法和过程总结

方　　法	要　　点	敏捷性	纪律性
XP	曾经最流行的敏捷过程。需要高度的纪律性并遵守原则和实践。基于 4 个核心价值观（沟通，简单，反馈，勇气），5 个基本原则（快速反馈，简单，增量变化，拥抱变化，优质工作），12 个实践	高	高
透明水晶	方法很轻量级。不需要遵守所有原则。基于七个原则：频繁交付，反思改进，密切交流，个人安全，焦点，与专家用户建立方便的联系，良好的技术环境。只适用于小型项目和团队	高	低
橙色水晶	比透明水晶重量级，适合更大的项目。对不同功能有不同团队。仍然不适合大型或性命攸关的项目	中等	中等
Scrum	目前最流行的敏捷过程。它是一种可以适应并结合其他技术的严格方法。它为项目状态提供了明确的可见性，从长远来看，可以减少项目管理方面的工作量	高	高
RUP	框架，通常被实例化为一个非常重量级的过程。可以简化到一个相对敏捷的过程。已在第 4 章进行深入讨论	低 – 中等	高
看板	最小化在制品。为每个任务使用可视卡。在需要时通过集中资源来"拉"前面的活动	高	低

接下来，我们将讨论如何为一个项目选择过程，并在选择方法和过程方面提供一些方向。

表 5.2 比较了各种过程的主要特点。

表 5.2　敏捷与传统过程的特点对比

	敏　捷	传统 / 重量级
需求	假设它们将发生改变。在项目开始时非正式收集需求,然后在每次迭代开始时收集。使用不断的用户交互替代正式需求	假设它们在项目期间不会改变。完整、详细的正式需求文档是成功的必要条件。在设计或实现开始后,对需求的任何更改都将是代价高昂的
规划	预先没有多少规划。在整个开发中以较小的增量进行计划	大多数活动都是预先规划好的
进度计划	只计划下一个活动的进度。如果需要调整范围,进度计划可能会发生变化	进度计划相对不灵活,并应该被遵守
设计	非正式和迭代	正式且提前完成,已知所有需求后进行
用户参与	关键,频繁,贯穿整个过程	仅在开始(需求征集和分析)和最后(验收测试)需要
文档	最小化,只有必要的。依靠源代码作为最终的文档	通常项目的每个阶段都需要有大量的正式文档
沟通	非正式进行,贯穿整个项目	主要依靠文档和正式的备忘录与会议
过程复杂性	相对较低。初始描述少于 200 页	高。RUP(2002)描述了 100 多件制品、9 条规程、30 个角色和 4 个阶段
开销	低	相对较高,虽然较小的项目可以减少开销

99

5.4　过程的选择

我们坚信,没有任何可以适应所有项目的过程。过程需要根据项目、组织文化和参与者进行调整。敏捷和传统过程都可以成功地用于许多项目。

在决定使用哪种过程时经常出现的一个问题是,在每一个类甚至每一个方法中都有许多变化。统一过程(UP)实际上是一个框架,它可以而且应该被调整以更好地适应项目。第 4章中描述的 Rational 统一过程是 UP 的一个实例,并且它也认识到需要根据项目进行调整。XP 和大多数敏捷方法也认识到这一需求。适应当地是 XP 的原则之一。当使用 XP 或其他敏捷方法的项目报告成功或失败时,有必要验证使用了敏捷方法的哪些部分。

5.4.1　每一种过程更适用的项目和环境

表 5.3 比较了每种方法适用的项目和环境类型,使用 XP 作为敏捷过程的示例,RUP 作为传统方法的示例。这里假定,方法将被不做修改地使用,而不是被零碎地使用。

表 5.3　敏捷过程与传统过程的项目对比

	敏捷(XP)	传统(RUP)
范围 / 规模	小,限于一个最多 10 人的团队	更适合较大的项目。可扩展到最大的项目,也可以缩小为较小的项目
关键性	相对较低,没有调整时不适合于性命攸关的项目	适用于关键任务系统(可能只要最小的修改)
人员	更适合善于团队合作、可以做好设计和编程的"好公民"。XP 需要严格遵守某些做法	定义许多角色,这对于大多数人来说是适合的;不需要紧密的团队合作;只要团队成员能遵守规则,几乎任何个性的成员都可以
企业文化	更适合拥有轻松文化、在同一地点工作的小型公司	更适合于可能有远程站点、文化更正式的大公司
稳定性	很容易应对需求或环境的变化	不那么适应变化。需求不会有太大变化的相对稳定环境。可以修改

100

5.4.2　敏捷过程的主要风险和缺点

本章前面讨论了传统开发方法的一些问题。我们描述了几种敏捷方法，以及它们如何解决这些缺点。以下是与敏捷过程相关的缺点：

- 可能不可扩展：如果敏捷过程已经被相对较小的团队使用了，则不能在不损失部分或大量敏捷性的情况下进行扩展。许多项目太大或太重要，不能用敏捷方法开发。然而，许多敏捷的实践和想法可以并入传统的方法中。
- 严重依赖团队合作：不是所有的人都能在团队中工作得很好。通常，一个不好的成员会破坏整个团队的凝聚力。敏捷方法比传统的方法更依赖于非正式交流和团队动力。
- 依赖于频繁访问客户：敏捷方法需要来自客户的频繁反馈、XP中的现场客户以及包含客户反馈的小版本发布。当团队去开发大型企业应用程序（如PeopleSoft或SAP）时，这种水平的持续客户反馈将是不可行的。在这些大型的行业范围的应用中，横跨10～20家公司的多个行业专家将参与需求过程。因为这种与客户的交互不是免费的，所以必须提前做好计划和协调。并非所有客户都愿意或能够提供这种级别的合作和反馈。没有客户反馈，敏捷方法无法验证需求或适应变化。传统方法在过程开始的需求阶段和过程结束的测试验收阶段集中获取反馈。
- 文化冲突：许多XP实践与公认的软件工程智慧或常见管理技术相冲突。例如，绩效评估在XP中很难执行，因为工作是结对完成的，代码是整个团队共有的。

5.4.3　敏捷过程的主要优点

采用敏捷过程有一些明显的优势。最常提到的优点如下：
- 过程复杂性低：过程本身很简单，这使得它们易于理解和实现。
- 成本和开销低：过程只要求很少的不直接生成软件的活动。
- 有效地处理变化：这些过程的设计基于需求将发生变化的假设，这些方法为变化做好了准备。
- 快速的结果：大多数敏捷过程都进行快速迭代，并在较短时间内生成可以使用的核心系统。随着项目的推进，系统将得到改进，并添加更多的功能。鉴于这些过程的开销较低，它们也倾向于更快地产生最终结果。这样适合于持续集成。
- 可用的系统：因为客户参与以及过程善于处理变化，所以在项目完成时，最终产品是客户真正需要的，而不是最初规划的需求。 |101|

5.5　总结

在本章中，我们介绍了敏捷方法的一些原则以及几种具体的方法。我们还将敏捷方法与更传统的方法进行了比较，特别是RUP。

我们相信，过程和方法需要针对每个项目进行调整，并介绍了Cockburn关于如何做到这一点的一些想法。软件工程师必须了解许多不同的方法，以便能够采用对自己的特定项目有用的具体技术。

5.6　复习题

1.列出XP的4个核心价值观。

2. 列出 XP 的五个实践。

3. 水晶系列方法在选择方法时考虑什么因素？

4. 说明敏捷方法的一些特性。

5. 解释开源开发与敏捷方法主要的共同方面。

6. 比较敏捷和传统方法。

7. 敏捷方法更喜欢可工作的程序而不是完整的文档。（对 / 错）

8. 敏捷方法更倾向于严格的过程而不是适应人。（对 / 错）

9. 什么是测试驱动的程序设计，哪个敏捷过程提倡它？

10. 看板方法模拟了什么？

11. 当我们在软件开发过程中"拉"的时候，我们在"拉"什么？

5.7 练习题

1. 作为课程项目或只是为了体验，请尝试结对编程。与你愿意合作的人取得联系，并就只以结对的方式完成项目达成一致。这样做后，分析你的经验。软件比你单独编写时好吗？比你单独做这件事要花更多的时间吗？

2. 作为课程项目或你自己的项目，请尝试测试驱动的程序设计。在编写代码之前尝试编写测试用例，并确保一直运行所有的测试用例。第 10 章提供了有关单元测试和测试驱动开发的更多信息。

3. 考虑一个大型的、特定行业的产品，例如用于一组医院的医院管理系统。讨论使用敏捷方法的优点和缺点，与需要更严格计划和文档的传统过程做对比。关注项目规模、团队规模、几年中持续发布多个版本、推广到国际市场、提供世界范围的用户支持等问题。

4. 阅读看板方法的必要材料，并绘图来说明 Scrum 敏捷过程中是如何"拉"的。

5.8 参考文献和建议阅读

D. J. Anderson, *Kanban: Successful Evolutionary Change for Your Technology Business* (Sequim, WA: Blue Hole Press, 2010).

K. Beck and C. Andres, *Extreme Programming Explained: Embrace Change*, 2nd ed. (Reading, MA: Addison-Wesley, 2004).

A. Cockburn, *Agile Software Development*, 2nd ed. (Reading, MA: Addison-Wesley, 2006).

A. Cockburn, "Just in Time Methodology Construction," http://alistair.cockburn.us/just-in-time+methodology+construction, accessed May 2016.

L. Mathiassen, O. K. Ngwenyama, and I. Aean, "Managing Change in Software Process Improvement," *IEEE Software* (November/December 2005): 84–91.

T. Ohno, *Toyota Production System: Beyond Large Scale Production* (Portland, Oregon: Productivity Press, 1988).

G. Pollice, "Using the IBM Rational Unified Process for Small Projects: Expanding Upon Extreme Programming," ftp://ftp.software.ibm.com/software/rational/web/whitepapers/2003/tp183.pdf, accessed May 2016.

E. S. Raymond, "The Cathedral and the Bazaar," http://www.catb.org/~esr/writings/cathedral-bazaar/, accessed May 2016.

K. Schwaber and M. Beedle, *Agile Software Development with Scrum* (Prentice Hall, 2002).

H. Takeuchi and I. Nonaka, "The New Product Development Game," *Harvard Business Review* (January 1986): 137–146.

需求工程

目标

- 定义需求工程。
- 讨论需求工程的步骤。
- 描述需求工程每个步骤中需要做的任务以及如何执行任务的细节。
- 分析在需求工程中使用的几种图形语言，如数据流图、用例和实体关系图。
- 定义软件需求规约（SRS）文档。

6.1 需求处理

需求形成一组描述用户要求和期望的陈述。在开发软件系统时，开发软件系统的软件工程师必须清楚并充分理解这些需求。然而，我们经常发现需求会侵入到"如何做"的部分，从而进入解决方案设计的领域。尽管我们应尽量将需求限制在"做什么"的部分，但这样清楚的划分通常很难。

如第 3 章中所述，软件项目失败的主要原因之一是不完整的需求规约。与此同时，项目成功的重要原因之一则可归功于明确的需求声明。现在，用户需求的重要性被广泛认可。无论软件开发过程模型如何，管理需求和用户参与正在成为软件开发的关键任务。

> **需求** 关于系统应该是什么，而不是如何构建的陈述。
>
> **需求工程** 一组与最终需求规约制定和商讨相关的活动。

以下是软件项目中涉及的**需求工程**活动：

- 获取
- 文档化与定义
- 规约
- 原型化
- 分析
- 审查与确认
- 协商与认可

并非所有这些涉及需求的活动在所有软件项目中都具有相同的重要程度。这些活动的实施程度和这些活动的时间与顺序是本章的中心主题。

6.1.1 需求处理的准备

需求收集与需求工程的第一步是确保做好了所有的准备工作，并规划了需求工程的活动。需求的提取者和提供者必须了解并同意整个过程的基础结构遵循敏捷灵活方法或更传统严格的方法。必须执行一组准备工作，如图 6.1 所示。

必须先制定需求工程的计划，该计划应包括以下内容：

- 需求工程要采用的过程

图 6.1   需求工程的准备工作

- 需要的资源
- 完成需求活动的时间安排

根据项目的规模和复杂程度，计划本身可能需要数小时到数天或数周的时间来制定。

一旦制定完计划，必须由所有参与各方加以审查和商定。这个商讨与承诺对计划是非常重要的，因为需求不仅仅是软件设计者与开发者的想象。用户和客户也必须参与，因为需求代表了他们的要求和愿望。管理者也必须参与进来，因为这些活动的执行需要各种资源。而用户方和软件开发方的管理层都必须愿意投入资源。最后，需求工程活动的时间表必须由所有参与者进行审查并同意。存在过这样的情况，即仅原型开发、审查、用户界面的修改这些需求就占据了软件开发资源与时间安排的一大部分，而这必然就导致该项目之后的时间安排紧缩和成本超支。有时需求工程需要保持一个相对开放与灵活的时间安排。如今，大多数大型企业通过足够多的经验理解了，复杂的项目需要有良好的需求，因此需求工程本身可能是一项昂贵而冗长的工作，应该与软件项目的其他部分分开解决。

在同意计划后，必须获得并投入相关资源，包括有经验的分析师或所需的原型工具。找到合格的需求分析师可能是一个耗时的工作，一个好的需求分析师必须拥有多种才能，如沟通能力、特殊行业技能和技术技能。有关人员也必须针对用于需求工程活动的工具和流程接受适当的培训。

对于大多数大型软件项目而言，被视为满足需求工程活动入门标准的准备工作对于软件项目其他部分的成功至关重要。

6.1.2   需求工程过程

一旦完成了需求工程的准备工作，就可以开始实际的需求开发了。在需求工程中有很多不同的步骤。必须确保所有参与者都明确了规划和商定好的需求工程过程。图 6.2 所示是一个常见的需求工程过程。

图 6.2   需求工程的过程

注：灰色方框表示直接用户/客户参与。

该过程开始于需求分析师对用户和客户的需求进行收集与获取。之后对收集的信息进行分析。在分析这一步骤中，需求的陈述需要进行准确性和冲突的检查，并进行分类与优先级的排序。图 6.2 中，虽然存在一个从需求分析回指到需求获取的箭头，但通常返回的机会非常小，因为提供这种需求信息的用户很少。然后分析后的材料通过三个潜在的中心子活动进行处理：

1. 需求定义与文档化
2. 需求原型化
3. 需求审查

显然，分析后的需求必须被正确地记录和定义。如果需要，需要对一些需求，特别是用户界面方面的需求，进行原型设计。在大型系统中，这项工作本身可能类似于一个小型的开发项目。定义和文档化的需求陈述和原型用户界面必须由用户审查。用户必须在需求获取和审查期间承诺他们的时间和人员。这三个子步骤可以在每个步骤之间以及分析步骤中迭代。必须正确管理迭代，否则会造成计划和资源消耗的恶性循环。

图 6.2 中需求工程的后两个步骤涉及**软件需求规约**（SRS）的最后确定以及确定需求协议文件的谈判。SRS 可以是软件团队内部的软件工程文档。需求协议和文档必须达成一致，并将作为客户与软件开发机构之间的合同。与客户进行的需求协议文件的审查作为初步验证测试（确认软件团队正在建立正确的系统）。一旦需求规约达成一致，它们就成为基准。此后，任何需求修改或改变的请求都必须通过一个变更控制过程来进行控制和管理，以避免臭名昭著的项目范围蔓延问题，即指项目的规模在无人检测的情况下缓慢增长。在软件开发周期内的任何时候都可能发生需求范围蔓延，并且这是计划和成本超支最严重的原因之一。

> **软件需求规约（SRS）** 是一个系统记录的完整、无歧义的、可度量的、详细的需求规约。

需要执行图 6.2 中所示的多少活动取决于具体的软件项目。最近，一些敏捷软件开发人员错误地抛弃了需求工程中的很大一部分。相反地，敏捷过程实际上认识到需求变化和需求收集的难度，并倡导与用户进行不断互动，以确保需求得到正确解决。没有花时间和精力收集和理解需求带来的代价可能是昂贵的，有许多充分的理由都建议避免该错误。下面通过一个不执行需求工程而导致负面后果的示例来表明需要执行需求工程的原因：

- 测试中没有可依赖的文档化的需求。
- 没有达成一致的需求来控制需求蔓延。
- 没有文档化的需求来用于客户培训或客户支持活动。
- 没有文档化的需求很难管理项目的进度和成本。

因此很显然，在软件开发过程中不采用需求工程是非常不明智的。

相对于不执行需求工程的另一个极端是，在原型化、审查、大量文档的创建，以及其他官僚和浪费活动中投入了过多的成本。然而，也有时候需求分析师被要求制定一个需求规约，目的是生成一个称为请求提案（RFP）的文件，用于邀请许多不同软件供应商进行软件开发的竞标。在创建 RFP 的情况下，需求分析师经常被认为是偏向于过度工程化。大多数时候，我们需要在这两个极端之间做出适当选择。

6.2　需求获取与收集

许多软件工程师的职业生涯都起始于编码、设计或者测试软件系统，其中只有少数在获得了一些业务和行业领域知识后，成为需求分析师。大部分需求分析师来自业务方，他们具有良好的行业领域知识和沟通能力。一些经验丰富的用户 / 客户支持人员也取得了需求分析师的职位。沟通能力和行业领域知识对于获取用户需求都很重要。沟通技巧很重要，因为用户 / 客户有时并不知道如何说明自己的需求（Tsui，2004）。需求分析师必须是一个好的听众和解释者。同样重要的是，分析师应具有行业领域知识，因为每个行业都有自己独特的术语，例如，医疗保健行业与航空航天业或金融业有着截然不同的词汇。为了使需求分析师能够成功地并正确地获取需求，他们必须在具体行业有丰富的经验。

用户和客户往往密切地参与软件的开发，并不断澄清需求，正如我们在第 5 章讨论敏捷过程时看到的一样。这种操作模式对于小型软件项目来说是有效的。然而，期望用户和客户与复杂且周期长的大型软件项目开发人员不断地沟通是不切实际的。对于大型项目，由于在行的用户有限，我们经常需要经验丰富的论题专家需求分析师。

需求获取有两个层次。在高层次上，需求分析师必须探索并了解软件或软件项目的商业原理和理由。在低层次上，需求分析师必须获取并收集用户要求和期望的细节。无论哪种情况都要求分析人员必须准备好进行需求获取和收集。他们必须用一组组织好的问题来询问用户。实际的获取可能有以下几种模式：

- 口头的
- 书面的（表格）
- 在线表格

书面及在线表格都迫使需求分析师通过问题进行思考并在准备过程中制定一些守则。然而，要求用户填写预定格式的表单可能太过于死板。因此强烈推荐口头跟进。与用户的个人和直接联系通常会引发良好的后续问题，并且在这一过程中用户还可以扩展其输入。在整个需求获取与收集的过程中，需求分析师必须耐心、仔细聆听，并在需要时要求更多的信息，这是这一阶段重要的技能。对于一些比较外向和武断的需求分析师来说，聆听特别困难。

需求分析师还应收集业务流程文档、业务和技术政策文档、之前的系统手册等文件中可用的信息。新软件或新软件项目的需求通常可能在以往收集的信息中进行了说明和解释。阅读和分析现有文档是需求分析师应具备的另一个必要技能。

6.2.1 获取高层次的需求

在高层次上，需求分析师需要寻求赞助软件项目的管理层和管理人员来了解背后的业务原理。业务原理以软件产品和软件项目约束的形式转化为需求。组成此高层次业务需求的信息类别包括：

- 机会 / 要求
- 理由
- 范围
- 主要约束
- 主要功能
- 成功因素
- 用户特性

机会和要求说明了软件供应商带来的高层次问题。这通常是面向企业的问题，而不是纯技术问题。例如，由于对纸质文件管理不善，客户可能库存过高或可能会损失 50% 的客户订单。为了解决这个问题，客户需要一个解决方案，而该方案可以包含或不包含软件，但通常会涉及开销。为了证明解决方案和成本，必须有某些类型的业务回报。在我们库存问题例子中的需求分析师需要知道库存有多高。客户可能会说有 200 万美元的额外库存，这对于他们来说太高了。客户也可能会说他们的用户订单需要比当前数量增加 30% 才行。这些都将转化为即将由客户委托的软件项目的理由。

客户可能有其他问题，但上述的库存和用户订单是亟须解决的两大问题。这些说明确定了软件项目的约束和范围。在这种情况下，库存控制和订单处理是范围，并成为主要需求的领域。

需求分析师还必须了解任何主要的约束。其中一个主要的约束可能是软件项目分配的预算。项目预算通常与业务问题成正比——在我们的例子中，是超出库存的 200 万美元。当考虑详细需求的优先级时，预算约束的信息是很重要的，并且有助于决策什么是必需的，什么是最好有的。另一个主要的业务约束是时间表。虽然企业高管了解到系统不能一夜之间建立，但他们的需求总是很急切。需求分析师必须清楚隐含的时间限制和实际的时间进度。

列出客户和业务主管认为的新软件将要交付的主要功能是至关重要的。在库存和订单的处理示例中，要交付的主要功能可能如下：

- 通过自动化订单和运输处理改进库存控制
- 用户在线订单
- 在线交货／运输控制

尽管必须获取更详细的功能要求，但这些高层次的陈述实现了客户的期望。它们还促进了软件项目的高层次的范围界定，并将需求获取的关注引导到了适当的业务领域。

软件项目的成功因素可以追溯到前面提到的机会和要求。软件项目完成后，必须解决机会和需求中所述的问题。在这个例子中，必须能够将库存量减少到比之前更少。同时也不能失去客户订单。此外，如果这些目标必须在下一年内得到满足，那么软件系统必须在下一年之前完成，以便有时间对用户进行培训，并由客户实际使用系统，因为客户必须有足够的时间来利用系统进而体验到系统带来的好处。需求分析师必须能够将其转换为系统必须在特定日期启动并运行的进度需求。

通常，高管和付费客户不一定是系统的日常用户。但系统的成功在很大程度上取决于这些用户的训练程度。因此，必须收集和分析用户个人资料，其中应包括个人的职称和正式职务、工作活动、教育和经验水平以及技术能力。

这些高层次业务相关的需求对于软件项目的整体成功至关重要，其可以作为制定高层次项目目标的来源。需求分析师应在以后的分析阶段将这些高层次的需求转化为高层次目标，然后由所有成员进行审查和商定。即使存在一些详细的需求可能被误解，但如果达到高层次的业务目标，这个项目往往被认为是成功的。

6.2.2　获取详细的需求

一旦收集了高层次的需求，接下来就要获取详细的需求。在此活动中，应该引入一些技术上更精通的需求分析师。虽然需求讨论原则上应该凌驾于实际实现之上，且只讨论所需的是什么，但客户通常会冒昧地讨论如何解决一个特定的问题。如果一个软件系统已经存在，客户通常会根据现有系统的需求进行讨论。通常在这些需求收集活动中，需求分析师和用户可能会进行有想象力和技术性的对话。

111

同样，像高层次的需求获取一样，需要引入的是预先计划的信息。在详细的需求获取这一层面上，很容易就具体的话题进行长时间的讨论而失去控制。有六大类需要关注的信息，如图6.3所示，可作为需求的维度。

图6.3 需求的6个维度

个人功能是最明显的一组需求，通常也是需求获取一个很自然的起点。需求分析师会询问用户和客户在需要执行什么功能方面，他们的问题是什么。例如，工资单区域的功能需求可能最初被表述为"需要向用户选择的金融机构提供直接的存款工资单"。在这种情况下，直接存款是功能要求。

仅仅靠功能本身并不够；它必须在业务流程的上下文中或在用户如何执行其任务的上下文中进行说明。例如，诸如在线购买的功能需要在诸如机票的特定商品的背景下描述。在购买公司股票的业务流程背景下放置的同样的在线购买功能可能需要稍微不同的步骤集。因此，业务流程是一类在获取详细层次的需求时必须收集的重要信息。这与面向对象方法中开发**用例**的概念类似，其中功能由被称为场景的一些业务上下文中的参与者执行。可以参考Schneider与Winters（2003）来了解关于用例的更多细节。

> **用例** 用户或参与者的业务流上下文中，系统应当执行的一系列动作。

[112]

另一类必须在详细需求阶段收集的是有关数据和数据格式的信息。至少应该对应用程序的输入和输出数据进行一些讨论。需要输入系统的信息是什么以及用于何种目的？如果输入的数据遵循一些业务流程，那么还应描述该流程。如果有数据作为某些处理的输入，那么还必须对其进行描述。例如，在薪资处理中，美国联邦和州税法规则可能以文件格式引入。作为购买的输入文件，仍然需要描述这些税收规则。输出数据提供附加信息，并且可以有各种形式。一个是查询的结果，必须定义查询响应的格式。另一个是报告，每个报告格式都需要被明确定义。除这些应用程序数据之外，还有应用系统的信息，如错误信息或警告信息。帮助文本作为应用系统信息的最后一类也应包含在内。应该有一个关于需要多少帮助文本的声明。数据的这种描述涉及下一个类别——用户界面。

软件系统的输入和输出如何呈现属于用户界面领域。如今的软件界面大多是图形化的。不过，不同的用户有其独特的偏好。例如，单选按钮和下拉窗口都可以用于逻辑"异或"类型的选择，而用户的个人或商业偏好可以指定其中任一个。因此，对于用于接口的图标，需求声明必须清楚。软件应用程序的流程也是一个用户界面，它通常模拟了业务流程。然而，由于软件系统旨在改善当前业务流程，因此有时软件需要与现有业务流程有区别。用户界面需求（外观和流程）通常通过对界面的原型化来进行捕获，然后要求用户对原型界面进行审查和评论。

[113]

除对用户的接口之外，也存在其他的接口，例如与已有某系统或网络系统的接口。必须明确标识这些接口。在许多情况下，现有的系统接口已经有很多客户端绑定了。在这种情况下，需求声明不仅要描述接口，还要指出未来变化的可能性。这样的接口有几个维度：

- 控制的转换（界面的唤醒）
- 数据的转换（直接或通过数据库）
- 收到回复（成功或失败，错误类型和消息）
- 重试功能

接口最常忘记的部分是错误和错误消息的描述以及相应的恢复和重试方法。

最后一组需求关注可靠性、性能、安全性和适应性等问题。该类别是一个集群，并且关注所有对软件项目至关重要的非功能性需求。在大型面向事务的应用程序中，必须指定事务速度的性能要求。在危及生命的应用中，必须在需求声明中定义可靠性和可用性参数。可用性关注系统的使用，可靠性关注系统能否正常工作、没有缺陷且遵守规约这一问题。在大型金融应用或通信应用中，保护数据和保护数据传输是至关重要的。对于这些应用程序，需求声明必须关注安全问题。对软件的这些需求或约束中的每一个都可以深究到一个更深和更具体的层次。例如，需求声明可以指定用户在基于 Web 的零售应用中查询产品选择的可接受响应时间。可能还有其他约束，如运输能力或可维护性，应在此类别中进行描述。此外，可能存在与软件项目而不是产品相关的需求。客户可以要求以某种编程语言或某种工具编写软件，因为客户要考虑未来对软件产品本身的修改或支持。

6.3 需求分析

即使需求在被获取与收集后，它们仍然只是一个无组织的数据集。必须对需求进行分析。需求分析包括两个主要任务：

1. 对需求进行分类或聚类
2. 对需求进行排序

有很多方法可以对需求进行分类。在聚类和分组需求时，寻找一致性和完整性很重要。这里将讨论几种分析和分类需求的方法，这些方法随着业务和使用流程而演变。

6.3.1 通过业务流进行需求分析和聚类

需求可以以多种方式进行分组。实际上其中一种方式是按优先级划分，我们稍后再对这种方式进行讨论。一种自然的需求聚类可以遵循前面讨论的六个要素： 114

1. 不同的功能
2. 业务流
3. 数据、格式和信息要求
4. 用户界面
5. 与其他系统的接口
6. 性能、可靠性与安全等约束

这些类别并不总是相互排斥的，有时可能会有一些重叠，例如，在约束的类别下，可能有需求通过备份恢复速度来关注可靠性。在不同的功能组中，可能有描述备份恢复功能的需求。在分析的时候，必须理清与例子中类似的重叠，以免重复。每个需求都必须被标注，以使之可唯一识别和可追溯。一种简单的方案是利用表 6.1 中代表 6 个维度的前缀及数字来标注需求。

前缀标识了需求的类别或维度。在分析需求时，最好从业务流这一类别开始。先选择业务流，分配第一个数字，如 BF-1，然后关联所有的功能需求，并编号 IF-1.x。如果与工作流有关的功能多于一个，则可以使用附加的 x。在表 6.1 中，与业务流 BF-1 相关的有三个功能要求，即 IF-1.1、IF-1.2 和 IF-1.3。与 BF-1 相关的数据及其各自的数据格式以类似的方式 DF-1.x 编号。表中有两个与 BF-1 相关的数据需求，两个与 BF-1 相关的用户界面需求。有一个系统接口需求和一个额外的约束条件与 BF-1 相关。所有类别的编号方案都与业务流程关联到一起。

给定一个业务流，BF-n，其他五个与此业务流相关的类别中可能没有相关的需求。例如，可能没有任何进一步的约束。在这种情况下，不会有 FC-n。某些非业务流类别（如数据需求）中的特定需求可能属于多个业务流类别。也就是说，可能存在与两个业务流（BF-x 和 BF-y）有关的 DF。问题是这个 DF 应该被标记为 DF-x 还是 DF-y。在需求分析期间，我们必须确定两个业务流中哪一个使用数据作为其主要目的。DF 将使用利用其作为主要目的的 BF 的数字来编号。如果 DF 对于两个业务流都同样重要，那么它将使用首先利用它的业务流的数字编号。这里的需求分析方法是基于围绕业务流需求的五类要求进行聚类。一个显著的问题是如果有一个需求不太能适配到任何一个业务流，我们应该怎么做。一种方法是指定一个空的业务流程，并将所有"不配"的需求与空业务流程分到一组。编号方案只是将五类需求与每个业务流相关联的一种方式。因此，业务流必须包含在需求获取阶段的讨论中。否则，这五个需求类别将按一些人为或推测的业务流分组。这种将业务流作为主要需求的方法与面向对象的用例方法相似。

表 6.1　需求分类方案

需求要素	前　缀	需求表述编号
不同的功能	IF	IF-1.1，IF-1.2，IF-1.3，IF-2.1
业务流	BF	BF-1，BF-2
数据与数据格式	DF	DF-1.1，DF-1.2，DF-2.1
用户界面	UI	UI-1.1，UI-1.2，UI-2.1
与其他系统的接口	IS	IS-1
其他约束	FC	FC-1

6.3.2　通过面向对象用例进行需求分析和聚类

面向对象（OO）的用例被用于描述系统的需求，它们也被用于需求的分析以及系统的设计与测试。一个用例基本上是对以下需求信息的描述：

- 基本的功能
- 该功能的任何前置条件
- 该功能的被称为场景的时间流
- 该功能的任何后置条件
- 任何错误条件以及备选流

在开发 OO 用例的时候，需求的获取与分析是杂糅在一起的。一旦收集信息后，需求分析部分有几个步骤，首先是系统边界的识别。

这里的术语系统意味着要开发的产品，可包括硬件与软件。系统边界的识别首先为系统中包含和排除的内容划定边界，但可能仍需要与系统接口交互。

OO 使用词语参与者——一个不寻常的术语来指代系统所有的外部接口。图 6.4 展示了两个参与者的图形化表示，两个参与者是一个送货员与一个客户订单系统，对系统而言他们都是外部的。OO 使用的建模语言，正如在第 4 章中描述的，是统一建模语言（UML）。参与者的符号人形简笔图只是 UML 标记中的一部分。UML 的详细规约副本可以从对象管理组织获得，这是一个非营利性的计算机行业联盟（见本章末尾的"参考文献和建议阅读"部分）。

图 6.4　UML 中用例的表示法

参与者的例子包括系统的用户、其他系统、硬件、网络和操作员。每一个参与者在与系统交互方面发挥了一定的作用。为了确定系统外部与之交互的这些参与者，需求分析员应该提出以下问题：

- 谁使用该系统？
- 谁操作并维护该系统？
- 其他什么系统使用该系统？
- 其他什么系统被该系统使用？

参与者的一些示例可以是订单运输系统的用户或与其交互的外部系统。可按如下方式描述它们：

- 送货员：包装客户订购的物品、放置运送地址标签、发送订购的物品并跟踪订购物品交付的系统用户。
- 客户订单系统：处理客户订单并向订单运输系统提供客户订单信息的外部系统。

在识别外部系统后，用例分析的下一步是确定与每个参与者相关的所有活动。这些活动是参与者希望系统执行并成为用例的事情。因此，每个参与者都与一组用例有关。列出用例就是识别系统内部的过程。也就是说，用例将定义系统必须执行的需求。从高层次描述的订单运输系统用例的一个例子如下：

- 运输标签处理：根据运输部门的要求，从客户订单系统数据库获得出货地址，并在特殊标签上打印送货地址。
- 运输项目列表处理：根据送货员的要求，从客户订单系统数据库获得订单项目列表，并以打印两份该列表副本，一个包含在客户包中，另一个作为记录保留。

我们可以使用 UML 表示法将订单运输系统的需求与用例和参与者进行分组，如图 6.4 所示。请注意，两个参与者，即送货员和客户订单系统，都是由人形图形描绘出来的，它们在矩形框之外。前面作为用例描述的两个需求，运输标签处理和运输项目列表处理在矩形内被描绘为椭圆形图形。矩形表示系统。在本例中，矩形表示运输系统。矩形的边界代表运输系统边界。尽管在图 6.4 中以高层次的形式描绘了用例，但是每个用例的细节可以使用额外的 UML 表示法以单独的形式进一步描述。我们不会在这里详细介绍 UML 表示法。我们展示了如何以用例形式表式需求、分组需求并与参与者关联需求。

在需求分析阶段，我们可能会询问有关系统边界的更多问题。例如，在处理运输标签时，送货员还要担心重量和运输成本吗？如果是这样，称量物品是一个由订单运送系统以外的送货员处理的手动步骤，还是订单运送系统应包括自动的重量计算和成本计算功能？作为需求分析的一部分执行系统边界分析可以进一步完善和巩固需求的完整性。

在 OO 用例方法中，识别以下因素的步骤是良好的需求分析方法：

- 参与者
- 相关的用例
- 边界条件

即使之后用例可根据前置条件、后置条件、活动流程、备用路径和错误处理的细节进一步扩展，以助于系统设计，但在需求阶段确定的用例仅描述系统需要的东西。

6.3.3 通过面向视点的需求定义进行需求分析和聚类

面向视点的需求定义（VORD）是一种需求分析方法，它是基于这样一个理解，即需求在不同的利益相关者看来不是一样的。为系统付钱的客户往往和与系统日常交互的用户有不同的需求。对于具有许多子组件的大型复杂系统，不同的用户将以不同的重点和不同的细节来表达需求。例如，对于目前的大型企业资源规划（ERP）系统，有几个主要的组成部分，包括财务、人力资源、规划和库存。使用该系统的财务人员将提供财务上的要求，并强调财务。人力资源人员将有另一个观点，使用人力资源术语，偏向于人力资源。

> **面向视点的需求定义** 既是需求获取也是需求分析方法。

有时候，同样的需求是以不同的形式和上下文来表示的，它们似乎是不同的需求。有时候，不同的需求重叠得太多，以至于应该以完全不同的方式进行重组和组合。关键是对需求有许多种利益相关者的视点。不同的视点往往会导致对相同问题的截然不同的观点，而这些观点将被用于帮助对需求进行分类和结构化。VORD 方法分为四个步骤：

1. 识别利益相关者与视点。
2. 对视点进行结构化和分类，消除重复，并将共同视点放在一起。
3. 精化识别出的视点。
4. 将视点映射到系统与系统提供的服务。

有关 VORD 的更广泛的描述和细节，请参见（Sommerville，2010）、（Sommerville et al.，1997）。

6.3.4 需求分析与排序

对需求进行分类和聚类只是分析的一部分，它使我们能够识别需求组中的不一致性和需求中可能的不完备性。另外一个问题是，由于以下约束，许多时候不是所有已识别的需求都能被开发出并交付：

- 有限的资源
- 有限的时间
- 有限的技术能力

作为需求分析任务的一部分，我们需要对需求进行优先级排序，以便将优先级高的首先开发出来并发布给客户。通过对需求做优先级排序，一个多次发布的软件产品通常能为几个季度甚至几年做好准备。确定需求的优先级可以基于许多标准，包括：

- 当前客户需求
- 竞争和当前市场状况
- 未来客户需求
- 即时销售优势

● 现有产品中的关键问题

需求分析师通常在组织中许多其他人的帮助下执行优先级排序任务。有时，客户和行业专家也被纳入优先级讨论。大多数软件需求优先级是由有经验的人和客户使用非正式方法执行的，其中最具说服力或发言权的人可能会偏袒他们最喜欢需求的优先级。虽然这种方法并不完美，但远远优于没有优先级考虑和试图包含所有内容。典型的需求优先级列表如图 6.5 所示。

需求优先级列表更像是一张表，包含多列信息。它以需求编号开始，然后提供对需求本身的简要描述。需求的来源对于规划者很重要。评估过的需求优先级以及该需求的来源有助于确定一个特定的需求是否包括在当前版本、下一个版本或将来的版本中。这种非正式的方法经常被使用，但往往产生次优的结果。

一个更有条理的方法是配对需求，并按照 Karlsson 和 Ryan（1997）的建议将它们的值成对进行比较。这种称为分析层次过程（AHP）的方法使得优先级排序过程更加严格，并且往往被更面向营销的人员所忽略。每个需求以配对的形式，与每一个其他的需求进行比较。每个配对关系将被赋予一个"强度值"。总体强度最高的需求基本上将是最高优先级的需求。具有次高总体相对强度值的需求将是下一个最高优先级要求，以此类推。一个 AHP 的例子将阐明这一方法。 |119|

需求编号	简略的需求描述	需求来源	需求优先级*	需求状态
1	单页查询必须在1秒内回应	主要客户营销代表	优先级1	接受此版本
2	帮助文本必须是字段敏感的	大账号用户	优先级2	推迟到下一个版本

*优先级可能为1、2、3或4，其中1为最高。

图 6.5 需求优先级列表

考虑有三个需求 R1、R2 和 R3 的情形。用于比较成对的需求的级别或强度值设置为 1 到 9。给定一对需求（x，y），如果 x 被认为与 y 同等重要，则强度值被认为是 1。如果 x 比 y 稍微更有价值，则为 2，以此类推直到 9，此时 x 被认为比 y 极度更有价值。对于我们的例子，考虑表 6.2 中所示的矩阵作为成对值的表示。

表 6.2 成对比较矩阵

	Req1	Req2	Req3
R1	1	3	5
R2	1/3	1	1/2
R3	1/5	2	1

在这个例子中，需求 1 与自身的价值一样，因此这一对需求（R1，R1）的强度值为 1。需求 1 被认为比需求 2 更有价值 3 倍，第 1 行第 2 列中的（R1，R2）的强度值为 3。如表 6.2 所示，需求 1 的价值为需求 3 的 5 倍。当我们访问（R2，R1）时，该值只是（R1，R2）强度值对应的倒数，如表中第 2 行第 1 列所示，其强度值为 1/3，即 3 的倒数。

接下来，我们计算表 6.2 中每列的总和，然后将表 6.2 中的列中的每个元素除以该列的总和。所得到的归一化矩阵如表 6.3 中表示。

表 6.3 归一化的成对比较矩阵

	R1	R2	R3
R1	0.65	0.5	0.77
R2	0.22	0.17	0.08
R3	0.13	0.33	0.15

[120]

我们现在将每一行加起来。在归一化矩阵表中表示需求 1 的第 1 行的总和为 1.92。第 2 行的和为 0.47，第 3 行的和为 0.61。因为总共有三个需求，每行的总和要除以 3，即需求 1 的结果为 1.92/3 = 0.64，需求 2 为 0.46/3 = 0.15，需求 3 为 0.61/3 = 0.20。这三个需求的三个值现在表示需求的相对值。也就是说，需求 1 占总需求值的 64%，需求 2 占总需求值的 15%，需求 3 占总需求值的 20%。这为我们提供了具有以下权重的需求的优先级排序方案：

- 需求 1：64
- 需求 3：20
- 需求 2：15

需求 1 具有最高优先级和最高权重，其次是需求 3，然后是需求 2。基于 AHP 的成对价值优先排序方案迫使我们成对地查看需求的细节，这在处理成千上万个需求时可能是不实际的。然而，这仍是一个合理的来优先考虑少量需求的方案。

有时，需求的优先级排序也可以被认为是分类方案，它有助于我们去分类或排序哪个需求会被实现以及何时发布。

6.3.5 需求可追踪性

虽然我们提到过需要需求可追踪性，但还没有详细说明原因。确保需求是可追踪的有几个原因。最重要的原因是在开发之后追踪并验证所有需求是否已经开发、测试、打包和交付的能力。能够说明额外的、无法追踪到需求的各种事情也很重要。不应该有任何无法说明的功能或属性。Kotonya 和 Sommerville（1998）列出了四类可追踪性：

1. 正向向后可追踪性：将需求链接到文档源或创建它的人。
2. 正向向前可追踪性：将需求链接到设计与实现。
3. 反向向后可追踪性：将设计与实现反向链接到需求。
4. 反向向前可追踪性：将需求之前的文档链接到需求。

此外，可能需要保留链接相关需求的信息。也就是说，一些需求可能具有核心需求或者前置或后置需求之间的关系。可以开发需求关系矩阵来跟踪需求之间的关系或需求与设计之间的关系等。

之前关于需求的组织和优先排序的讨论意味着每个需求必须是唯一可识别的。如果需求可追溯，这种独特的需求标识也很重要。

[121]

6.4 需求定义、原型化和审查

需求定义、原型化和审查表示为图 6.2 中的三个中心活动——需求工程流程。这三个中心活动来自需求分析。在实践中，这些活动实际上与需求分析重叠，应被视为更广泛的分析背景下的一组迭代活动。

需求定义涉及要正式写出需求。使用的表示法通常是英文或英文伴随其他表示法。就英文而言，用于定义需求的最简单表示法之一是输入 – 处理 – 输出方法，如图 6.6 所示。

需求编号	输入	处理	输出
12：客户订单	·按类型和数量分类的项目 ·提交请求	·接受物品和数量	·显示接受信息 ·请求确认信息

图 6.6　输入 – 处理 – 输出图

当我们编写此书时，行业中最受欢迎的表示法是 UML，这是之前介绍过的。图形化描绘系统数据流的另一种表示法是数据流程图（DFD）。这种表示法是由 DeMarco、Gane 和 Sarsen 等软件工程先驱在 20 世纪 70 年代后期引入的结构化系统分析技术的一部分。实体关系（ER）图是用于显示实体之间关系的另一种流行表示法。它是 1976 年作为实体关系模型的一部分由 Peter Chen 首次引入。所有这些建模表示法或语言都可用于需求定义和分析以及设计。事实上，首选方法是从需求分析开始，持续到软件设计都使用相同的表示法。

如图 6.7 所示，DFD 由四个要素组成：数据的来源或目的地、数据流、过程和数据存储。图 6.8 显示了使用 DFD 描绘客户订单系统的一个高层示例。在这个例子中，客户输入和接收数据，送货员只从系统接收数据，订单由订单流程处理，而发货说明将发送到包装过程。有三个数据存储，它们当前可能是纸质文件形式，后来在设计阶段转换成数据库。数据流由箭头表示，并包含一个正在流动的信息的描述。

数据流图（DFD）语法

符号	语义
客户	数据的来源或目的地
过程XXX	过程或函数
数据库	数据存储/文件
→	数据流

图 6.7　一张数据流图

图 6.8　一个用于描述客户订单系统的数据流的例子

虽然 ER 图不用于显示信息流，但它用于描述实体之间的关系，它还用于显示实体的属性。同样，与 DFD 一样，它最初在需求分析阶段使用，并一直贯穿到设计阶段。图 6.9 给出了一个例子，它说明了作者和书的对象或实体之间的关系。关系是作者写书。该关系用连接两个对象的线条以及线条上方显示的单词一起表示。关系可能有两个约束：

122 ～ 123

- 基数
- 模态

基数指定参与者人数。请注意，在图 6.9 所示的需求中，作者可能会写几本书，但书可能没有多个作者，因此它有些限制。使用定义良好的语言（如 ER 图）的优点在于它更精确。
作者和书籍之间的限制性关系，如图 6.9 所示，应
触发某人在需求规格审查时询问其是否真的正确。
爪形符号代表多次发生。可能有几种形式的基数：

基数：指定实体的出现次数

- 一对一
- 一对多
- 多对多

模态：指定了存在关系的必要性

图 6.9　实体关系图

一对一关系的一个例子可以是显示坐在椅子上
的人的图。每个人只坐一把椅子，每只椅子只能被一个人占用。一对多例子已经在图 6.9 中
显示。可以通过改变图 6.9 的例子来显示多对多的关系，以便它表示出作者可以写几本书，
一本书可能由几位合著者共同编写的关系。

关系的模样态规定了一个实体的存在是否取决于它通过这种关系与另一个实体相关。在
图 6.9 中，一个圆圈表示书是可选的，因为有作者没有完成任何书。然而，垂直条表示作者
是强制性的，因为不存在没有作者的书。因此，图 6.9 所示的需求规定书是可选的，作者在
这种关系中是强制性的。

关系中显示的每个实体可能有几个属性。在需求阶段，这些属性也被定义和分析。
图 6.10 显示了一个实体及其属性的图示。实体、员工及其属性都以图形和表格形式表示。
作为需求的一部分，表格形式可以添加更多的列来记录。随着项目进入设计阶段，表格形式
可能被转换成数据字典。

a)图形　　　　　　　　　　b)表格

图 6.10　一个实体和它的属性

使用各种建模语言（如 UML、DFD 或 ERD）去定义需求是原型化的一种形式。在这种
情况下，我们将对功能流、数据流或数据属性进行原型化。作为需求收集和分析的一部分，
用户界面是不可遗忘的关键组件。这里我们对系统内部和算法不感兴趣。相反，我们专注于
用户及其与系统的交互，我们专注于主要用例及其与用户的接口。用户界面的两个主要方面
必须在需求阶段进行分析：

- 视觉外观和显示

- 与人和流的交互

在早期，用户界面用纸板和活动挂图进行建模，被称为低保真原型。如今，在需求收
集和分析期间，用户界面是用机器可执行代码进行原型制作的。这些原型有时会保留下来，
并转化成最终的版本代码。用于快速原型化用户界面的最早的工具之一是 HyperCard，它
运行在苹果电脑上。如今，用于快速用户界面原型设计的最流行的工具之一是 Microsoft 的
Visual Basic。此外，随着敏捷方法日益普及，用户界面的需求原型化通常都有用户的很多

参与（Ambler，2004）。除了可视化界面，目前也有一小部分音频和视频的交互需求，并在不断增长。有关互联网视频的介绍，请参见（Stolarz，2005），有关开发和构建良好用户界面的更多详细信息，请参阅（Hix et al.，1993）、（Shneiderman et al.，2009）。

与需求分析和用户界面原型化紧密相关的是对用户和客户的需求的审查。这些审查可能会按照敏捷方法提出的方式非正式且非常频繁地进行，或者它们本可以更为正式。20 世纪 70 年代初 IBM 的 Michael Fagan 首先介绍了正式的审查和检查方法。虽然所有这些早期正式检查的目标是减少设计和编程错误，但是可以使用相同的检查过程来审查需求，以尽可能地减少误差和误解。大多数从业者选择正式检查和非正式审查之间的混合。无论你选择哪种审查技术，重要的是要认识到，用户和客户的需求审查是需求分析和原型设计的重要组成部分。早期发现需求的错误具有极其重要的意义，因为单个需求的错误通常会扩展到多个设计错误中，每个设计错误又可能成为多个编程错误的根源。防止遗漏需求错误绝对是一项经济上有价值的活动。

进行审查后，必须对需求定义进行修改和更正。有时如果修正程度非常大，则需要对修改和更改进行后续审查。虽然最好不要变得过于官僚主义，但这些变化必须被清楚地记录下来，使得如之前所述那样，需求错误不会在经过诸如设计、编码和测试等下游活动后依然存在，并最终存在于客户发布版本中。 [125]

6.5 需求规约与需求协商

一旦对需求进行了分析和审查，就需要谨慎地将其纳入软件需求规约（SRS）文件。必须包括的细节数量和范围取决于几个参数：

- 项目规模和复杂程度
- 计划好的之后的多个后续发布
- 估计和预期的客户支持活动的数量
- 开发人员对目标领域的知识和经验

需求越复杂数量越多，越需要正式并完整地描述需求。计划的后续版本越多，需求规约越要明确并有序，以支持这样的未来活动。如果估计的客户数量很大，可能是数百万计，那么需求规约必须详细和完整，以便有序地进行维护和支持活动。如果测试人员、设计人员和代码开发人员在开发软件的应用领域具有非常少的主题知识或经验，则必须具有详细的 SRS 文档。

对于软件需求的规范文档，IEEE 有一个推荐的标准，即指南 830，它符合 IEEE/EIA 标准 12207.1—1997。本质上，指南规定了以下材料应包含在软件需求规约（SRS）中。

- 简介：通过描述目的、范围、参考和术语的定义来提供概述。
- 高层次描述：提供软件产品的一般描述及其主要功能、用户特征、主要约束和依赖关系的描述。
- 详细需求：这里提供以下内容：（1）通过输入、处理和输出来详细说明每个功能需求；（2）包括用户界面、系统接口、网络接口和硬件接口的接口说明；（3）详细说明性能需求；（4）诸如标准或硬件限制等设计约束的列表；（5）对诸如安全性、可用性和可恢复性等属性的附加说明；（6）任何额外的独特要求。

可以在 6.9 节列出的 IEEE 网站上购买此 IEEE 指南的副本。

作为需求工程的最后一步，需求规约文件应该有"落款"。这可以是一种正式文件的形

式，如合同，或非正式的通信，如电子邮件。不管最终的落款形式如何，此活动将结束需求
阶段，并为需求规约提供正式的基准。任何未来的变化应受到控制或至少密切监测，以防止
未来不受控制的增长和需求变化。如第3章中所述，不受控制的需求更改是一个主要问题，
是许多软件项目失败的关键原因。

6.6 总结

本章涵盖了需求工程的以下主要步骤：
- 获取
- 文档化与定义
- 规约
- 原型化
- 分析
- 审查与确认
- 协商与认可

对于需求获取、高层次和详细的信息采集都已讨论。更具体地说，以下详细信息的类别
被认为是获取过程的一部分：
- 各自的功能
- 业务流
- 数据、格式和信息要求
- 用户界面
- 与其他系统的接口
- 性能、可靠性与安全等约束

收集的需求需要通过分类和分组进行分析。这里介绍了几种方法，包括优先级排序技术
等，用于对需求进行分组。此外，需求必须可追踪。

虽然英文仍然是记录需求的主要语言，但是现在还有几种建模语言，包括 UML、DFD
和 ERD。作为需求分析周期的一部分，也能使用这些建模语言对需求进行原型化。可执行
的原型在今天更受欢迎，特别是用户界面。这些原型和分类需求的用户和质量评估对于防止
错误转移到以后的软件工程活动和客户版本中至关重要。因此，应该审查尽可能多的需求。

最后，软件需求规约文件应由客户制作并落款，以作为将来修改的基准。

6.7 复习题

1. 在高层列出并描述软件需求工程流程中涉及的步骤。

2. 在开展需求工程之前必须要规划的三个主要项目是什么？

3. 在收集需求时需要考虑的需求主要的六个维度是什么？

4. 列出高层业务简介描述中包含的四点内容。

5. 列出并描述在对需求优先级排序时需要考虑的三点内容。

6. 面向视点的需求定义方法的用途是什么？

7. 考虑你对员工信息系统有四个需求的情况：
- 短查询的响应时间必须少于1秒。
- 在定义员工记录时，用户必须能够输入员工姓名，并提示员工记录所需的所有剩余员工属性。

- 可以使用员工编号或员工姓氏来搜索员工信息。
- 只有经过授权的搜索（由员工、其指挥链上管理人员或人力资源部门的人员）将显示员工的薪酬、福利和家庭信息。

执行分析层次过程，并根据你的选择进行排序。

8. 在 ER 图中说明程序员和模块之间的关系，程序员可以编写几个模块，每个模块也可以由几个程序员编写。

9. 需求可追踪性的四种类型是什么？

6.8 练习题

1. 讨论为什么使用文档记录下描述的需求是重要的，并列出三个原因。

2. 根据你对练习 1 的回答，讨论敏捷软件开发人员参与收集和记录需求时，可能会如何误用敏捷方法。

3. 在分析需求时，我们经常要对它们进行分类，然后对其进行优先级排序。讨论为什么我们需要做这些活动。

4. 在收集员工信息系统的需求时，员工是主要实体。你认为该实体的什么属性将作为需求的一部分？在实体属性表中列出实体和属性。向表中添加一列，来表示每个属性的数据特征。

5. 使用 6.9 节中介绍 UML 的众多书籍中的一本，讨论 UML 中的用例和业务流在需求的 6 个维度中的相似性。

128

6.9 参考文献和建议阅读

S. W. Ambler, *The Object Primer: Agile Model Driven Development with UML2*, 3rd ed. (New York: Cambridge University Press, 2004).

P. Chen, "The Entity-Relationship Model—Towards a Unified View of Data," *ACM Transactions on Database Systems* 1 (March 1976): 9–36.

T. DeMarco, *System Analysis and System Specification* (New York: Yourdan Press, 1978).

M. Fagan, "Design and Code Inspections to Reduce Errors in Program Development," *IBM Systems Journal* 15, no. 3 (1976): 182–211.

M. Fowler, *UML Distilled: A Brief Guide to the Standard Object Modeling Language*, 3rd ed. (Reading, MA: Addison-Wesley, 2003).

C. Gane and T. Sarsen, *Structured Systems Analysis: Tools and Techniques* (Upper Saddle River, NJ: Prentice Hall, 1979).

D. Hix and H. R. Hartson, *Developing User Interfaces: Ensuring Usability Through Product and Process* (New York: Wiley, 1993).

IEEE Computer Society, Software Requirements Specifications guideline, which complies with IEEE Recommended Practice for Software Requirements Specification, http://ieeexplore.ieee.org/ie14/5841/15571/00720574.pdf, accessed September 2016.

J. Karlsson and K. Ryan, "A Cost-Value Approach to Prioritizing Requirements," *IEEE Software* (September/October, 1997): 67–74.

G. Kotonya and I. Sommerville, "Requirements Engineering with Viewpoints," *BCS/IEE Software Engineering Journal* 11, no. 1 (January 1996): 5–18.

——*Requirements Engineering: Processes and Techniques* (New York: Wiley, 1998).

D. Leffingwell and D. Widrig, *Managing Software Requirements: A Unified Approach* (Reading, MA: Addison-Wesley, 2000).

M. Mannion, et al., "Using Viewpoints to Determine Domain Requirements," in E. J. Braude, *Software Engineering Selected Readings* (Los Alamitos, CA: IEEE, 2000): 149–156.

Object Management Group, Unified Modeling Language, http://www. omg.org, accessed June 16.

K. Orr, "Agile Requirements: Opportunity or Oxymoron?" *IEEE Software* 21, no. 3 (May/June 2004): 71–73.

B. Ramesh and M. Jake, "Towards Reference Model for Requirements Traceabiltiy," *IEEE Transactions on Software Engineering* (January 2002): 58–93.

K. Ryan and J. Karlsson, "Prioritizing Software Requirements in an Industrial Setting," *Proceedings of the 19th International Conference on Software Engineering* (1997): 564–565.

G. Schneider and J. P. Winters, *Applying Use Cases: A Practical Guide*, 2nd ed. (Reading, MA: Addison-Wesley, 2003).

B. Shneiderman and C. Plaisant, *Designing the User Interface: Strategies for Effective Human-Computer Interaction*, 5th ed. (Reading, MA: Addison-Wesley, 2009).

I. Sommerville, *Software Engineering*, 9th ed. (Reading, MA: Addison-Wesley, 2010).

I. Sommerville and P. Sawyer, *Requirements Engineering: A Good Practice Guide* (New York: Wiley, 1997).

D. Stolarz, *Mastering Internet Video: A Guide to Streaming and On-Demand Video* (Reading, MA: Addison-Wesley, 2005).

F. Tsui, *Managing Software Projects* (Sudbury, MA: Jones and Bartlett, 2004).

K. E. Wiegers, *Software Requirements*, 3rd ed. (Redmond, WA: Microsoft Press, 2013).

设计：架构与方法论

目标

- 理解架构设计和详细设计之间的区别。
- 掌握常用的软件架构风格、策略和参考架构。
- 掌握详细设计的基本技术，包含功能分解、关系型数据库以及面向对象设计。
- 理解用户界面设计中涉及的基本问题。

131

7.1 设计简介

一旦理解了项目的需求，那么从需求到设计的转化就开始了。如果说需求解决"什么"（系统应当做**什么**、约束是**什么**等），那么设计解决"如何"（系统**如何**被分解成组件、这些组件**如何**接口和交互以及各个独立组件**如何**工作等）。这是一个困难的步骤，它涉及将一组无形资产（需求）转化为另一组无形资产（设计）的过程。软件设计首先解决软件是**如何**被结构化的这一问题——它的组件有哪些以及这些组件是**如何**相互关联的。对于大型系统而言，将设计阶段划分为以下两个单独的部分通常是非常明智的。

- **架构设计阶段**：这是对系统的一个高层概述，一个"宏观"的视图。它列出了系统的主要组件，以及组件的外部属性和组件间的关系。功能性和非功能性需求以及技术上的考量提供了该架构的主要驱动力。

- **详细设计阶段**：组件被分解成为更加精细的细节。该阶段由架构以及功能需求所驱动。架构提供了常规指导，并且所有的功能性需求都必须由详细设计中的最少一个模块，即一个"微观"的视图，来解决。

图 7.1 说明了需求、架构以及详细设计之间的关系。理想情况下每个功能性需求和详细设计中的模块都有一个一一对应的映射关系；需求带给架构的影响由宽箭头表示。需要注意，在这种情况下最有影响力的需求可能是非功能性需求，比如性能和可维护性。架构驱动详细设计，并且在理想情况下每个架构组件都被映射到几个详细设计模块。

> **架构设计阶段** 开发系统高层次概览的阶段。
>
> **详细设计阶段** 将架构组件分解为更精细的细节的阶段。

132

较小的系统可能没有明确的架构，尽管架构几乎在所有情况下都是有用的。在传统的软件过程中，理想的情况是建立设计并记录到尽可能低的细节层次，程序员主要将该设计转换为实际的代码。敏捷方法以及其实际过程被应用于许多公司，尤其是开发小型系统，它使得程序员在详细设计中扮演着更为重要的角色。在许多敏捷方法中，实际的详细设计最终由程序员完成。

目前说明设计的方法有很多种。鉴于对大多数人来说

图 7.1　需求、架构和详细设计间的关系

信息的图形化展示是极为有用的，因此设计符号的图形化也极为需要。在过去几年中人们提出了许多不同的设计符号，其中统一建模语言（UML）得到了广泛的使用，并至少成了**面向对象（OO）设计**事实上的标准。本章并不专门介绍 OO 设计，在第 3 章的 3.3 节中有对 OO 和 UML 的简要讨论可供参考。在此，我们简要地说，OO 设计是一种通过类、类的关系和它们之间的交互来模型化设计的技术。

> **面向对象设计**　一种通过类、它们的关系和它们之间的交互来建模设计的技术。
>
> **软件架构**　系统的高层结构，包括软件元素、元素属性和它们之间的关系。

7.2　架构设计

7.2.1　什么是软件架构

系统的**软件架构**规定了其基本结构。从很多方面来说，它是以高抽象层次建立的设计。Bass、Clements 和 Kazman（2012）定义的软件架构如下：

> 一个程序或计算系统的软件架构是指系统的结构或者结构集合，它包含软件元素、这些元素的外部可视属性以及它们之间的关系。

关于系统的架构有几个重点需要注意：

- 每个系统都有一个架构。无论是否精密设计、是否将其记录下来，每个系统都有一个自己的架构。
- 可能有不止一个结构。对于大型系统，甚至是多许小型系统而言，系统都可能有多种重要的构成方式。我们需要了解所有的这些结构，并通过几种视图将它们记录下来。
- 架构处理每个模块的外部属性。在架构层次，我们应该考虑重要的模块以及它们是如何与其他模块交互的，并且重点关注模块间的接口而非关于每个模块内部的细节。

7.2.2　视图与视角

在架构设计和总体设计中的一个重要概念是，系统具有许多不同的结构（即有许多不同的结构化方式），为了获得系统全貌，你需要查阅许多这些结构。

视图是系统结构的一个展示。尽管在大多数情况下，我们可以互换地使用视图和结构，但请记住，无论是否将其展示，系统的结构都是存在的，而视图仅仅描绘了结构。两者的区别类似于照片和其内容的区别。

在后来成为 Rational 统一过程（RUP）基础之一的开创性论文中，Kruchten（1995）提出了四个架构视图和用例（他在论文中称之为场景）来表示系统需求并将其统一：

- 逻辑视图：表示系统的面向对象的分解——即类以及它们之间的关系。在面向对象中，类是从需求中衍生并构造出来的概念元素。它们之间的交互和关系通常也源于需求中所表达的业务或工作流程。它基本上使用 UML 类图来表示。
- 进程视图：表示的是运行时的组件（进程）以及它们之间的通信方式。
- 子系统分解图：表示模块和子系统，以及导入和导出的关系信息。
- 物理架构视图：表示了从软件到硬件的映射，它假定了一个在计算机网络上运行的系统，并描述了哪些进程、任务和对象映射在哪些计算机节点上。

Bass、Clements 和 Kazman（2012）提供了更多视图的样例，并将它们划分为 3 种类别。

- 模块视图：表示静态的软件模块和子系统中的元素。这些类型的视图包括以下内容：

■ 模块分解视图，它们代表模块和子模块某一部分的层次结构。

■ 使用视图，它描述了模块如何相互依赖。

■ 类泛化视图，它代表类的继承层次结构。由 UML 的类图和 Kruchten 的逻辑视图所代表的信息也属于这一类。

● 运行时视图：表示程序的运行结构；也称为组件和连接件视图。它们表明执行模块或进程如何相互通信。这里的视图可以用不同的符号图来描述，例如进程通信图，客户端 – 服务器图和并发图。

● 分配视图：表示将软件模块映射到其他系统。这种类型的典型视图包括：部署视图，它表示模块到硬件结构的映射；实现视图，将模块映射到实际的源文件；工作分配视图，显示负责每个模块的人员或团队。

有一点需要留意，不同的视图通常适用于不同的涉众。举例来说，实现视图显示模块应在哪些文件上实现，它主要有助于实现者，而类图则有助于许多不同类型的涉众。 |134|

当在设计架构时，需要牢记它有很多不同的有用视图。当然，由于时间有限，所以需要仔细考虑要建立哪些视图。

7.2.3　元架构知识：风格、模式、策略和参考架构

虽然许多系统是采用许多不同的架构来开发的，但是这些架构在许多层次上具有共同的特征。软件工程师在很长的一段时间内一直都在比较各系统架构并描述其相似和差异。这种知识（有时称为元架构）已经以不同的方式进行了编纂，便于人们能够更简单地比较和选择架构，并在建立架构时提供一个起始点。

软件体系结构社区主要以下面三种不同的方式编纂了这类知识：

● 架构风格或模式

● 架构策略

● 参考架构

元架构有两个重要目的：首先，它可以用作特定系统架构的起始点，减少一定工作量，并为最终架构提供指导；其次，它是一种有效的交流机制，可以使人快速了解系统的高层结构。当架构风格以类似于设计模式的格式编写时，它也称为架构模式。

架构风格或模式　软件架构风格或模式类似于物理建筑结构中的风格。正如许多建筑物共同使用许多人可以认识到的相同风格——从哥特式到美国战前南部风格——许多系统架构也具有可识别的风格。

其中，最常见的架构风格如下。

● 管道和过滤器：该风格广泛应用于 UNIX 脚本和进行信号处理的应用。它由通过"管道"连通的一系列进程所组成。进程的输出又作为下一个进程的输入；进程不需要等到上一个进程完成，只要可获得部分输入，就可以开始对其进行处理。大多数情况下，它的拓扑结构是线性的，但偶尔也会有分支。虽然这种风格最常应用于组合 UNIX 命令，但它也是许多音频和视频处理应用程序的概念模型。图 7.2 显示了 gst-editor，一个针对 Gstreamer 多媒体框架的编辑器。

● 事件驱动：在该风格中，系统组件响应外部生成的事件并通过事件与其他组件进行通信。现代图形用户界面（GUI）库和使用它们的程序在某种程度上均以这种风格组织。许多分布式系统也使用这种风格，因为它允许组件的分离并且使得系统易于重组。 |135|

图 7.2   Gstreamer 编辑器的截屏。从文件中读取视频文件，然后将其解编成音频流和视频
　　　　流。这两个流经过两个不同的过滤器，然后再次合并后将它们保存到另一个文件

- **客户端－服务器**：这种风格显示了位于网络中不同节点上的客户端和服务器之间的清晰划分。组件通过基本网络协议或通过远程过程调用（RPC）进行交互。通常而言，同一台服务器将会被多个客户端访问。图 7.3a 显示了客户端－服务器架构，其中几个客户端访问同一个服务器；图 7.3b 则显示了更复杂的版本，其中有几种不同的服务器。

图   7.3

　　客户端－服务器架构受各种硬件变更以及硬件成本的影响较大。最初，使用功能较弱的终端或客户端盒，大部分数据处理都驻留在服务器盒中。随着客户端机器功率的提高和价格的下降，更多的功能被放置在客户端里。有趣的一点是，客户端或个人桌面上放置更多功能的这一发展，创造了针对客户端的支持的需求。由于强大的客户端桌面，一个被称为 IT 桌面支持的行业也随之出现。

- 模型－视图－控制器（MVC）：该风格常用于组织那些需要显示多种数据视图的 GUI 应用。其主要思想是将数据与显示分开。在初始版本中，控制器负责将用户输入，如鼠标移动和单击或击键，转换为视图的相应消息。因为当下的 GUI 库通常会执行此操作，因此不需要单独的控制器类。这种模式在当前调整为只使用模型和视图类。模型负责存储数据，并在数据更改时通知视图；视图注册模型，可以修改模型，并通过重绘自己来回应模型中的变化。图 7.4 显示了 MVC 架构的简图。MVC 可以使用客户端－服务器架构实现，模型部分驻留在服务器上，而视图以及部分控制器则驻留在客户端。

- 分层：在该风格中组件被分组成层，组件只与其自身层之上和之下的层中的其他组件通信。当分层架构与客户端－服务器架构相结合时，层可能驻留在不同的计算机中，它们通常称为层级（tier），而不是层。图 7.5 描绘了一种常见的分层系统，通过实现 Java API 来调用操作系统函数，后者又与内核函数进行通信。Java API 通过操作系统 API 调用函数，而非直接通过内核调用。虽然分层架构使组件自身专注于特定任务并有助于问题检测，但根据消息在处理前必须经过的层数，该风格有时会呈现出性能问题。

|136|

图 7.4　模型－视图－控制器风格

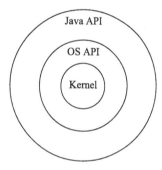

图 7.5　一个典型的分层系统，其中 Java API 的实现调用操作系统功能，操作系统功能相应地和核心功能通信

- 数据库为中心：该风格中有一个中央数据库以及连接访问该数据库的多个独立程序。各程序只通过数据库进行通信，而不是在它们之间直接进行通信。这种风格的一大优点是为数据库引入了一层抽象层，通常称为数据库管理系统（DBMS）。现代 DBMS 可以保证在数据库中输入的任何数据均遵守用户定义的约束，这些约束可以由该数据库相连的程序来承担，程序可以认为这些约束是一直成立的；这导致了连接同一数据库的多个程序形成了一个相对耦合的系统。事实上在大多数情况下，以数据库为中心实际上意味着以关系数据库为中心。在本章的后面，我们会更加深入地讨论关系数据库技术和数据库设计。

以数据库为中心的架构风格通常与客户端－服务器风格相结合，如图 7.6 所示。在图中，有一个中央数据库服务器，它运行着一个可以通过

图 7.6　数据库为中心的风格。通常，客户端直接与数据库通信

网络访问的 DBMS。在客户机上运行的程序与数据库服务器进行交互。在传统配置中，我们称之为两层级（tier），客户端与数据库直接交互。

- **三层级**：该风格是以数据库为中心和客户端 – 服务器风格的一种变体，它在客户端和服务器之间增加了中间层级，实现了大量的业务逻辑。客户端无法直接访问数据库，而必须通过中间层级。这样，业务逻辑在一个地方集中实现，简化了系统。

对于许多系统而言，业务逻辑很难用关系型数据库管理系统（DBMS）支持的种种约束来表示。尽管关系数据库的基本技术已被标准化，但是一些更高级的功能，如存储过程和触发器，仍未被标准化。许多系统所需的大部分业务逻辑均需要这些功能才能实现，但在 DBMS 中实现这些功能意味着我们必须继续使用该特定的 DBMS，或者需要将所有这些触发器和存储过程都移植到新的 DBMS。

137
~
138

三层级风格通常被用作基于 Web 的应用程序的模型。客户端机器通过 Web 浏览器访问应用服务器；应用服务器通过与数据库通信实现业务逻辑。这种架构也可以被视为 MVC 架构的一个变体，数据库相当于模型，应用程序服务器实现控制器并生成将由客户端 Web 浏览器显示的视图。

三层级架构可以扩展到具有其他中间层级服务器的 n 层级。图 7.7 显示了三层级架构风格。图 7.8 显示了一个特定的四层级架构，即 J2EE 参考架构，这将在本节后面进行讨论。

图 7.7   三层风格，其中客户端不直接与数据库连接

图 7.8   J2EE 参考架构

注意，为了简单起见，这些图仅显示出一个应用。存在多个应用程序访问同一个数据库的情形，在这种情况下，我们还可以将每个应用程序视为整个系统的数据库中心架构中的独立组件。

架构策略   不同于架构风格和模式，架构策略解决较小的问题，不直接影响系统的整体结构。它们旨在解决各种架构风格中非常具体的问题。

例如，假设有一个三层级的分布式系统，我们希望增加其可靠性。具体来说，我们担心某些组件可能发生故障而没有任何人注意到它真的出错了。因此，我们尝试改进故障检测。我们就两种可能的策略进行决策；在这两种情况下，我们都有一个负责检测故障的组件。

第一种策略是让每个组件以规定的间隔向故障检测器发送消息。故障检测器知道何时应

该接收这些消息，并且如果在规定的时间内没有收到消息则将会生成故障通知。在分布式系统中，这通常被称为心跳。

第二种策略是让故障检测器向其他组件发送消息并等待响应。如果没有收到响应，它知道该组件发生了一个错误。这种策略在 Internet 应用程序中被称为 ping/echo。

虽然每个具体的策略只适用于有限的问题，但知晓正确的策略可以为软件架构师节省大量的时间。Bass、Clements 和 Kazman（2012）在其《Software Architecture in Practice》一书中提供了一个小型的策略目录。

参考架构　元架构知识的第三类则是参考架构——即一个完整成熟的架构，它作为一整个类型系统的模板而存在。Taylor、Medvidovic 和 Dashofy（2009）将参考架构定义为"同时适用于多个相关系统的主要设计决策的集合，它通常有一个应用域，在该应用域中具有明确界定的可变化点"。设计决策包括设计的所有方面，包括结构、功能行为、组件交互、非功能性属性，甚至一些实现决策。

7.2.4　基于网络的 Web 参考架构——REST

Web 分布式系统的一个最近并且突出的参考体系结构是表述性状态转移（REST）架构。这种架构风格是由 Roy Fielding 在加利福尼亚大学尔湾分校的博士论文中提出的。根据 Fielding 的说法，REST 体系结构是通过将不同的约束识别并应用到基于网络的应用程序架构风格来逐步建立的。基于网络的应用架构通过消息传递机制来限制组件之间的通信。下面列出了基于网络架构的主要约束。

1. *客户端 - 服务器设计风格*：将用户界面与其余功能和数据处理部分分离的这一约束提高了应用程序的可移植性和可扩展性。Fielding 强调的一个重要观点是，这种分离允许组件的独立演进。

2. *组件之间的通信必须是无状态性的*：每个客户机对服务器的请求是完全自包含的，包含服务器提供服务所需的所有信息。

3. *信息缓存*：在响应用户请求时，被标记为可缓存的信息应被客户端重用。缓存带来许多优点，如提高性能和效率。显然并不是所有的信息都是可缓存的，例如，股票在波动型市场中的实时价格可能会频繁变化，以至于缓存这些数据是不明智的。

4. *组件之间的统一接口*：这一约束简化了架构，但是削弱了其效率和通用性。这些接口被设计用于"大粒度"超媒体数据传输，并且由四种类型的接口约束来定义：资源具有单独的识别，在资源的表征上附加了足够的信息以便启用资源操作，自描述消息允许对消息进行处理，以及客户端状态转换发生在超媒体的上下文中。与其架构风格不同，REST 尤其要求这一重要约束。

5. *分层设计风格*：每个组件的行为约束只能与其紧邻的层相互作用，从而提高组件独立性并降低复杂度。

6. *按需代码*：这是唯一可选的约束。它允许客户端下载并执行小程序和脚本代码。这可能会被认为是一个扩展特征而非限制性约束，因为它允许代码被下载并执行。

这些约束作为一个整体被应用时为我们提供了一个分布式超媒体应用程序设计的参考架构。REST 的主要架构元素包括以下内容：

a）数据，又可分为两个部分：

- 资源（信息抽象）

- 资源表征（捕获或描述资源的状态）

b）组件，是具有特定角色的信息服务的提供者，如 Web 浏览器。

c）连接件，用于进行无状态通信或组件间交互。

遵循这种架构风格的系统通常称为 RESTful 系统，如图 7.9 所示。想要了解更多的信息，可阅读 Fielding 的论文（2000）。

图 7.9   RESTful 架构风格

7.3   详细设计

系统的架构设计以及需求，需要进行提炼才能产生详细的设计。开发所使用的过程决定了设计分解的详细程度及其文档的形式化程度。如果设计以最细微的程度进行，那么实现工作就几乎只是将该设计与实现语言进行一对一的映射；但通常情况下设计并没有被指定到最精细程度，这使得我们需要在实现阶段进行一定的详细设计工作。

142

7.3.1   功能分解

功能分解主要用于结构化编程，但其中一些思想可以与其他编程范式一起使用。其基本思想在于将功能或模块分解成更小的模块，这些功能或模块之后将会组合在一起形成更大的模块。传统上，模块是被主模块调用的其他系统或过程。

当使用 OO 编程语言时，这种技术可用于将系统初步分解为各功能模块，或者分解难于实现的方法。虽然如今 OO 系统和语言最为受人关注，但仍然有许多系统都是用过程技术开发的。事实上，许多小型的基于 Web 的应用程序都可以用这种方式进行建模，即将系统分解成功能模块，每个模块对应一个或几个相关的网页。

我们将以一个例子来说明该技术。假设你正在设计一个管理课程注册和报名的系统，按照规定需要完成四个任务：（1）从数据库中修改和删除学生信息；（2）从数据库中修改和删除课程信息；（3）为课程添加、修改和删除章节；（4）从一个章节注册和删除学生。

对这个系统进行功能分解，你需要将主模块分解成四个子模块，用于处理学生、课程、章节和注册。前三个模块将被进一步分解为用于添加、修改和删除的模块，而第四个则将被分解成两个模块，用于从一个章节注册或删除学生。

通常的流程是制作模块分解图，其中模块由矩形表示，并且存在某种形式的标准化编号系统，它根据模块的级别将数字分配给每个模块。该编号方案的重要特点是每个模块都被分配一个唯一的编号，使人能够很容易看到模块的级别以及它的父级是谁。

模块分解图可如图 7.10 所示。它描绘了基于系统外在功能的简单划分。注意，通常有多种不同的方法来划分系统，比如我们也可以如图 7.11 所示对该系统进行划分，图 7.11 中将所有数据库操作抽象为一个特定的数据库模块。

图 7.10　学生注册系统的模块分解图

图 7.11　将数据库操作作为系统模块的另一种模块分解方式

在图 7.10 中，"添加""修改"和"删除"函数分别与三个实体——"学生""课程"和"章节"有着独特的关联。在图 7.11 中，该设计侧重于三个功能的潜在重用。"添加""修改"和"删除"函数被归在数据库公共服务下，以便潜在重用和多用途使用。在设计上，我们不仅要关心实际的结构，还要从可选方案中择优选择。注意，在图 7.10 中，各个实体和它们的功能只为单一目的服务，并且各自具有较高的内聚性。而在图 7.11 中，数据库通用服务为多个目的服务，并提供了一些重用。然而，对于重用的通用服务，必然将在各实体间引入一定量的耦合。哪个设计是更好的选择是一个复杂的问题。我们将在第 8 章中广泛讨论如何评估"好"的设计这一问题，并更好地界定和澄清内聚和耦合的概念。

7.3.2 关系型数据库设计

143
~
144

所有大小合理的应用程序都必须处理大量的信息。下面我们假设存在一个便利的数据库，它可以被纳入任何系统的信息存储与检索的设计中。我们将在讨论设计软件系统的过程中引入一个数据库，但不会对数据库技术进行广泛的分析。

大多数数据库和业务应用程序都使用关系数据库技术。关系型数据库最早在 20 世纪 60 年代末由 IBM 的 E. F. Codd 提出，它来源于数学概念中的集合和关系，其使用和理解都相对简单。关系型数据库实现起来相对简单并且有效，这导致了它的普及。更多有关关系型数据库的信息，可以参阅本章末尾的"参考文献"和"建议阅读"。

在关系型数据库中，信息存储在表中，我们也称之为关系。它们是二维数据集，分为行（也称为元组）和列（也称为属性）。在最简单的情况下，每一行对应于现实世界中的对象或实体，每一列对应于这些实体的属性。关系型数据库理论要求将一组属性识别为表的主键，但在大多数的数据库实现中并没有此要求。数据库设计仅专注于如何表示程序所需的数据以及如何有效地将其存储在关系数据库中，它可以被分为以下 4 个阶段（我们会在后面对其进行进一步的解释）：

- 数据建模：创建数据的实体关系（ER）模型。
- 逻辑数据库设计：将一个详细的 ER 模型作为输入，生成一个规范化的关系模式。
- 物理数据库设计：在该阶段的主要决策包括要为每个属性使用什么数据类型以及要创建哪些索引，其输出为一组详细的结构化查询语言（SQL）语句，用于实现逻辑模式。
- 部署和维护：该阶段解决 DBMS 软件的最终细节。

1. 数据建模阶段　该阶段需要建立一个详细和完整的 ER 模型，ER 模型的文档包括 ER 图以及图中未反映信息的注释。最佳实践建议建立一个包含与每个属性相关的所有信息的数据字典。

有时需求文档可能已经包含一张 ER 图，我们需要对其进行细化，或者如果没有，那么我们需要从头创建一张 ER 图。ER 图包含三种主要类型的对象：实体（由矩形表示），属性（由椭圆形表示），关系（由菱形表示）。实体代表现实世界中（或者更准确地说，我们现实世界的心智模型中）的对象或事物。它们拥有属性，并通过关系与其他实体相联系，关系也可能拥有属性。在 ER 图中，我们通常表示实体和关系类型，而不是实体或关系的特定实例。

实体类型代表我们正在建模的事物的种类。实体拥有属性，并且我们将一个或多个属性标记为标识符，用来区分相同类型的实体。弱实体不具有标识符，它依赖于另一个实体的标志。

属性分为简单属性或复合属性，以及单值属性或多值属性。简单属性是指那些不需要进一步细分的属性（即 DBMS 支持的原子属性），而复合属性由多个部分组成。例如，如果我们将用一个字符串来代表一个人的全名，则认为它是一个简单的属性。如果我们将其分为名字、中间名和姓氏（如在美国通常做的那样），那么这就是一个复合属性。在这种情况下，每个部分（名字、中间名和姓氏）都由字符串表示，但在其他情况下，它们也可以由几个部分组成。

145

大多数属性最多只有一个值。例如，一个人只有一个全名（你可以把它分成几部分）、一个出生日期等。但是，对于某些其他属性，同一个实体可以同时具有多个值。最好的例子是电子邮件地址和电话号码——同一个人可以有很多电子邮件地址或许多电话号码。我们将这些属性称为多值属性，并用双椭圆表示它们。

重要的是，不要混淆多值属性与复合属性。复合属性有不同的部分，而多值属性对于一个实体有一组值。同样重要的，请记住，数据库通常在一段时间内对值保存快照，而不是完整的历史信息。基本上，通过修改全名并不使它成为一个多值属性——在任何给定的时间，一个人只有一个正式的全名。

关系指定两个或多个实体之间的关联，它按其基数（参与关系的实体的数量）和形态进行分类。我们已经在第 6 章中详细地介绍了这些概念。

图 7.12 显示了课程注册数据库某一部分的 ER 图。它代表课程、章节和学生。一个章节是一个弱实体，因为它需要唯一指定的课程号（课程号是课程的属性，而不是章节的属性）。学生参加章节，并在该学期结束时，获得该章节的成绩。请注意，成绩是关系的属性，而不是任何实体的属性，表示为学生为某一章节获得的分数。

图 7.12　课程注册数据库中课程、章节和学生的实体－关系图

2. 逻辑数据库设计阶段　逻辑数据库设计意味着将详细的 ER 图转换成一组表以及外键关系。我们可以按如下方式将流程正式化。

（1）**实体转换**：为实体创建一个表，包含其所有简单属性和单值属性。对于复合属性，仅使用简单部分，并使用适当的命名规范。弱实体的主键则由标识关系的主键和其自身的分辨符组成。例如，课程和章节实体的转换如图 7.13 所示。

（2）**创建新表**：为每个独立的多值属性创建一个新表，表中属性包含实体主键和该多值属性。如果该属性是复合的，那么仅使用简单部分。该关系的主键由其所有属性组成。例如，学生实体具有一个多值属性——邮箱。因为同一个学生可以有多个邮箱，我们需要为学生创建一张表，为这些邮箱创建另一张表。其关系模式类似于图 7.14。

图 7.13　课程和章节的关系模式图

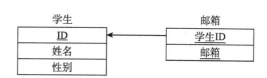

图 7.14　学生和邮箱的关系模式图

（3）关系转换：请注意，在上述步骤（1）中我们已经对弱实体的标志关系进行了转换。这里要完成的转换取决于关系的种类。

a）一对多或多对一关系：这种情况下不需要创建一个新表，除非关系具有属性。只需在"多"方的实体对应的表中添加一个外键引用，即该实体只与一个实体相关联。请注意，这就是我们在图 7.13 中对章节进行的转换，尽管这是一个弱实体。

b）一对一：它与一对多遵循着同样的操作过程，不过现在可以进行选择，我们可以把外键引用在任意一边。作为经验法则，应当选择参与关系中能够始终使 null 数量最小化或是期望的实体实例数量最少的实体。

c）多对多：创建一张新的表，在表中添加参与实体对应的外键，以及关系的所有属性。它的主键是参与实体的主键中的属性的并集。例如，在图 7.15 中我们将"参加"关系映射到一张新的表，图中显示了该映射关系，以及它引用的两个表，"章节"和"学生"。

d）注意，在图 7.15 中，从"参加"到"章节"的箭头被连接起来，表示外键关系是针对 4 个属性而不是单独每个属性的。此外，很多人都宁愿在"章节"表中添加一个新的标识符，以避免使用复合外键引用，在这种情况下，ER 图需要更新。

e）三元关系：与多对多关系一样，我们需要创建一张新表，它除关系可能拥有的所有属性之外，还包含参与实体的外键引用。

图 7.15　表示多对多关系的关系模式图

在该过程之后，假设你的 ER 图是标准化的，那么总是能够实现规范化——表中每一行只代表一个简单的事实而不是几个。或者，我们可以说每个表包含仅与一个实体或关系有关的信息。规范化有助于确保信息仅存储一次，从而最大限度地减少冗余。关于数据库的规范化有一个数学理论，由于篇幅原因，我们无法在这里详细讨论。想要获取有关本主题的更多报告，请参阅本章末尾的"参考文献和建议阅读"或查阅你最喜爱的数据库教材。

3. 物理数据库设计阶段　在该阶段，我们需要做出以下决策。

- 分配给每个属性哪些数据类型：根据数据库管理系统支持的数据类型，确保所有可能的数据值都被表示，并注意其性能。大多数关系型 DBMS 支持固定和变长的字符、固定精度数字和日期，可能还有其他的，例如 IEEE 浮点数和以二进制形式存储的整数。一个常见的问题是如何为某些属性编码；例如，你可以用许多不同的方式存储学生的性别。可以是字符串（"male"或"female"）、布尔值或整数。常见的技术是创建诸如"M"或"F"的较小编码，以及允许将该编码转换为所需标签（例如男 / 女）的新表。此外还可能会出现诸如加密或压缩某些属性的其他问题。

- 创建哪些索引：索引消耗空间，但能大大提高搜索性能。默认情况下，每个表的主键都被索引以便于约束检查，并假定大多数的连接将使用到主键。如果你知道实体会被通过特定字段搜索，那么就可能需要创建其他索引。

- 逆规范化：有时，通常出于性能原因，表将被逆规范化；也就是说，信息将被添加到不真正属于该表的表中，或者可以从其他表中获得，引入冗余。这应该被作为最后的手段使用，因为它可能会令开发人员感到迷惑。

在非常罕见的情况下，你可能决定合并两个表中的信息。如果两个表有一对一的关系，这可能是可行的。我们建议检查 ER 图，如果实体在概念上不同，则将它们放在单独的表中。

4. 部署和维护阶段　在部署阶段，我们要作出最后的决策，例如指定数据库所驻留的硬件的特性、决定哪些表运行在哪些文件或硬盘驱动器上等。

随着系统的使用，一些决策以及处理物理设计的问题，如索引创建，可能会被修改，以提高性能、减少空间，或者反映硬件或系统的使用变化。使用情况资料可能会更改，或者某些性能瓶颈可能变得明显。在许多情况下，可以通过更改某些属性的数据类型，或者更常见地通过添加或删除索引来提高性能，并且不影响以任何方式访问数据库的程序。当然，如果更改影响了部分程序，则必须对程序进行维护。

7.3.3 大数据设计

关系数据库是大多数系统的默认选项，但它们并不适用于所有问题。虽然大多数想法不是新的，但在过去几年中，几种替代技术已经变得较为流行。这些替代技术被称为 NoSQL，这可能意味着完全避免 SQL，或者是 "不仅仅是 SQL"（Not Only SQL）的首字母缩略词。

许多系统是围绕一个简单的键值对的存储进行组织的，它只存储给定键的一个值。这些键很简单（可以将它们视为字符串），而该值通常被数据库视为一系列字节。早期的例子是 DBM 和 Berkeley DB（现在称为 Oracle Berkeley DB），但目前最受欢迎的 NoSQL 实现是 redis，它提供了一个网络访问键值对存储，并允许存储不同类型的值，如数组或集合。

> **NoSQL**　指不遵循关系模型，并允许通过除 SQL 之外的其他方式访问的数据库。

一个明显的扩展将是使值不仅仅是一个字符串，而是一个记录，具有不同的命名字段。这类似于存储一个 JavaScript 对象（只有数据字段，没有方法）。一旦有了这个，很容易添加一些查询这些字段的方式（尽管它们比只按键搜索慢得多）。这种数据库主要流行于云端。这些数据库现已扩展到支持复杂对象。例如 Apache 的 Cassandra、Amazon 的 DynamoDB 和 Azure 的 Table Storage。

键值对存储的一个优势是它们允许**分片**，这使得它们具有**水平可扩展性**。我们可以将哈希应用于键，并根据该哈希，将键和值存储在不同的服务器上。当我们想读取时，则应用相同的哈希，只查询相应的服务器。这允许我们在需要更大容量时可以通过添加更多服务器并适当地调整哈希值来进行水平扩展。

在复杂性方面，接下来是能够存储复杂对象（有时这些被称为文档数据库，因为早期的样例中存储了 XML 文档）。关系数据库需要在几个表上存储相同的信息，并且连接所有的这些表来将对象读入内存，而**复杂对象数据库**能够存储整个对象并将此作为一个操作进行读取。但是，

> **水平可扩展性**　通过增加更多计算机而不是令单台计算机更快来扩展系统的能力。
>
> **分片**　将键值存储的不同键或一个数据库中的不同行存储在不同的计算机上。
>
> **键值对存储**　为每个键存储一个值，并且只允许通过键值进行简单查找的数据库。
>
> **复杂对象数据库**　直接存储复杂对象的数据库。复杂对象包含了其他对象且/或值和对象的数组。

149

我们失去了仅访问对象某个部分的能力，数据库将需要读取整个对象。最流行的对象数据库是 MongoDB，它允许复杂对象，并使用 JavaScript 来查询和操作这些对象。一些键值对数据库，如 Cassandra，正在扩展它们可以存储的对象的种类，使其变得更加复杂。

随着数据量的迅速扩大，我们建立了一类系统，用于直接以文本文件的形式处理大量数据。这些“大数据”系统中最受欢迎的是 Apache 的 Hadoop。Hadoop 可以处理用于那些曾经需要专门系统的数据量，但它不是最易于获得结果的。已有许多系统建立在 Hadoop 之上，以允许类似数据库的访问，如 Impala、HBase 和 Hive。

虽然许多这样的系统是为了纠正关系型数据库和 SQL 的缺陷而建立的，但大多数系统现在也能支持某些版本的 SQL 或其他类似 SQL 的语言，因此 NoSQL 也是 SQL，但 NoSQL 具有更好的可扩展性并可以选择是否存储复杂对象。

在设计新系统时，你需要询问自己，你的系统规模是否需要超出一台电脑。如果你可以将所有数据保存在一个关系数据库中（比如在 2015 年，你的数据不超过 1 亿行），那么关系数据库可能仍然是最佳选择。如果你的需求超过这个范围，那么应该考虑一个分布式数据库，如 Cassandra。

如果你的应用程序需要存储复杂的对象，而不需要所有的字段和子字段搜索，那么如 MongoDB 这样的复杂对象的数据库可能是合适的。对于某些应用，如缓存或会话存储，redis 可能是该类系统的选择。

为了不同的目的，许多系统将采用各种类型的数据库。你的主要事务数据库可能驻留在关系数据库中，你还可以保留另一个副本以用于正常的报告和分析。你的网络系统可能会将会话存储或购物车信息保留在类似 redis 的数据库中，并且你的日志可能会被存储在 Hadoop 中。随着数据量的增加以及数据分析变得越来越复杂，我们需要考虑这些技术在整个系统中的适用之处。

[150]

7.3.4 面向对象设计和 UML

许多现代软件系统都是使用 OO 技术开发的，它们的需求通常主要通过用例来表示。同时，初步的类图可能在需求分析步骤中就已经产生了。

OO 项目的大多数文档以 UML 图的形式呈现。UML 是一种图形化设计的表示法，由对象管理组织（OMG）标准化，具有广泛的行业和学术支持。我们将在本章中使用 UML，但是不会详细介绍 UML。有关 UML 的其他信息，请参阅本章末尾的“参考文献和建议阅读”一节。

在设计步骤中，你需要确定要创建的类，并使用类图记录每个类。你也可能需要优化用例，并生成其他图表来记录各对象的行为。

用例和用例图　用例图在需求阶段生成，它描述了系统的主要用例，正如我们在第 6 章中对用例介绍的那样，每一个用例都在某种程度上被记录在案。

图 7.16 显示了课程注册系统的用例图。它描绘了两个参与者“学生”和“教务主任”。“学生”参与两个用例“注册章节”和“选择章节”。“教务主任”参与四个用例：“注册章节”“添加课程”“添加章节”和“添加学生”。

我们需要对每个用例进行进一步的记录。在需求阶段，我们粗略地开发基本用例；在设[151] 计阶段，则需要将其细化为系统用例。基本用例提供的细节较少，不提供有关系统的任何细节；它们主要描述参与者应该做什么以及想要实现什么。系统用例提炼了基本用例，增加了系统实现这些目标的详细信息。详细信息可以作为用例图的一部分放在一个单独的框中，框中的内容可能包括以下内容：

图 7.16　课程注册系统的用例图

类设计和类图　设计类以及 UML 类图来展现设计是详细设计中最重要的问题之一。在本节中，我们将介绍类设计的基本概念以及如何使用 UML 来记录它们。以下是几个与面向对象相关的基本概念。

- 对象表示现实世界中的实体，这类似于实体实例的概念。
- 对象被组织成类，它的作用类似于对实体进行"归类"。类用于对具有相似结构的对象进行分组，也可用作创建新对象的模板。因此，类是一组相似对象的抽象。类是大多数面向对象语言的中心概念。在我们的课程注册示例中，"学生"可能是就一个类，而"乔·史密斯"则是该类的特定学生实例。
- 与 ER 模型类似，对象与属性相关联，我们也称之为特性。每个学生对象，如"乔·史密斯"，都有一组与其相关联的特定属性值或数据值。例如，地址、性别或年龄的值都与每个特定对象相关联。
- 与 ER 模型相比，对象包含的不仅仅是数据。它们也与方法，即可执行代码的模块相关联。"学生"这个类可以包括诸如设定出生日期的功能或方法，该功能或方法能够初始化学生的出生日期这一属性。

类设计中的一个重要概念是封装。对象包括了数据和方法，表达数据/方法是否可以公开访问是面向对象的一个重要特征。在 UML 中，可公开获取的方法和属性有时标有加号，私有方法只能本类使用，其他类无法使用，并用减号来表示。

在 UML 中，类由矩形表示，它分为三个区域：类的名称、属性和方法。实现类时，通常不要将属性设置为公开的，而是创建访问方法（getX，setX）；通常我们不将其显示在图表上，而是约定好会创建哪些方法。

如图 7.17 中所示的 UML 图，它表示一个具有两个属性和两个方法的"学生"类。

另一个重要的因素是两个对象之间的关联，这类似于 ER 关系的概念，但两者有两个重要的区别。关联总是二元（binary）的，它们不能拥有自己的属性。在 UML 中，关联用类之间的线来表示，并且既可以从两个类访问到关联，也可以只从一个类访问到关联，我们把这个属性称为可导航性。如果关联是双向可导航的，我们称它是双向的。如果不是，我们称它为单向的。

图 7.18 是一个简化的类图，它显示了以 IsEnrolled 方式关联的 "学校" 与 "学生"。该关系是双向的，也就是说，它可以从双方导出。我们还显示了允许的基数，一个学生只能在一所学校注册，例如小学便是这样的情况。而学校可以有零个或更多的学生。

学生
date of Birth : Date name : String
get Agein Years () : int get Agein Days () : int

图 7.17　学生类的 UML 类图

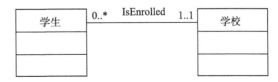

图 7.18　关联的 UML 表示

一种特殊的关联是聚合，它与 "part-of" 关联相对应。请注意，这可能是在真实世界中的一部分（例如，引擎是汽车的一部分），或者只是在计算机中有意义（一个地址是客户的一部分）。一个特别强大的聚合版本是组合，它与 "made-of" 关联相对应。在组合版本中，从属对象不能参与任何其他关联，它的职责只能由包含它的类负责；基本上，被包含的类就像包含它的类的属性一样。注意学生是如何成为许多课堂、俱乐部等的 "part-of"（聚合）的。学生、课堂和俱乐部都可以不依赖对方而单独存在。一个人是由各种器官（其中也包含了许多其他东西）"made-of"（组成）的。没有这些组成部分的人是不会继续存在的。在 UML 中，聚合表示为空心的菱形，组合则是实心的菱形。

例如，假设我们正在为客户建模，并且希望将其地址表示为复杂对象，而不仅仅是一个字符串。我们可以将 "地址" 视为 "学生" 对象的一部分。如果我们知道不会共享 "地址" 对象（即使两个真实世界的学生生活在同一个地方，在我们的程序中，他们的相应对象也将被分配具有相同属性的不同 "地址" 对象而不是相同的 "地址" 对象），那么可以将其表示为组合，如图 7.19 所示。

OO 设计的另一个中心概念是类继承。当类继承自另一个类时，它会自动获取其所有属性和方法。如果类 A 继承类 B，我们将类 A 称为子类，类 B 称为父类。虽然子类可以覆盖从超类继承的任何方法，并改变其行为，但继承的意图主要是添加其他方法。图 7.20 显示了一个简化的 UML 类图来说明继承。我们有一个 "人" 类，它有两个子类 "学生" 和 "员工"。继承关系是子类和超类之间的 "is-a" 关系。因此，我们希望在继承期间保留尽可能多超类的部分。

图 7.19　组合的 UML 表示

图 7.20　继承的 UML 表示

在准备设计时，请注意，在这个例子中，我们可以通过泛化或特化来发现继承关系。在泛化中，我们发现了 "学生" 和 "员工" 类，之后意识到它们有一些相同的特质，并决定创建一个普通的类 "人"。在特化时，我们首先发现 "人" 类，后来意识到它有两种特殊的子类型，即 "学生" 和 "员工"。但是在图 7.20 中只显示了继承关系，它并不显示我们如何发现这种关系。泛化是与抽象密切相关的设计技术，在泛化时简化设计，只保留要点并延迟细节的讨论考虑，直到稍后才进行处理。

应该只有当需要合并额外的行为或属性时才创建子类。例如，虽然可能会为"学生"创建四个额外的子类，即"一年级生""二年级生""三年级生"和"四年级生"，但这可能是不必要的，因为只需添加一个新的属性就可以区分它们，并且在建立的行为或数据模型中并没有差异。 |154|

状态建模　在许多情况下，对象可能处于不同的状态，对这些状态进行建模以及允许它们如何进行变化很重要。这些信息一般由**状态转换图**表示。例如，在我们的学生领域，从学生被录取进入大学开始考虑。入学后，他们成为活跃的学生。如果他们没有注册满一定数量的学期，他们将变成不活跃的学生。学生可能被开除或毕业成为毕业生。图 7.21 显示了表示这种情况的状态转换图。

图 7.21　一张状态转换图

前面提到的事件驱动系统可以容易地用状态转换图进行建模。当外部事件发生时，系统对事件和状态变化做出反应。尽管状态转换图是 UML 的一部分，但多年来，它一直被早期的计算机科学家、自动机理论家和软件工程师用来为系统状态建模。

> **状态转换图**　展示对象的状态和允许的状态转换信息的图表。
>
> **UML 序列图**　说明从一个对象到另一个对象的消息流和处理这些消息的序列的图表。

类间交互　对于类及其关系的设计只提供了该设计的静态结构。我们还需要设计类之间的交互，以便共同完成某些任务。在 UML 中，这些交互通常通过 **UML 序列图**或**通信图**来说明。通信图在 UML1 中被称为协作图，并且目前仍有许多作者这么称呼。图 7.22 中的箭头表示从顶部开始从左到右流动的消息流，返回的消息则用虚线表示。

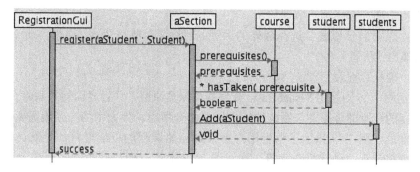

图 7.22　一张 UML 序列图

7.3.5 用户界面设计

用户界面（UI）是用户最容易看到的软件部分，也是必须弄清楚的最重要的部分之一。在许多情况下，如第 6 章中所述，我们需要将用户界面的原型作为需求分析的一部分来开发，该原型可作为验收测试。客户或用户将确认原型为正确的系统，或是指出其中的缺陷。此活动使及早进行测试成为可能。然而 UI 设计的一个大问题是它与编程非常不同，对于许多软件工程师来说是非常困难的。UI 设计是基于心理学、认知科学、美学和艺术的，而大多数软件工程师在这些领域都没有受过良好的培训。此外，大多数软件工程师并不是软件的典型用户。许多软件工程师往往对计算机系统非常熟悉，并倾向于支持某些特定类型的思想，而这些想法在广大群众中并不普及。正如人们所普遍认为的那样，许多软件工程师是以不同的方式使用电脑的"极客"而不是"普通"人。这使得为普通人群设计好的用户界面成为一项艰巨的任务。

在大多数情况下，最好将 UI 设计留给具有更适合于此任务的培训和技能的专家。但是，软件工程师对这些问题有一个基本的了解仍然很重要。在许多情况下，不可能让一个人单独做 UI 设计，而是由软件开发人员或系统分析人员来完成。UI 设计有两个主要议题：

- 程序的交互流
- 界面的"外观"（"look and feel"）

外观并没有交互流重要，我们可以很容易地设计不好的用户界面，并使它们看起来很漂亮。交互设计则处理程序的交互流。

界面中的交互流　系统的用户有要在系统中实现的特定目标，这些目标与为系统设计的用例和序列图直接相关。第 6 章中显示了需要处理运输物品清单的送货员，并在图 6.4 中使用 UML 中的用例符号创建了运输标签。图 7.16 显示了课程注册系统的用例图。考虑参与者"学生"需要选择并注册课程章节，这些是参与者"学生"使用系统时的目标。图 7.22 显示了注册系统详细设计的 UML 序列图。我们可以看到实现 register(aStudent: Student) 解决方案的内部设计。可能的注册屏幕是以**低保真**（手绘）或**高保真**（通过 Visual Basic 等各种屏幕设计软件完成）进行原型设计的。图 7.23 显示了课程注册的低保真原型示例。该界面的外观（"look and feel"）则通过这些手绘屏幕来进行勘测。

> **低保真原型**　*原型目标产品的简单模拟草图。*
>
> **高保真原型**　*类似于并在行为上接近最终产品的详细模型。*

低保真原型活动建议建立以下 4 个屏幕：

1. 注册：初始 – 选择学期
2. 注册：学期 – 选择第一节课程
3. 注册：想要的日程表 – 选择额外的课程 / 删除课程或日程表 / 结束注册 / 费用（显示所有费用的弹出式屏幕）
4. 注册：确认日程表

图 7.24 至图 7.26 则是用 Visual Basic 开发的高保真原型，并且界面的外观将会持续开发。

开发可能的注册屏幕需要与系统的每个用例结合考虑。界面中的交互流需要展示给客户或用户以供批准。图 7.27 显示了学生用户选择其初始课程的可能屏幕的导航，然后学生继续选择添加更多课程、确认日程表等。注意图 7.27 中的三列——左侧的用户（学生）、中心的屏幕输出和用户输入，以及右侧的内部系统进程（此用例的顺序图）。

图 7.23　注册屏幕的低保真原型

157

图 7.24　注册的高保真原型：初始　　　图 7.25　注册的高保真原型：学期——选择
　　　　　屏幕　　　　　　　　　　　　　　　　　第一门课程

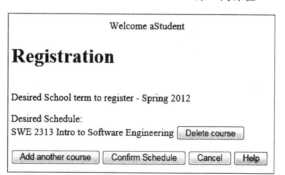

图 7.26　注册的高保真原型：期望的课程安排

　　我们需要考虑并添加所有可能的交互流程，其中包括用户输入、屏幕和过程，如图 7.28
所示。在开发 UI 设计时，我们需要将所有可能的用户期望纳入考虑，包括说明、指导、反
馈、确认和帮助。

图 7.27 交互流

图 7.28 用户输入；屏幕输出；过程

认知模型　人类的思考有特定的阶段。Norman（1988）研究了日常行为的心理学，并开发了一个拥有 7 个不同阶段的模型。用户形成目标（1）、形成意图（2）、指定操作（3）并执行操作（4）。在用户执行操作之后，系统的反馈对他们理解系统至关重要。用户将感知系统状态（反馈）（5）、理解反馈（6）并进行评估（7）。如果在最后阶段用户将模式评估为"直觉"，他们将继续下一个周期来实现目标。

目标、操作、方法和选择规则（GOMS）模型是用户交互的经典模型。它包含：为特定类型的用户识别其目标；程序提供的基本操作；方法，即你的用户可以用来实现其目标的操作序列；选择规则，它们指定了在有几个可选方法时应采用哪一个来实现特定目标。有关 GOMS 模型的更多信息，请参阅 7.8 节中 Card、Moran 和 Newell 的相关著作。

在设计以用户为中心的面向任务系统时，你需要了解用户的目标，研究他们为达成目标的行为，并提供适当的操作和方法，确保选择规则清晰。这些目标应该大致映射到用例或场景中。对用户目标中的每个行为的反馈对于系统的成功使用至关重要。例如某一个系统有一个不会提供任何可见性变化的按钮，当用户按下这个按钮时，会在他/她与按钮的交互中犹豫不决。用户期望系统对"按下"这一动作有可见的变化反馈。

在界面中，每个按钮和菜单选项都是一个操作，方法大致对应于粗粒度的 UI 元素，如对话框或向导。设计人员需要提供所有必需的操作和方法，因为创建新的操作和方法更加困难，并且即使有宏和类似的工具，普通用户也无法以有意义的方式将它们组合起来。

其他主题

- 不同种类的用户：通常，吸引一种用户的界面往往不适用于其他用户。在界面中提供替代方案是一个很好的做法；例如，大多数 GUI 程序也提供了键盘快捷键。很多时候，使接口更容易学习或者为临时用户使用的功能将会阻碍专家用户的使用。

- 优秀 UI 设计的启发式方法：UI 设计有很多好的启发式方法。主要的启发式方法是在你的程序和你的平台以及类似程序中保持一致性。其他的启发式方法包括将用户置于控制中、减少用户的记忆负载，并使系统状态可见。

158
~
160

- 复杂度指南：人类用户的输入能力遵循米勒定律的 7±2 法则。本指南针对向用户提供的复杂度。我们应该努力限制或"卡紧"任何级别的选项数量，否则界面可能会被视为"太复杂"。成块或将项目组合在一起的策略可帮助用户更好地处理、理解和记忆。

- 多元文化问题：创建一个可用于许多不同国家和文化人群的程序是一项巨大的挑战。我们将创建基于语言或国家的特定用户组的程序版本称为本地化。颜色和图标对于不同的文化有不同的含义，将邮件从一种语言翻译成另一种语言也是一项艰巨的任务。在许多情况下，我们不仅仅需要针对每种语言创建本地化版本，而且还需要为使用该语言的每个国家创建一个本地化版本，因为在不同国家中使用的单词和表达方式会随之而变。有许多程序库可用于处理一些国际化问题。随着世界全球化的不断发展，国际化和本地化问题将变得更加相关。设计一个可由许多文化和国家的人使用的程序将会打开许多市场，并且可能也是一些系统所需要的。

- 隐喻：许多用户界面基于对已知对象的表示。大多数文件管理和操作系统的 GUI 都是基于桌面进行隐喻的，大多数文字处理程序试图利用纸质文件进行隐喻。适当的比喻可以促进程序学习和现实世界技能的迁移。然而，在某些情况下，现实世界的系统与隐喻不同，用户需要了解这些差异。

- 多平台软件：软件工程师使用不同的软件平台。大多数用户非常依赖于他们的平台，不会只是为了运行其他程序而改变平台。在很多情况下，新开发的软件需要在几个不同的平台上运行，并且必须与每个平台完美集成。多平台软件的主要问题是一致性，我们必须决定软件是否必须在所有平台上保持一致，或者说，它是否必须与每个平台完全集成，并遵循该特定平台的指导方针。

- 辅助功能：为了使尽可能多的人使用，软件的用法应尽可能便利。有些人看不到或无法区分某些颜色，有些人则无法操作普通的键盘或鼠标。

- 多媒体界面：图形和文字不是提供信息的唯一方式。目前我们可以使用声音，在某些情况下可以使用触觉反馈来传达信息，甚至还有一种产生气味的装置（可供交互使用）。如何利用这些输出设备来形成更好的用户界面将是今后的一个挑战。

161

7.3.6 进一步的设计问题

大多数商业应用程序有三个主要组件：用户界面、应用程序逻辑和数据。在 Web 应用程序的情况下，用户界面通过浏览器显示，数据通常存储在关系数据库中，应用程序逻辑以编程或脚本语言编写，这是 MVC 的架构风格。之前我们提到设计决策甚至可能包括实现方面的问题。当选择 OO 设计时，GUI 中的实体必须映射到 OO 编程语言中定义的对象。类似地，OO 编程语言中的对象需要映射到关系数据库表。用户界面、编程对象和关系数据库表中的构造还是存在不同的，并不一定匹配。

这里我们将简要讨论一个称为对象关系阻抗失配的映射问题。当 OO 编程风格设计利用到关系数据库系统时，会出现一些问题。当类映射到关系数据库表并且类属性映射到表列时我们将遇到困难。

一个问题是，对象有一个标识，而关系型数据库中的行则只被看作是数值。这个问题很重要，并且有时候很难解决。然而，我们可以通过向关系数据库中的每一行添加一个特定字段——对象 id 来改善这一问题。我们仍然需要跟踪内存中是否存在多个相同数据库对象的副本。

另一个问题是对数据类型支持的不同。关系模型禁止副引用或指针类型，但 OO 语言支持副引用类型。字符串数据类型和归类的支持方式在关系数据库系统和 OO 编程语言之间也有所不同。

其他问题源于这样一个事实：关系型数据库处理的是行的集合，而对象在复杂结构中互相引用。将数据库中的对象载入内存时，我们还不清楚是否需要将其他相关对象也存入内存。在极端情况下，在概念上可能需要将整个数据库载入内存。

虽然有人可能认为这些是实现问题，但确实需要在设计细节时考虑这些问题。有关数据库应用和阻抗失配的进一步讨论，请参见 7.8 节中 Heinckiens（1998）的相关部分。

在下一章中，我们将讨论一些用于评估不同设计的方法、用于评估的参数和指标，以及进行优秀设计的一些指导。

7.4 HTML-Script-SQL 设计示例

在本节中，我们将通过 HTML、PHP 和 SQL 的简单示例深入了解设计 Web 应用程序的一些细节。请注意，这种具体的工具组合可能会发生改变，并且需要确保所选择的工具将共同交互。

一个遵循模型 – 视图 – 控制器（MVC）体系结构风格的软件项目（见图 7.4）可以用三个主要部分进行细节设计：

1. 超文本标记语言（HTML）界面设计，用于描述应用程序的"视图"（view）和信息流。
2. 作为系统引擎的脚本语言（我们将使用 PHP）充当应用程序的"控制器"。
3. SQL 数据库，用于存储信息并充当应用程序的"模型"。

基于 Web 的数据库应用程序开始于由 HTML 页面组成的交互式界面。对 HTML 文档的结构的研究表明，它真的有很多的部分。格式化标签、超链接、列表、表格、框架和级联样式表（CSS）是创建交互式界面所需的基本素材。HTML 表单允许网页具有各种各样的输入字段，供用户输入信息、选择等。使用 HTML 与 PHP 方法的简单示例如图 7.29 所示。显示的可视化结果使用了苹果 Mac Pro 笔记本上的 Firefox 浏览器。

Sample HTML	Visual result (possible)

```<form method="GET"```
 ```action="something.php">```
 ```<p>```
 ``` Username:```
 ```<input type="text"```
 ```name="username">```
 ```</p>```
 ```<p>```
 ``` Password:```
 ```<input type="password"```
 ```name="password">```
 ```</p>```
 ```<input type="submit"```
 ```value="Login">```
 ```</form>```
	Username: [＿＿＿＿]
	
	 Password: [＿＿＿＿]
	
	 Login

图 7.29　HTML 示例，以及在苹果 Mac Pro 机上使用 Firefox 浏览器显示的视觉效果

在使用 PHP 的 GET 方法时，HTML 表单中的数据将附加到 URL 中的操作字段。因此，提交的数据是可见的。我们会注意到这是一个安全风险，但另一方面，它允许用户连同提交的数据一起将该页面夹入书签，甚至能写一个它的外部链接。通过复制语法，可以对链接中要发送到服务器页面的数据进行编码，数据可来自数据库或其他程序。

除 URL 之外，通过 GET 请求发送的数据具有一定的大小限制，因此在发送大量数据时需要使用 PHP 的 POST 方法。

HTML 页面是静态文档，因此我们需要一种可以生成 HTML 页面的编程语言。在该例中，我们使用 PHP 作为编程语言。PHP 是用于 Web 开发的脚本和动态类型语言。有关 PHP 的信息的一个很好的参考来源是 www.php.net。首先要学的是变量、输出、字符串、数组、控制结构、循环和函数。PHP 代码可以嵌入到 HTML 文件中，并以 .php 扩展名保存，而不是 .html 扩展名。Web 服务器执行 PHP 代码并将其输出嵌入到 HTML 文件中并发送到浏览器。

在应用程序设计中下一步要考虑的是数据库模型和数据库访问。在该例中，要对数据库进行设计和创建。PHP 用于将 SQL 命令发送到 DBMS，特别是 PostgreSQL。PHP 提供了一个抽象层，用于通过相同的接口（称为 PEAR DB）访问许多 DBMS，但为简单起见，我们将仅涵盖 PostgreSQL 特定的函数（如果要切换到另一个 DBMS，可能需要更改每个功能的函数的前几个字符）。请注意，如果使用诸如 PEAR DB 的常规界面的东西，可能会导致性能损失。

我们将用于访问数据库的 PHP 函数包含在表 7.1 中。

表 7.1　SamplePHP-DB 的访问功能

功　　能	目　　的
pg_connect	建立到数据库的一个连接，返回连接的句柄
pg_query, pg_query_params	执行一次查询并返回结果集的句柄；注意查询除 SELECT 之外，也可以是 INSERT、UPDATE 或者 DELETE。pg_query_params 用于参数化查询；即用于插入字符串或加入变量到查询字符串中，以得到最终的查询形式
pg_numrows	返回结果集的行数
pg_fetch object	返回代表结果集中一行的对象

在名为"ok"的数据库中从名为"student"的关系表中检索所有行的示例代码如下：

```
$conn = pg_connect("host=localhost user=namedbname=ok password=abc");
```

这一行建立连接并在 $conn 变量中存储该连接（一个句柄）。

```
$query_str="Select * FROM student";
```

这一行则只是初始化一个名为 $query_str 的字符串变量。请注意，该字符串变量的值是一个 SQL 语句，它将会被传递给 PostgreSQL 数据库。

```
$res=pg_query($conn, $query_str);
```

上面的这一行实际上将查询请求发送到 DBMS（在这种情况下为 PostgreSQL）。它使用已建立的连接（$conn）和存储在 $query_str 中的查询请求，并将 DBMS 作为 $str 中的查询结果所返回的行（一个句柄）存储在 $res 中。

应用程序一般在概念上组织成页面，作为应用程序的屏幕显示。将每个页面保存在自己的文件中是一个好主意。要实现一个功能，通常需要两个组件：

1. 一个 HTML 表单。

2. 被该表单调用并使用该表单提供的输入的 PHP 页面。该输入用于通过一个或多个 SQL 语句进行查询、获取、保存或传递操作。

这些单独的页面可能通过链接的使用来相互关联。许多页面可以包含彼此的链接，甚至可以使用 PHP 生成这些链接。链接的数量可能取决于数据库上的信息；回想一下，我们实际上可以通过在末尾添加一个问号（？），然后在 name=value 这样的对中来编码链接中的信息。如果我们在一个框中定义菜单，该菜单就可以链接到多个页面，以便当某些功能被访问并显示在另一个框中时用户也能找到。

请注意，每个 PHP 页面都是一个单独的页面，每个请求作为一个完全独立的请求而存在。然而，很多时候，我们想给用户一个错觉，他们正在访问一个应用程序，并且这些页面知道特定用户最近访问过其他哪些页面。在 Web 应用程序中，我们将用户与网站的所有最近互动的这个想法称为会话。PHP 支持跟踪用户会话。在 PHP 中使用会话变量非常简单。对于每个页面，我们需要调用函数 session_start()，注意这个调用应发生在任何输出之前。

可以使用此模型创建具有账户请求、登录表单然后处理订单的常见 Web 应用程序工作。MVC 架构风格各部分的详细设计涉及软件工程团队的各方面能力。数据库专家设计 SQL 数据库，编程专家处理 PHP 代码，团队中的可用性专家专注于用户与 HTML 页面的交互。

7.5 总结

在本章中，我们讨论了大部分的设计问题。首先讨论了高层的或架构设计，然后讨论了功能分解的详细设计和技术、关系数据库设计、面向对象设计和 UI 设计。

软件设计是开发中最重要的问题之一，无论你做的是正式的、完整的设计还是非正式的设计，在进行大量编程之前考虑如何实现目标都是非常有益的。

在下一章中，我们将讨论一些评估不同设计的方法、用于评估的参数和指标，以及良好设计的一些指导。

7.6 复习题

1. 解释需求在架构设计中扮演的角色。说明需求在细节设计中的作用。

2. OO 中的聚合是什么含义？请给出示例。

3. 当在设计中采用泛化技术时，我们应该做什么？OO 设计的哪一部分与这个概念密切相关？

4. 列出状态转换图和序列图之间的两个区别。

5. 描述架构设计中使用的三种不同的观点。

6. 数据建模与逻辑数据库设计有什么区别？

7. 描述界面设计中的低保真和高保真原型之间的区别。选择其中一个，并给出你向客户展示此原型的原因。

8. 说明图 7.27 中标记为 User（用户）、Screen Output（屏幕输出）和 Process（进程）的三列的设计策略。

9. 选择一种认知模型，并解释该模型如何影响用户界面的设计。

10. 访问来自不同国家或地区的网站。举一个你在网站上发现的多元文化问题的例子，说明应如何提出重新设计，同时仔细思考其中发现的问题。

11. 描述一个参考架构。

12. 列出基于网络的架构来实现 REST 的六个约束中的三个。

13. 在 MVC 风格中，模型真正建立的是什么模型？

7.7 练习题

1. 你的编程团队已经被分配了一个项目，要求编写一个**命令行程序**来转换不同的度量单位。与其他同学讨论你的 UI，创造（画）项目的初始屏幕。

2. 你的编程团队已经被分配了一个项目，要求编写一个**图形界面程序**来转换不同的度量单位。与其他同学讨论你的 UI，创造（画）项目的初始屏幕。

3. 找一个与你所说的语言相同但来自不同国家或地区的人，讨论你们使用的词汇和表达方式有哪些不同。在哪些话／词上你觉得最为不同？

4. 对于本章中提到的每一种架构风格，请找到一个使用它的软件系统的例子（本章中未提到的）。

5. 考虑一个软件系统的案例，旨在跟踪一个体育联盟的团队名单和预定的比赛。创建表示所有域类的 UML 类图和描述这些类之间一个主要交互的序列图。

6. 考虑一个软件系统的案例，旨在跟踪一个体育联盟的团队名单和预定的比赛。为这种情况创建 ER 图，并将图转换为关系模式。

7. 考虑一个软件系统的案例，旨在跟踪一个体育联盟的团队名单和预定的比赛。定义系统的主要功能，并为其创建模块分解图。

7.8 参考文献和建议阅读

S. W. Ambler, *The Object Primer: The Application Developer's Guide to Object-Orientation,* 2nd ed. (New York: Cambridge University Press, 2001).

L. Bass, P. Clements, and R. Kazman, *Software Architecture in Practice*, 3rd ed. (Reading, MA: Addison-Wesley, 2012).

G. Booch, *Object-Oriented Analysis and Design with Applications*, 3rd ed. (Reading, MA: Addison-Wesley, 2007).

S. K. Card, T. P. Moran, and A. Newell, *The Psychology of Human-Computer Interaction* (Mahwah, NJ: Lawrence Erlbaum, 1983).

P. Chen, "The Entity-Relationship Model—Towards a Unified View of Data," *ACM Transactions on Database Systems*, 1 (March 1976): 9–36.

E. F. Codd, "A Relational Model of Data for Large Shared Data Banks," *Communications of ACM* 13, no. 6 (June 1970): 377–387.7.

C. J. Date, *An Introduction to Database Systems*, 8th ed. (Reading, MA: Addison-Wesley, 2003).

R. T. Fielding, *Architectural Styles and the Design of Network-based Software Architectures*, PhD Dissertation, University of California, Irvine (2000).

M. Fowler and K. Scott, *UML Distilled*, 3rd ed. (Reading, MA: Addison-Wesley, 2003).

E. Gamma, R. Helm, R. Johnson, and J. Vlissides, *Design Patterns: Elements of Reusable Object-Oriented Software* (Reading, MA: Addison-Wesley, 1995).

P. M. Heinckiens, *Building Scalable Database Applications: Object Oriented Design, Architecture, and Implementation* (Reading, MA: Addison-Wesley, 1998).

D. Hix and H. R. Hartson, *Developing User Interfaces: Ensuring Usability Through Product and Process* (New York: Wiley, 1993).

P. Kruchten, "Architectural Blueprints—The 4+1 View Model of Software Architecture," *IEEE Software* (November 1995).

R. Malveau and T. Mowbray, *Software Architecture Bootcamp*, 2nd ed. (Upper Saddle River, NJ: Prentice Hall, 2003).

D. A. Norman, *The Design of Everyday Things* (New York: Doubleday, 1988).

M. Shaw and D. Garlan, *Software Architecture: Perspectives on an Emerging Discipline* (Upper Saddle River, NJ: Prentice Hall, 1996).

B. Shneiderman and C. Plaisant, *Designing the User Interface: Strategies for Effective Human-Computer Interaction*, 5th ed. (Reading, MA: Addison-Wesley, 2009).

A. Silberschatz, H. F. Korth, and S. Sudarshan, *Database System Concepts*, 6th ed. (New York: McGraw Hill, 2010).

C. Szyperski, D. Gruntz, and S. Murer, *Component Software—Beyond Object-Oriented Programming*, 2nd ed. (New York: Addison-Wesley/ACM Press, 2002).

R. N. Taylor, N. Medvidovic, and E. M. Dashofy, *Software Architecture: Foundations, Theory and Practice* (Hoboken, NJ: John Wiley & Sons, 2009).

设计的特征与度量

目标
- 描述一个好的设计的特征。
- 理解用于度量设计复杂度而设计的传统指标：
  - Halstead 指标
  - McCabe 圈数
  - Henry-Kafura 信息流
  - Card and Glass 复杂度度量
- 讨论内聚属性和程序切片。
- 描述耦合属性。
- 理解面向对象设计的 Chidamber-Kemerer 度量。
- 分析用户界面设计问题。

8.1 设计描述

在第 7 章我们讨论了大量设计与设计技术，可以直观地谈论好的设计和坏的设计。我们经常会使用如"易于理解""易于改变""复杂度低"或"易于编码"等短语来形容一个设计。然而，我们常常会发现很难明确定义什么是一个好的设计，更不用说去度量一个设计的好坏了。在本章中，我们将提炼一些想法并讨论度量不同设计的方法，所谓好的设计不存在绝对的定义。一个好的设计就像产品的质量一样，会由若干个属性构成。

有两种经常被提到的普遍特征很自然地从需求中延续下来：
- 一致性
- 完整性

一致性对于设计来说是一个重要特征。它确保设计在系统的界面、报告、数据库和处理逻辑中使用共同的术语。类似地，一致的设计应确保拥有帮助系统以及所有显示的错误、警告和消息的通用处理方法。错误检测和诊断处理的等级应在整个功能中保持一致，导航流程和逻辑深度也需要以一致的方式进行设计。

设计的完整性至少从两个角度来说是重要的。第一个是所有的需求都已被设计，不能有遗漏。这可以通过详细地了解需求来进行交叉检查。第二个是设计必须执行完整。如果设计执行到不同的层次——这也是一致性问题，那么代码实施者需要的设计可能没准备好。不幸的是，当所需的某些设计不可用时，实施者在填补空白时往往会变得非常有创造力，这通常会导致设计错误。因此，一致性和完整性是设计审查或检查时必须关注的主要特征。

8.2 设计属性的传统特征

在软件工程初期，设计属性的特征更多地涉及细节设计和编码层面的属性，而不是架构设计层面。这并不奇怪，因为在很长一段时间内编程和程序模块都被认为是最重要的制品。

因此，相应的度量也是针对细节设计和编码元素的。我们将描述一些早期先进的程序模块和模块间结构的复杂度度量方法。

8.2.1 Halstead 复杂度度量

Halstead 度量是最早的软件度量之一，它在 20 世纪 70 年代由 Maurice Halstead 开发，主要用于分析程序源代码。这里介绍 Halstead 度量是因为它建立了历史基准。

当分析源程序时，Halstead 度量使用四个基本度量单位。

- $n1$＝不同操作符的个数
- $n2$＝不同操作数的个数
- $N1$＝$n1$ 的出现次数
- $N2$＝$n2$ 的出现次数

在一个程序中，同一个操作符可能多次出现，如多次出现"＋"运算符或"IF"运算符。程序中所有运算符出现次数的总和可以表示为 $N1$。同样，操作数也可能出现多次。操作数可能是变量或常量。程序中所有操作数的出现次数可以表示为 $N2$。从运算符和操作数的计数中，Halstead 又定义了两个度量：

- 程序词汇或特殊令牌，$n＝n1＋n2$
- 程序长度，$N＝N1＋N2$

源程序中的所有特殊令牌构成该程序的基本词汇。因此，特殊令牌的总和 $n＝n1＋n2$ 是程序词汇量的度量。程序的长度 $N＝N1＋N2$ 是程序词汇出现次数的总和。程序长度的定义和我们更熟悉的度量如代码行数有很大区别。从这些基本单位延伸出四项度量值：

- 体积，$V＝N×(\log2\ n)$
- 潜在体积，$V^@＝(2+n2^@)\log2(2+n2^@)$
- 程序实现等级，$L＝V^@/V$
- 代价，$E＝V/L$

体积是对先前的计数 n 和 N 的简单计算。但是潜在体积是基于"最简洁"程序这个概念的，其中包括由函数名称和分组运算符组成的两个运算符，例如 $f(x_1, x_2, \cdots, x_t)$。函数名称为 f，分组运算符是圆括号内的变量 x_1 至 x_t。$n2^@$ 是函数 f 使用的操作数的数量。在这个例子中，$n2^@＝t$，因为有 t 个变量。程序实现等级用来衡量目前实现情况与理想实现情况的接近程度。代价的估计值是 V/L，单位是智慧上的区别。这种智慧上的区别可能是实现该程序所需的代价或了解其他人的程序所需的代价。

Halstead 度量因为许多原因受到批评，其中一个原因是 Halstead 度量仅衡量源程序的词法复杂度而不是结构或逻辑。因此，在分析程序复杂度方面的价值有限，更不用说设计特征方面了。

8.2.2 McCabe 圈复杂度

虽然圈数源自图论，但软件的圈复杂度度量来自 T. J. McCabe 的观察结果，即程序质量与控制流程的复杂度，或者详细设计、源代码中的分支数量直接相关。这与 Halstead 通过源代码程序中的操作符和操作数来观测复杂度的方法不同。一个程序或详细设计的圈复杂度是从该设计或程序展示的控制流程图中计算出来的。该计算方法如下所示：

$$圈复杂度＝E－N+2p$$

其中 E=图的边数；N=图的节点数；p=连接的组件数量（通常 p=1）。

McCabe 的圈复杂度也可以通过其他两种方式计算出来：

圈复杂度＝二元决策数量＋1
圈复杂度＝封闭区域数＋1

我们来看一个简单的流程图，如图 8.1 所示。这个图有 7 条边（$e1$ 到 $e7$）和 6 个节点（$n1$ 到 $n6$）。因此 McCabe 的圈复杂度等于 $7-6+2=3$。利用封闭区域方法，我们有两个区域（区域 1 和区域 2），那么圈复杂度等于 $2+1=3$。最简单的方法可能是计算二元决策或分支的数量。在这种情况下，有两个（$n2$ 和 $n4$）二元决策，圈复杂度等于 $2+1=3$。

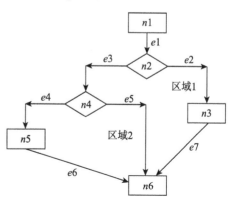

图 8.1　关于圈复杂度的简单流程图

圈复杂度度量了程序中的结构设计复杂度。它已被应用于开发过程中的设计和编码风险分析以及测试计划，以评估测试设计或程序中每个决策点所需的测试用例数量。随着大量数据的积累，现在我们知道圈复杂度越高，存在的风险就越大，就需要更多的测试。可以从软件工程研究所（SEI）网站获得一个比较圈复杂度与一组相对风险阈值的例子。根据 SEI 可知，1 到 10 范围内的圈复杂度被认为是低风险和简易的，而圈数大于 50 则被认为是风险极高的。因此，在程序设计层面，我们应该时刻控制流程，使得圈复杂度远小于 50。 [172]

圈数也是流程图中线性独立路径的最大数量。控制流中的路径仅当包含一些尚未被覆盖的边或路径片段时，才是线性独立于其他路径的。因此，圈复杂度也经常用于确定系统中覆盖线性独立路径所需的测试用例数。

8.2.3　Henry-Kafura 信息流

Henry-Kafura 度量是另一个结构性度量，但它衡量的是模块间的流。它是基于进出模块的信息流，每个模块的所有进出信息都将被统计。信息流包括以下内容：

- 参数传递
- 全局变量访问
- 输入
- 输出

因此，信息流是模块之间或模块与其环境之间交互的度量。基于信息流，Henry 和 Kafura 开发了一个指标，其扇入和扇出如下。

- 扇入：流入程序模块的信息流数量。
- 扇出：从程序模块流出的信息流数量。

程序模块 A 的扇入通常被视为调用 A 的模块数量。扇入还包括由模块 A 访问的全局数据变量的数量。程序模块 A 的扇出是 A 调用的程序模块数量和 A 访问的全局数据变量的数量。基于上述扇入和扇出的定义，程序模块 p 的 Henry-Kafura 结构复杂度 C_p 为扇入和扇出乘积的平方：

$$C_p = （扇入 \times 扇出）^2$$

考虑这样一个例子，有 4 个程序模块，它们的扇入和扇出如表 8.1 所示。

表 8.1   程序模块的扇入与扇出

模　　块	A	B	C	D
扇入	3	4	2	2
扇出	1	2	3	2

173

对于从 A 到 D 这 4 个模块，每个模块的 C_p 的计算公式如下：

$$对于模块 A，C_p=(3\times1)^2=9$$
$$对于模块 B，C_p=(4\times2)^2=64$$
$$对于模块 C，C_p=(2\times3)^2=36$$
$$对于模块 D，C_p=(2\times2)^2=16$$

所有 4 个程序模块的总 Henry-Kafura 结构复杂度为这些 C_p 的总和，也就是 125。

为了包括程序模块的内部复杂度，用来评估设计结构复杂度的 Henry-Kafura 度量后来被 Henry 和 Selig 做了如下修改：

$$_HC_p=C_{ip}\times（扇入 \times 扇出）^2$$

C_{ip} 是程序模块 p 的内部复杂度，可以通过任何代码度量方法来度量，例如圈复杂度或 Halstead 度量。显然，我们认为一个很高的 Henry-Kafura 数值意味着一个复杂的设计结构，但我们不能断定这就必然会导致不易于理解的设计和低质量的软件。

8.2.4 高层次复杂度度量

Card 和 Glass 也利用扇入和扇出的概念来描述设计的复杂度，同时考虑了传递的数据。这是一个更高层次的措施，因为它是覆盖程序内和程序间交互的一种度量方式。它们定义了三种设计复杂度度量：

- 结构复杂度
- 数据复杂度
- 系统复杂度

模块 x 的结构复杂度 S_x 定义如下：

$$S_x=（扇出_x）^2$$

扇出是模块 x 直接调用的模块数量。数据复杂度 D_x 也是根据扇出来定义的。

$$D_x=P_x/（扇出_x+1）$$

P_x 是传入或传出模块 x 的变量数，系统复杂度 C_x 是一个更高层次的度量，它是结构复杂度和数据复杂度的总和：

$$C_x=S_x+D_x$$

值得注意的是，这种称为系统复杂度的设计措施主要基于扇出。除流入模块的数据之外，没有真正包含扇入。

174

8.3 "好"的设计属性

设计是一项十分重要的活动，应该把足够的时间和关注度投入到设计环节，以便我们能够开发出一个好的设计。但什么是一个好的设计呢？我们可以立即说出以下一些流行词汇：

- 易于理解
- 易于变更

- 易于重用
- 易于测试
- 易于整合
- 易于编码

在本章前面的讨论中，我们介绍了 Halstead、McCabe、Henry-Kafura 以及 Card and Glass 度量，我们提到了模块间和模式间复杂度是与软件质量有关的因素。除列出不同的"易于_____"条目之外，还有更基本的方式来判断一个好的设计吗？上述这些可能并不是一个好的设计的特点，实际上它们只是一个好的设计所取得的理想结果。所有这些"易于"属性的共同点都是简单。一个大而复杂的问题可以分解简化成更小的部分，这样便可以循序渐进地解决问题（如第 2 章中所述）。很多设计技术也遵循简单的原则（见第 7 章）。根据 Yourdon 和 Constantine（1979）的观点，简单性这个概念可以通过内聚和耦合两个特征来衡量。G. J. Merers（1978）以及最近的 Lethbridge 和 Laganiere（2004）也在他们的书中界定了这些概念。这两个概念与前面提到的复杂度度量有些相似。内聚解决了与 Halstead 和 McCabe 度量有些相似的模块间特征，而耦合解决了类似 Henry-Kafura 扇入和扇出信息流度量以及 Card and Glass 系统复杂度度量的模块间特征。一般来说，我们努力在设计中提高内聚并降低耦合。下面将对这两个概念进行更详细的说明。

8.3.1 内聚

为了让设计拥有之前提到的多个"易于"的属性，我们需要保持设计尽可能简单，其中最重要的就是确保每一个设计单位专注于单一的目的，无论它是模块化的还是组件级的。诸如模块间功能相关性或模块化强度等术语已被用于**内聚**的设计中。这个概念将在后面被应用到 8.4 节的面向对象范例中。

> **内聚** 一个高级或细节级设计单位的属性，用于识别该单元内的元素互相从属或相关的程度。

从我们对内聚概念的定义可以看出，根据不同的模式，基本元素可能是不同的。例如，在结构化模式中，基本元素可能是 I/O 逻辑、控制逻辑或数据库访问逻辑。在面向对象模式中，基本元素可能是方法和属性。无论什么样的模式，在一个高度内聚的设计单位中，这个设计单元的各个部分都只与单一用途或单一功能有关。术语程度（degree）用于定义内聚。这表明内聚这个属性是可以衡量的。

一般来说，一共有以下 7 种类型的内聚，从坏到好排列依次是：

- 偶然内聚
- 逻辑内聚
- 时间内聚
- 过程内聚
- 通信内聚
- 顺序内聚
- 功能内聚

值得注意的是，没有精确的数值来衡量这些内聚。这只是内聚类别的相对排序。

最低层次的是偶然内聚。在这个级别，设计或代码单元执行多个不相关的任务。初始的设计通常不会发生这种低层次的内聚。然而，当设计经历多次修改时，无论是修复错误还是需求变更，特别是处于进度压力之下时，原始设计可能容易变得混乱。例如，我们可能会面临一些情况，不是重新设计，而是把一个分支放到一些现在不需要或只是部分需要的设计片段中，或出于方便就插入新的元素。这将很容易导致设计单元中出现多个不相关的元素。

下一个是逻辑内聚。此级别的设计执行一系列类似的任务。乍一看，逻辑内聚似乎是很有道理的，因为这样的元素必定是相关的。但是，这种关系真的很弱。举一个例子，一个 I/O 单元，用于对不同的设备执行不同的读写操作。尽管这确实存在着逻辑关系，因为它们都执行读写操作，但读写设计对于每种设备类型都是不同的。因此，在逻辑内聚层次中，放在一个单元中的元素虽然是相关的，但彼此还是相对独立的。

时间内聚的设计汇集了一系列与时间有关的元素。一个例子是将所有数据初始化组合成一个单元并且同时执行所有初始化的设计，可以在其他设计单元中定义和使用这些数据。

下一个更高级别是过程内聚。这涉及程序上相关的行为，这意味着它们与某些控制顺序有关。这显然是比前一个更严谨的设计。

通信内聚层次中，设计与活动顺序相关，它很像过程内聚，活动针对相同的数据或数据集。因此，通信内聚的设计表现出比过程内聚更强的紧密性。

最后两个层次，顺序内聚和功能内聚是两个最高的层次。这两个层次下，设计单位都只执行一个主要活动或实现一个目标。不同之处在于，在顺序内聚层次上，"单一"活动的描述不如功能内聚那么清楚。设计单位并不总是可以实现功能内聚。显然，如果需要一个设计来实现同样的目标，在这种单目标层次的设计中，只需要很少的修改便可以进行重用。顺序内聚可能仍然包括一些非单目标导向的元素，并且需要一些修改才能重用。

|176|

这些内聚的层次并不总是很明确的。在设计过程中，设计师应该尽可能达到更高的内聚层次。这种观察内聚的方法是一个很好的指导，但下面我们会介绍一个更具体的内聚度量的例子。

基于程序切片和数据切片的黏合度测量　Bieman 和 Ott（1994）在程序级上引入了几种基于程序和数据切片的内聚定量度量方法。接下来我们将简要总结度量内聚的方法。首先给出几个定义，紧接着给出一个例子。我们设想一个包含变量声明和可执行逻辑语句作为上下文的源程序，以下概念需要牢记：

- **数据令牌**是任何变量或常量。
- **程序或过程切片**都是可能影响某些特定变量值的语句。
- **数据切片**是一个切片中的所有数据令牌，将影响特定的变量值。
- **Glue 令牌**是程序或过程中位于多个数据切片中的数据令牌。
- **Superglue 令牌**是过程或程序中位于程序中每个数据切片中的数据令牌。

从这些基本定义可以看出，Glue 令牌和 Superglue 令牌是贯穿切片并提供内聚强度的令牌。因此，当定量评估程序内聚强度时，我们会计算这些 Glue 令牌和 Superglue 令牌的数量。更具体一点，Bieman 和 Ott（1994）定义了度量功能内聚的以下两个公式。

> **数据切片**　切片中的所有数据令牌将影响相关的特定变量值。
>
> **数据令牌**　任何变量或常量。
>
> **Glue 令牌**　程序中位于多个数据切片中的数据令牌。
>
> **程序或过程切片**　所有可能影响某些特定变量变量值的语句。
>
> **Superglue 令牌**　程序中位于程序中的每个数据切片中的数据令牌。

$$弱功能内聚＝Glue\ 令牌数\ /\ 数据令牌总数$$
$$强功能内聚＝Superglue\ 令牌数\ /\ 数据令牌总数$$

弱功能内聚和强功能内聚使用数据令牌的总数作为规范化标准的因素。下面这个例子将阐明其中的一些概念。

图 8.2 展示了一个从整数数组 z 中计算最大值 max 和最小值 min 的伪代码示例。这里解释一个数据令牌的标记。过程中变量 n 第一次出现被标记为 n1，第二次出现被标记为 n2。在此过程中总共有 33 个数据令牌。在图 8.2 中分别用 Slice max 和 Slice min 表示围绕 max 变量和 min 变量的代码片段的数据切片。在这种情况下，它们具有相同的数据令牌个数——22 个，因为除了把最小值和最大值赋值给 z[0] 以及 if 语句之外，其余所有计算的代码都是相同的。所以 Glue 令牌数和 Superglue 令牌数也是相同的。弱内聚和强内聚的度量值也相同。 |177|

$$弱功能内聚值＝11/33$$
$$强功能内聚值＝11/33$$

Finding the maximum and
minimum values
procedure

```
MinMax (z, n)
integer end, min, max, i;
end = n,
max = z[0];
min = z[0];
For (i = 0, i = < end; i++){
    if z[i] > max then max = z[i];
    if z[i] > min then max = z[i];
        }
    return max, min;
```

Data Tokens:	Slice max:	Slice min:	Glue Tokens:	Superglue:
z1	z1	z1	z1	z1
n1	n1	n1	n1	n1
end1	end1	end1	end1	end1
min1	max1	min1	I1	I1
max1	I1	I1	end2	end2
I1	end2	end2	n2	n2
end2	n2	n2	I2	I2
n2	max2	min2	O3	O3
max2	z2	z3	I3	I3
z2	O1	O2	end3	end3
O1	I2	I2	I4　　(11)	I4　　(11)
min2	O3	O3		
z3	I3	I3		
O2	end3	end3		
I2	I4	I4		
O3	z4	z6		
I3	I5	I7		
end3	max3	min3		
I4	max4	min4		
z4	z5	z7		
I5	I6	I8		
max3	max5　(22)	min5　(22)		
max4				
z5				
I6				
z6				
I7				
min3				
min4				
z7				
I8				
max5				
min5　(33)				

图 8.2　一个功能性内聚度量的伪代码示例

此程序计算数组 z 中的最大值和最小值。现在，撇开计算最小值的指令，仅关注最大值的计算。那么具有 22 个数据令牌的数据切片 max 就是整套数据令牌。它也将是一组 Glue 令牌和 Superglue 令牌。功能内聚值如下：

$$弱功能内聚值＝22/22$$
$$强功能内聚值＝22/22$$

通过专注于计算最大值这一个功能，内聚强度从 11/33 提高到 22/22。虽然这个例子使用了实际的代码，但很好地证明了强内聚概念。

8.3.2　耦合

在上一节中，我们专注于软件单元的内聚。同样，软件单元可以是一个模块或是一个

类。假设我们在系统中成功设计了高度内聚的软件单元，那么这些单元很可能仍然需要通过

[178] **耦合**来进行交互。如果交互很复杂，我们就不太可能实现
8.3 节开头提到的那些"易于"特征。Gamma（1995）等
人提供了一个很好的例子，解释了为什么耦合分析很重要
的。他指出高耦合的类很难单独重用。也就是说，高度依

> **耦合** 一个用于度量两个软件单元之间交互程度和相互依赖关系的属性。

赖于其他模块或类的模块或类本身将很难被理解。因此，在不了解其所有依赖模块和类的情况下很难被重用、修改或修复。另外，如果一个高度相互依赖并且与其他模块或类紧密连接的模块或类中存在错误，那么它影响其他模块或类导致其出错的概率非常大。因此，我们可以看到高耦合不是一个理想的设计属性。几项研究表明，耦合属性与软件的出错率、可维护性和可测性等因素密切相关。有关它们之间关系的更多信息，请参见（Basili et al.，1996）以及（Wilkie et al.，2000）。

耦合被定义为指定两个软件单元之间的相互依赖性的属性。耦合的程度通常分为以下五个不同的级别，从坏到好依次为：

- 内容耦合
- 公共耦合
- 控制耦合
- 印记耦合
- 数据耦合

内容耦合被认为是最差的耦合，数据耦合被认为是最佳的耦合。没有耦合的理想情况并未在上面列出来。当然，很少有什么问题是不需要耦合的。用于描述重度相互依赖和轻度相互依赖的常用术语分别是紧耦合和松耦合。

内容耦合是两个软件单元之间的最差的耦合水平，它被认为是最紧密的耦合水平。因为在这个层次上，两个单元互相访问彼此的内部数据或程序信息。在这种情况下，当一个单元发生任何变化时，都需要非常仔细地检查另一个单元。这意味着一个单元在另一个单元中造成错误的概率非常高。用于软件组件任何类型的重用时，这两个单元都几乎必须被视为一对。

如果两个软件单元都指向相同的全局变量，则认为两个软件单元处于公共耦合的级别。这样的变量可以用于各种信息交换，包括控制另一个单元的逻辑。公共耦合在大型商业应用中是很常见的，其数据库中的记录就可以当作全局变量。公共耦合比内容耦合要好得多。由于改变全局变量或共享数据库记录对共享该变量或记录的单元的影响，公共耦合仍然表现出相当紧密的耦合关系。在大型应用程序开发中，会在系统构建周期中生成"where-used"矩阵，以跟踪由不同软件单元交叉引用的所有模块、全局变量和数据记录。集成团队和测试团

[179] 队广泛使用这种"where-used"矩阵。

控制耦合是下一等级的耦合，软件单元通过控制信息影响另一个软件单元逻辑。已传递的数据包含影响接收软件单元行为的内部控制信息。发送模块和接收模块之间传递的信息中的隐含语义迫使我们将两个模块都视为一组。这种耦合级别以这样的方式绑定了两个软件单元，使得单独的软件单元很难与其他软件单元进行重用。由于内部控制信息被深度编码，跨软件单元依赖性的测试用例的数量可能会急剧增加，测试也会变得更加复杂。

在印记耦合中，软件单元将一组数据传递给另一个软件单元，但两个软件单元之间传递的数据存在着多余的数据，因此可将印记耦合视为数据耦合低配版。比如软件单元之间传递

整个记录或整个数据结构，而不仅仅是需要的单个数据。传递的信息越多，就越会增加理解两个软件单元之间相互依赖关系的难度。

耦合的最佳水平是数据耦合，软件单元之间只传递所需要的数据。在数据耦合级别，软件单元之间的相互依赖性很低，被认为是松散耦合。

这些耦合等级没有包括所有可能的依赖情况。例如，没有提及对仅传递控制信息却不需要返回控制信息的软件单元的简单调用，也没有区分从一个软件单元传递到另一个软件单元的数据是否返回了另一个耦合级别上的信息数据。我们应该像看待内聚等级一样看待耦合的等级，将其作为良好设计的指南。也就是说，我们应该通过在设计和编码中提高内聚、松散耦合来实现简单化。

Fenton 和 Melton（1990）提供了一个比较简单的例子来度量两个软件单元 x 和 y 之间的耦合，如下所示。

1. 从数据耦合到内容耦合，给每个级别的耦合分配从 1 到 5 的整数。
2. 通过判断软件单元 x、y 之间的最高或最紧密的耦合关系来评估 x 和 y，赋值为 i。
3. 确定对 x 和 y 之间的所有耦合关系数，赋值为 n。
4. 定义 x 和 y 之间的耦合为 $C(x, y) = i + [n/(n+1)]$。

例如，x 把特定的信息传递给 y，信息包含了影响 y 逻辑的内部控制信息。同时，x 和 y 也共享一个全局变量。在这种情况下，x 和 y 之间有两个耦合关系。所以 $n=2$。在两种关系中，公共耦合比控制耦合更差或更紧密。因此，x 和 y 之间的最高耦合为公共耦合，等级是 4。因此，$i=4$，这意味着 $C(x, y) = 4 + [2/(2+1)]$。有了这个定义，i 和 n 的值越小，耦合就越松散。如果一个系统中的所有软件单元都像这样成对分析，我们可以得到整个软件系统的耦合程度。事实上，Fenton 和 Melton（1990）将系统的总体全局耦合定义为所有软件单元对的中值。因此，如果软件系统 S 包含单元 x_1，…，x_j，则 $C(S) =$ 集合 $\{C(x_n, x_m), n、m 从 1 到 j\}$ 的中值。因此，我们希望在设计软件系统时尽可能地降低 $C(S)$ 的值。 |180|

8.4 面向对象设计度量

在本节中，我们将探索 OO 设计和编程规范是如何影响之前所讲的通过分解、高内聚和低耦合所保持的设计简单化的概念。在面向对象中有几个关键概念，包括类、继承、封装和多态，但有一个核心主题就是这些类如何关联，以及它们之间如何交互。一个类就是一个实体，显然，我们也希望通过高内聚来使之保持简单。同时，我们还要通过松散耦合来使这些类之间的关系与交互变得简单。因此，高内聚和低耦合这样良好和理想的设计属性依然是不变的。在面向对象中，我们将会进一步对这些属性进行度量。

一个良好的面向对象设计可以通过由 Chidamber 和 Kemerer（1994）确定的 6 个 C-K 值来度量：

1. 各个类的方法加权和（WMC）
2. 继承树的深度（DIT）
3. 子节点数（NOC）
4. 对象类之间的耦合（CBO）
5. 类的响应（RFC）
6. 方法对内聚的缺乏（LCOM）

Basili/Briand 和 Melo（1996）、Li 和 Henry（1993）以及 Briand（2000）等人的研究

表明，这些（C-K）值与出错率和可维护性等指标相关。

WMC 是一个类中所有方法的加权和。因此，如果在一个类中有 n 个方法，即 m_1 到 m_n，则 WMC＝SUM(w_i)，其中 i＝1，…，n。SUM 是算术求和函数，w_i 是分配给方法 m_i 的权重。一个最简单的情况是把 1 作为所有方法的权重，这样通过计算方法的数量就可以得到 WMC。因此，具有 n 个方法的类，它的 WMC 就等于 n。该度量方法类似于代码行统计。我们发现，模块的规模越大，出错的可能性越大。所以，较大的类，特别是 WMC 值很高的类，其出错的概率就越大。

DIT 是从一个类到其根类的最大继承长度。错误率似乎是随着继承和多重继承的增加而增加的。有趣的是，在面向对象设计的早期，许多组织忽视了继承这个功能，设计了自己独特的类，却从来没有通过重用或继承来提高生产力。他们认为设计自己的类比较简单，这样不必完全理解其他预定义的类。深层次的继承类是很难定位的，更别说充分理解了。然而，各种实证检验有不同的结果。有些研究显示，很高的 DIT 值与软件的高缺陷率有关，而其他的研究则发现结果并不绝对。

[181]　一个类的 NOC 值是子节点或直接子类的数量。这个面向对象的度量也有不同的实证结果。当所有类的 NOC 值加在一起时，一个很高的 NOC 值可能会影响软件系统的复杂度。在编写本书时，我们仍不确定 NOC 是如何影响软件质量的。

CBO 表示耦合的对象类的数量，这与传统的耦合概念相同。在共享常见服务或是有继承关系的类之间，耦合越是紧密，它们的复杂度、错误率和维护难度就越高。

RFC 是一组涉及对一类对象的消息响应的方法。RFC 也涉及耦合的概念。我们已经知道，面向对面设计的度量与 CBO 和 WMC 高度相关，又因为较高的 CBO 和 WMC 值会影响软件系统的缺陷值和复杂度，因此 RFC 较高也会导致软件的高缺陷。

LCOM 是对给定类中对相似方法对和不相似方法对之间差异的计算。这个度量描述了一个类对内聚的缺乏。我们需要通过一个例子来做进一步解释：

考虑一个拥有以下特性的类：

● 拥有从 m_1 到 m_n 这 n 个方法。

● 每个方法中的实例变量或属性表示为 I_1，…，I_n。

令 P 是没有公共实例变量的所有方法对的集合，并且令 Q 是具有公共实例变量的所有方法对的集合。那么 LCOM＝#P－#Q，其中 # 表示集合的基数。我们可以推断，一个类具有较高的 LCOM 值意味着存在大量互相独立的方法。因此，具有高 LCOM 值的类内聚相对较低，可能更加复杂且更难以理解。高 LCOM 值等同于弱内聚。要准确完成此度量的定义，必须注意，如果 #P 不大于 #Q，则 LCOM＝0。

例如，一个类 C 可以包含三个方法（m_1、m_2、m_3），其各自的实例变量集合是 I_1＝\{a, b, c, s\}、I_2＝\{a, b, z\}、I_3＝\{f, h, w\}。I_1 和 I_2 具有共同的 \{a, b\}。I_1 和 I_3 没有什么共同变量，I_2 和 I_3 也没有共同变量。在这种情况下，#P 是 2，具有公共变量的方法对数量 #Q 为 1。因此，C 类的 LCOM＝2－1＝1。

所有这 6 个 C-K 设计度量都直接或间接地与内聚和耦合概念相关。这些度量可以帮助软件设计人员更好地了解其设计的复杂度，并帮助他们简化工作。如图 8.3 所示，设计师应该尽可能地使软件达到高内聚和低耦合。

图 8.3　内聚与耦合

8.4.1 面向方面的编程

面向方面的编程（AOP）是系统的关注点分离或方面分离概念的新演变。这种方法是为了在系统设计中提供更多的模块化、高内聚和良好定义的接口或耦合。AOP 的中心概念是关注点的横切，这意味着与关注点相关的方法横向交叉。在面向对象编程中，这些横切的关注点被认为是遍布整个系统的。AOP 将这些横切的关注点的实现模块化为一个高内聚的单元。Kiczales 等人（1997）、Elrad/Filman 和 Bader（2001）以及 Colyer 和 Clement（2005）提供了有关 AOP 的更多信息。

8.4.2 Demeter 法则

另一个不错的面向对象设计指南是由 Lieberherr 和 Holland（1989）提出的 Demeter 法则，它通过限制类中方法的消息结构来限制对象的控制范围。消息限制将降低对象的耦合度并提高对象的内聚度。这不是一套度量准则，而是来自于设计和实施 Demeter 系统时的经验指南，该系统是美国东北大学在 20 世纪 80 年代开发的一个 AOP 项目。

Demeter 法则可按如下方式表述。一个对象应该发送消息到以下类型的对象：

- 当前对象本身。
- 当前对象的成员对象。
- 以参数形式传入到当前对象方法中的对象。
- 当前对象创建的对象。
- 调用当前对象方法返回的对象。
- 如果当前对象的成员对象是一个集合，那么集合中的元素也都满足条件。

该法则本质上确保对象只将消息发送给它们熟悉的对象。它同样也被解释为"只与你的邻居交谈"或"不和陌生人说话"。为了便于理解，下面举一个从管理控制领域改编的简单例子。假设一个软件开发副总裁希望在整个开发组织中执行统一的设计原则，他不是向他的直系下属发出命令要求将信息转发给他们的下属，而是与组织中的每一个人直接对话。显然，这种方法增加了耦合度并降低了内聚度。这位副总裁违反了 Demeter 法则。

8.5 用户界面设计

到目前为止，我们一直专注于软件单元以及它们之间的交互。在本节中，我们将专注于用户界面（UI）设计，也就是用户与软件之间的交互。不同于专注于减少软件的缺陷，我们现在专注于减少人为错误。尽管一些设计师可能认为，使用 GUI 可以解决用户使用计算机时的许多棘手问题，但是了解怎样界面更易于理解、导航和使用依旧是十分重要的。什么是用户友好？什么是一个好的 UI 设计？很重要的一点是界面要更多地关注用户而不是软件系统。

8.5.1 好的 UI 的特征

在 8.1 节中，我们将一致性和完整性列为两个重要设计特征。在 UI 设计中，一致性尤其重要，因为它有助于满足用户所需的许多理想特征。想象有这样一个 UI，它的标题不一致、帮助文字不一致、消息不一致、响应时间不一致、图标使用不一致或导航机制不一致；或者更糟糕的情况是，其中的一些不一致导致用户被迫解决系统冲突。有关 UI 一致性的更多讨论，请参阅（Nielsen，2002）。

UI 设计的主要目标之一是确保所有界面都有一致的模式。Mandel（1997）提出了 UI 设

计的 3 个 "黄金规则":

- 给用户控制权
- 减少用户记忆负担
- 设计一致的用户界面

这些规则衍生了 UI 设计的另外两个原则:(1)用户操作在被中断时允许重新操作;(2)用户默认值应该是有意义的。这些规则和原则都是 UI 设计的良好指南。

Shneiderman 和 Plaisant(2009)指出了界面设计的八个规则:

1. 保持一致
2. 允许高频用户使用快捷方式
3. 提供反馈
4. 关闭时提供提示对话框
5. 提供错误预防和简单的错误处理
6. 提供简单的操作回滚
7. 支持内部控制轨迹
8. 减少用户的短期记忆

值得注意的是,我们讨论过的一致性属性就是上述列表中的第一个特征。第二条规则涉及快捷方式,这说明新手用户和专业用户需要不同级别的 UI 设计。系统发送给用户的反馈应该是丰富和易于理解的,以便用户提前知道后续的执行行动(如果有的话)。用户活动是从开始到结束的过程,用户在一系列活动结束时应该得到成就感。第五和第六条规则主要负责处理用户的人为错误。首先,系统应努力预防用户犯错。但是如果错误发生了,则需要允许用户撤销操作或是处理该错误的机制。第七条是满足人类控制的需要。也就是说,用户不需要对软件系统做出回应,而系统必须响应用户的启动操作。第八条规则认识到人类记忆的局限性,所以信息应该保持足够简单。如果有可能,系统应通过默认值或以列表选择的形式向用户提供信息。这种关于较短记忆的理论归功于米勒(1956),他提出了我们处理信息能力上 "7±2" 的限制。

除上述规则之外,还有许多 UI 指南标准。诸如 IBM、Microsoft 和 Apple 等大型公司都有自己的 UI 指南。国际标准组织(ISO)也有与用户界面相关的多项标准,包括 ISO 9241,可以从 ISO 网站 www.iso.org 获取该标准的许多内容。

8.5.2　易用性的评估与测试

20 世纪 80 年代,随着个人电脑和图形界面的出现,UI 设计受到广泛关注。易用性测试成为软件开发中的一项新课题。在早期,由于界面是由纸板和图表模仿的,UI 设计的保真度很低。随着技术和工具的改进,UI 设计变得保真度高,真实界面作为设计原型被开发了出来。这些原型中,有一些是在需求阶段就被引入的。随着高保真 UI 设计的出现,深度评估也随之而来。具有单向镜和记录设备的复杂的易用性 "实验室" 建立了起来,可以对用户的操作进行统计分析。用户或实验对象的行为将被剖析并用于易用性测试。

分析应用程序界面的关键因素包括如下内容:

- 在没有帮助的情况下完成任务的用户数
- 完成每个任务的平均时间
- 诱发帮助功能的平均次数

- 在规定时间间隔内完成的任务数
- 用户需要重复完成执行一个任务的地方以及重复执行的次数
- 快捷方式的使用次数

以上信息以及其他类型的信息会被记录和分析。有时候还对使用者进行问卷调查，以便进一步得到他们对系统界面、流程的意见和建议。

在易用性测试的初期，这项测试被归为系统测试，在开发周期的后期进行。这样一来，只有最严重的问题才会被发现并得到修复。除此之外，一些较小的问题都会遗留到下一个版本。如今，UI 评估被提前到需求和设计阶段，我们可以在早期解决许多问题，并将解决方案及时应用到当前产品发布中。 |185|

8.6　总结

在本章中，我们首先介绍了一个好的设计的两大基本特征：

- 一致性
- 完整性

然后，列出了一些早期关于设计复杂度度量的概念：

- Halstead 复杂度度量
- McCabe 圈复杂度
- Henry-Kafura 信息流复杂度度量
- Card and Glass 结构复杂度度量

接下去，详细讨论了帮助我们的设计实现各种"易于"属性的两个主要标准：

- 高内聚
- 低耦合

通过使用来自 Bieman 和 Ott（1994）的技术的一个具体实例解释了内聚的概念。

同时，讨论了面向对象设计的 6 个 C-K 指标也与内聚和耦合的概念密切相关：

- 各个类的方法加权和（WMC）
- 继承树的深度（DIT）
- 子节点数（NOC）
- 对象类之间的耦合（CBO）
- 类的响应（RFC）
- 方法内聚缺乏性（LCOM）

最后，随着图形界面和互联网的出现，我们讨论了优秀 UI 设计的特点。UI 设计应该侧重于用户而不是系统方面。在如今的系统中，大部分的易用性测试被提前到早期需求阶段的 UI 原型设计中。

8.7　复习题

1. 一个好的设计的两个基本特征是什么？
2. 如图 8.4 所示的设计流程的圈复杂度是多少？其中菱形代表决策范围，矩形代表语句。
3. 什么是 Glue 令牌和 Superglue 令牌？哪个更有助于提高内聚度，为什么？
4. 内聚的各个级别是什么？

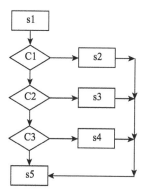

图 8.4　案例结构

|186|

5. 耦合的各个级别是什么？

6. 面向对象设计的六种 C-K 指标是什么？

7. C-K 指标中的深度继承树（DIT）是什么？为什么较高的 DIT 值对于设计来说是不好的？

8. 与普通设计相比，UI 设计最注重的是什么？

9. 列出由 Shneiderman 和 Plaisant 提出的八个界面设计规则中的四个。

8.8 练习题

1. 讨论一个好的设计与用好的设计试图达到的结果之间的区别。

2. 在度量设计时，有一个概念设计了扇入和扇出。

   a. 讨论设计中的扇入和扇出概念。

   b. 在 Henry-Kafura 度量中，复杂度为 C_p，$C_p = $（扇入 × 扇出）^{2}，如果把乘号换成加号，讨论一下带来的影响，尤其是当扇入和扇出的值都增加时。

3. 你认为为什么 Card and Glass 结构复杂度度量更多地关注扇出值而不是扇入值？

4. 用自己的语言定义内聚。

5. 用自己的语言定义耦合。

6. 如第 7 章所述，实体关系（ER）图的概念可演变为数据库设计。如果多个组件使用相同的数据库表来更新和查询记录，则系统涉及什么类型的耦合？请说明理由。

7. 高内聚和低耦合之间存在冲突吗？请讨论。

8. 圈复杂度与内聚或耦合的概念有关吗？请解释。

9. 总结一个 Mandel 的 UI 黄金法则。让用户在一些 Shneiderman 和 Plaisant 的 UI 黄金规则的制约下控制系统，并讨论你为何选择这些法则。

10. 把 UI 黄金法则中的"减少用户记忆负担"这一条与其他设计特性（如设计简洁性、高内聚、低耦合）关联起来。

8.9 参考文献和建议阅读

E. Arisholm, L. C. Briand, and A. Foyen, "Dynamic Coupling Measurement for Object-Oriented Software," *IEEE Transactions on Software Engineering* 30, no. 8 (August 2004): 491–506.

V. R. Basili, L. C. Briand, and W. L. Melo, "A Validation of Object-Oriented Design Metrics as Quality Indicators," *IEEE Transactions on Software Engineering* 22, no. 10 (October 1996): 751–761.

J. M. Bieman and L. M. Ott, "Measuring Functional Cohesion," *IEEE Transactions on Software Engineering* 20, no. 8 (August 1994): 644–657.

L. C. Briand, J. W. Daly, and J. Wust, "A Unified Framework for Cohesion Measurement in Object-Oriented Systems," *Proceedings of the Fourth International Software Metrics Symposium* (November 1997): 43–53.

L. C. Briand, J. Wüst, J. W. Daly, and D. V. Porter, "Exploring the Relationship Between Design Measures and Software Quality in Object-Oriented Systems," *Journal of Systems and Software* 51, no. 3 (2000): 245–273.

D. N. Card and R. L. Glass, *Measuring Software Design Quality* (Upper Saddle River, NJ: Prentice Hall, 1990).

S. Chidamber, D. P. Darcy, and C. Kemerer, "Managerial Use of Metrics for Object-Oriented Software: An Exploratory Analysis," *IEEE Transactions on Software Engineering* 24, no. 8 (August 1998): 629–639.

S. Chidamber and C. Kemerer, "A Metrics Suite for Object-Oriented Design," *IEEE Transactions on Software Engineering* 20, no. 6 (June 1994): 476–493.

A. Colyer and A. Clement, "Aspect-Oriented Programming with AspectJ," *IBM Systems Journal* 44, no. 2 (2005): 302–308.

T. Elrad, R. E. Filman, and A. Bader, "Aspect-Oriented Programming," *Communications of the ACM* (October 2001): 29–32.

K. E. Emam, et al., "The Optimal Class Size for Object-Oriented Software," *IEEE Transactions on Software Engineering* 28, no. 5 (May 2002): 494–509.

N. Fenton and A. Melton, "Deriving Structurally Based Software Measure," *Journal of Systems and Software* 12, no. 3 (July 1990): 177–187.

E. Gamma, R. Helm, R. Johnson, and J. Vlissides, *Design Patterns: Elements of Reusable Object-Oriented Software* (Reading, MA: Addison-Wesley, 1995).

M. H. Halstead, *Elements of Software Science* (New York: Elsevier, 1977).

S. M. Henry and D. Kafura, "Software Structure Metrics Based on Information Flow," *IEEE Transactions on Software Engineering* 7, no. 5 (September 1981): 510–518.

S. Henry and C. Selig, "Predicting Source-Code Complexity at Design Stage," *IEEE Software* (March 1990): 36–44.

D. Hix and H. R. Hartson, *Developing User Interface: Ensuring Usability Through Product and Process* (New York: Wiley, 1993).

G. Kiczales, et al., "Aspect Oriented Programming," *Proceedings of the 11th European Conference on Objected Oriented Computing* (June 1997): 220–242.

S. Lauesen, *User Interface Design: A Software Engineering Perspective* (Reading, MA: Addison-Wesley, 2004).

T. Lethbridge and R. Laganiere, *Object-Oriented Software Engineering: Practical Software Development Using UML and Java*, 2nd ed. (New York: McGraw-Hill, 2004).

W. Li and S. Henry, "Object-Oriented Metrics That Predict Maintainability," *Journal of Systems and Software* 23 (1993): 111–122.

K. J. Lieberherr and I. Holland, "Assuring good styles for object-oriented programs," *IEEE Software* (September 1989): 38–48.

M. Lorenz and J. Kidd, *Object-Oriented Software Metrics: A Practical Guide* (Upper Saddle River, NJ: Prentice Hall, 1994).

T. Mandel, *The Elements of User Interface Design* (New York: Wiley, 1997).

T. J. McCabe, "A Complexity Measure," *IEEE Transactions on Software Engineering* 2, no. 4 (December 1976): 308–320.

T. J. McCabe and B. W. Charles, "Design Complexity Measurement and Testing," *Communications of the ACM* 32, no. 12 (December 1989): 1415–1425.

G. Miller, "The Magical Number Seven, Plus or Minus Two: Some Limits on Our Capacity for Processing Information," *Psychology Review* 63 (1956): 81–97.

G. J. Myers, *Reliable Software Through Composite Design* (New York: Petrocelli/Charter, 1975).

——, *Composite/Structured Design* (New York: Nostrand Reinhold, 1978).

J. Nielsen, *Coordinating User Interfaces for Consistency* (New York, NY: Academic Press, 1989; reprint by Morgan Kaufman Publishers, 2002).

——, *Designing Web Usability: The Practice of Simplicity* (Thousand Oaks, CA: New Riders Publishing, 2000).

——, http://www.useit.com, accessed 2016.

A. J. Offutt, M. J. Harrold, and P. Kolte, "A Software Metric System for Module Coupling," *Journal of Systems and Software* 20, no. 3 (March 1993): 295–308.

B. Shneiderman and C. Plaisant, *Designing the User Interface: Strategies for Effective Human-Computer Interaction*, 5th ed. (Reading, MA: Addison-Wesley, 2009).

R. Subramanyam and M. S. Krishnan, "Empirical Analysis of CK Metrics for Object-Oriented Design Complexity: Implications for Software Defects," *IEEE Transactions on Software Engineering* 29, no. 4 (April 2003): 297–310.

F. Tsui, O. Karam, S. Duggins, and C. Bonja, "On Inter-Method and Intra-Method Object-Oriented Class Cohesion," *International Journal of Information Technologies and Systems Approach* 2(1), (June 2009): 15–32.

F. G. Wilkie and B. A. Kitchenham, "Coupling Measures and Change Ripples in C++ Application Software," *Journal of Systems and Software* 52 (2000): 157–164.

E. Yourdon and L. Constantine, *Structured Design: Fundamentals of a Discipline of Computer Program and Systems Design* (Upper Saddle River, NJ: Prentice Hall, 1979).

190

实 现

目标
- 描述一些良好实现的特征以及帮助实现这些特征的最佳实践。
- 了解注释在开发优秀程序中扮演的角色以及什么是好的注释。
- 了解一些有效调试程序的技巧。
- 分析重构的概念和一些重构技术。
- 了解使用云进行开发的问题。

9.1 实现简介

大多数软件工程项目的最终目标都是生产一个工作程序。将详细设计转化为某种编程语言的正确程序的行为，以及其他支持性活动统称为实现。为了简化本章的内容，我们假设一个传统的软件工程生命周期，其正在制定一个明确的、详细的设计。在许多情况下，详细设计是不会明确完成的，但会被保留为实现的一部分。第 7 章讨论了软件设计的技术，第 8 章则介绍了如何评估好的设计。

在实现中进行详细设计通常会更快，但是它可能导致得到一个较低内聚和较差组织性的设计，因为每个模块的详细设计通常由不同的人来完成。在小型项目中，详细设计通常被当作实现的一部分。而在较大的项目中，或者当程序员都没有经验的时候，详细设计将由一个人单独完成。当然，没必要对所有的模块都做相同的决策。最重要的模块可能由最有经验的人员设计，次要的模块则由其他程序员设计。

实现阶段不仅仅是编写代码。也需要测试和调试代码，以及编译代码并将其创建成完整的可执行的产品。我们通常需要利用配置管理来跟踪不同版本的代码。

在本章中，我们介绍除测试之外实现的所有方面，测试将会留到第 10 章讲解，构建和配置管理将会在第 11 章介绍。

9.2 好的实现的特征

以下是一个好的实现必须具备的特征，读者需要时刻牢记在心。
- 可读性：代码可以被其他程序员轻松地阅读和理解。
- 可维护性：代码可以被轻松地修改和维护。注意这与可读性有一定关系，但不完全相同。例如，可维护性包括使用由微软的 Charles Simonyi（1976）首次提出的匈牙利表示法，要求变量名称包括变量类型的缩写。
- 性能：和许多事情是一样的，实现需要使代码的运行速度尽可能快。
- 可追溯性：所有代码元素都应与设计元素相对应。这样代码可以追溯到设计（设计可以追溯到需求）。
- 正确性：实现应当完成打算做的事情（需求和详细设计中定义的）。
- 完整性：满足所有的系统需求。

许多程序员的第一本能是把关注点放在正确性和性能上，而忽略了可读性和可维护性。对于许多从事大型、多版本软件项目的软件工程师来说，可维护性与正确性同等重要（甚至更重要），而在大多数情况下，性能并不太重要。

重要的是，实现这些特征需要付出相当大的努力，同时不同特征之间存在相互作用和权衡。可读性通常有助于可维护性，这两者通常有助于实现正确性。性能优化通常会降低可读性和可维护性，有时甚至会降低性能。优化器带来的代码更改可能会增加程序的大小，从而导致代码运行速度变慢。还有一个例子，消除函数调用可以获得运行速度的提升，但所需的内存交换又会降低运行速度。消除函数调用也会影响程序的可读性和可维护性。

9.2.1　编程风格和代码规范

几乎所有的软件开发组织都有特定的代码规范。这些规范通常会设计诸如命名、缩进和注释风格等问题，这些问题可能会在多个编程团队中引起争议。值得注意的是，如今有许多工具会自动缩进和格式化代码，因此这些问题不像以前那样有争议了。

最重要的事情是，大多数这些问题，尤其是那些处理更多语法的问题（如大小写和缩进规范）并不是特别重要，而且基本上只是一个是否熟悉某种特定风格的事情。但是，强烈建议保持风格一致的表示法，以避免在其他人后期调试和维护代码时产生困惑。在大型软件项目中，通常会有一些编程约定。这些约定看似没有什么价值，但是在构建和集成周期中可能会变得非常有用，例如，前缀为 a001 的所有部分需要一起编译，其中 a001 前缀表示某个组件。

类似的方案用于发出错误消息。例如，你希望向用户发送一条清晰明确的消息，可以在消息前面加上一些标识符，以便程序员能够识别发出信息的地方，用于调试。

编码规范中通常有一点是建议禁止某些对组织而言容易引起错误的语言特性和操作。例如，许多组织禁止使用指针或多重继承，当然，几乎所有组织都要求编译代码时不出现任何警告，并且不使用任何不推荐的语言特性。

保持良好编码风格最重要的是保持一致性，并尽量突出代码的意义。关于影响编码风格的问题有以下建议。

- 命名：这是指为类、方法、变量和其他编程实体选择名称。命名涉及的主要是语义问题，它也是提高可读性和可维护性的最重要的因素之一。一个能够传达模块意图的名称可以使代码被快速理解，而不合适的名称需要注释来进行说明，甚至会误导读者。我们（以及许多其他人）注意到命名和对代码的理解有很大的关系。在许多情况下，如果你不能为模块想到一个好名称，那么说明对模块的理解不够透彻。我们建议为全局实体选择长名称，为小段代码中的本地实体选择较短的名称。

  命名的另一个关键问题是一致性。对于相同的概念，始终使用相同的单词（或缩写），并避免在两个不同的概念上使用相同的单词，即使是在不同的上下文中。在为一个概念选择单词时，建议按照特定编程语言或平台的习惯，选择符合外部标准的单词。

  在应对多元文化和多语言团队时，命名可能会变得更为复杂。在这种情况下，提前决定以特定的语言进行命名是一个好主意。

- 分词和大小写：很多时候，一个名字将由多个单词组成。在人类语言中，我们使用空格来分开单词，但大多数编程语言不允许这样做。不同的编程语言已经使用不同的约定来将多个单词组合成一个标识符。强烈建议使用语言的标准约定，并确保在每种情况下都遵循这些惯例。

举个约定相关的例子，C 语言在标识符中全部使用小写字符，并用下划线来分隔单词，如 do_something，而 Java 不使用分隔符，而是将第二个单词的首字母大写，就像 doSomething。Java 还有一些规则说明何时用大写、何时用小写来作为名称的开头。有关这一问题的更多资源，请参阅本章末尾的"参考文献和建议阅读"部分。

- 缩进和间距：缩进是指在一些行之前添加空格以更好地反映代码的结构。间距是指代码中插入的空格和空行。初学者的一个常见错误就是不会恰当地缩进代码。下面的代码就是没有缩进示例，请试着理解一下：

```
public static int largest(int arr[]){
assert(arr.length>0);
int curLargest=arr[0];
for(int i=1; i<arr.length; ++i) {
if(arr[i]>curLargest)
curLargest=arr[i];
}
return curLargest;
}
```

再看一个没有正确缩进的代码示例：

```
public static int largest(int arr[]){
assert(arr.length>0);
int curLargest=arr[0];
    for(int i=1; i<arr.length; ++i){
    if(arr[i]>curLargest)
    curLargest=arr[i];
}
    return curLargest;
}
```

（你能发现其中的错误吗？）最后看一下正确缩进的版本：

```
public static int largest(int arr[]){
    assert(arr.length>0);
    int curLargest=arr[0];
    for(int i=1; i<arr.length; ++i) {
        if(arr[i]>curLargest)
            curLargest=arr[i];
    }
    return curLargest;
}
```

我们认为缩进是影响可读性和可维护性的重要因素。应当定义一种公用的缩进风格，所有程序员都应该遵循这种风格。这里最重要的问题是一致性，因为程序员都能快速习惯给定的缩进风格。很多时候，每种语言都存在既定的标准风格，这通常是语言参考中使用的标准风格。强烈建议使用这种标准风格，因为大多数程序员都熟悉这样的缩进风格。

- 函数/方法大小：许多研究表明，大型函数或方法比小型函数或方法更容易发生错误。（事实上，到达某一临界点后，非常小的方法平均有更多的错误；参见（Hatton，1997）以了解更多细节。自 20 世纪 60 年代以及结构化编程的时代以来，大小这一问

194

题就被像 Harlan Mills 和 Edsgar Dijkstra 等人广泛研究（参阅在 9.8 节提到的 Dijkstra 的两篇文章）。现实因素也会影响方法的大小；只有一定数量的代码行可以放在一个字符串或一个打印页面中，而对于可读性和可维护性而言，能够完整查看整个方法是重要的。我们建议只要可能，就将每个方法的代码行限制在 50 行左右，这样可以使其很好地置于一个屏幕或一个页面中。

- **文件命名问题**：要拥有一个标准来说明如何命名文件、每个模块需要生成哪些文件，以及如何定位文件。可以通过一个单独的文档指定哪些模块放在哪些文件中，但形成文件命名约定会使这些工作更加容易。

- **特定编程结构**：不同的编程语言支持不同的特性，虽然它们通常都有很好的理由来囊括某些特性，但是有许多特性可能会被误用，因此需要一定的预防措施。GOTO 关键字和多重继承被认为是危险的特性的例子。作为极端情况，C 语言提供了 setjmp 和 longjmp 函数，它们允许全局 GOTO；参见 Dijkstra（2003）在 1968 年写给 ACM 编辑的一封信的副本。

大多数这些结构是由于某种原因而被包含在语言中，并且具有它们各自的应用。建议默认情况下禁止这些危险的结构，程序员可以通过获得授权来使用这些结构，前提是他们可以证明这些结构的优点胜过带来的危险。

195

9.2.2　注释

注释是非常重要的，它可以显著地提高或降低可读性和可维护性。注释有两个主要问题：（1）注释可能会切割代码，使程序更难阅读；（2）注释可能是错误的。注释可能会随着代码的变化而过时，或者一开始就可能是错误的，因为它们不可执行从而无法被测试。

我们将注释分为六种不同的类型，其中前五项对应于 McConnell（2004）定义的那些。

1. **代码的重复**：这些类型的注释通常由新手写出，应该被避免。错误的编码指南会要求程序员为每个功能添加注释块、为每个参数单独添加一行注释，这导致重复注释的出现。在大多数情况下，这些注释只会令人浪费精力并分散读者的注意力。以下注释是一个极端的例子：

```
// increment i by one
++i;
```

2. **代码的解释**：有时，当代码很复杂时，程序员会通过人类语言来解释代码的作用。我们坚信，在几乎任何情况下，如果代码复杂到需要通过人类语言解释，那么这些代码应该被重写。

3. **代码中的标记**：将标记放在代码中以表示未完成的内容、可改进的地方或其他信息是一种很常见的做法。我们建议对这些标记使用一致的符号，并在代码投入生产之前消除所有标记。有时程序员将标记放在代码中以记录修改以及谁进行了修改。我们相信，使用版本管理软件可以更好地记录这些信息，并建议这样做。

4. **代码的总结**：总结代码所完成的任务而不是重复代码的注释对于理解代码是非常有帮助的，但是这种注释需要时刻保持更新。重要的是要确保这些注释是真正总结了代码，而不仅仅是重复代码或解释代码。在许多情况下，如果正在总结的代码可以被抽象为自己的函数，那么只要命名准确，可以不需要注释。

5. **代码意图的描述**：这些是最有用的注释类型；它们描述了代码用于做什么而不是它做了什么。这些是唯一优先于代码的注释。如果代码不符合其意图，那么代码就是错误的。

6. 外部引用：这些是将代码链接到外部实体（通常是书籍或其他程序）的注释。很多时候，这些可以被看作是一种意图陈述，如"在这个功能中实现 XYZ 算法，如其所述……"，但是我们认为需要特别注意这些注释。还可能存在代码的外部先决条件和核心条件，例如数据库表中初始化数据的存在。

应该认清注释蕴含的利弊。注释可以帮助理解代码并将代码与其他来源联系起来，但它们在一定程度上也是代码的重复。创建注释的时候需要投入精力，但最重要的是在对它们的维护。一个不符合实际代码的注释可能会导致很难被定位和纠正的错误。

注释带来的另一个危险是，它可用来证实糟糕的编程实践。很多时候，程序员会编写过于复杂或不易维护的代码，并添加注释，而不是将其重构为符合好的标准。事实上，许多专家建议完全避免注释，并产生所谓的"自带文档的代码"也就是说，编写的代码很好以至于不需要任何文档。我们认为这是程序员应该努力的方向，但注释有其特殊的地位，特别是在描述程序员意图方面。

强烈鼓励程序员遵从良好的命名和编程规范，主要把注释用于外部参考和意图陈述。如果代码不能被抽象，并且仍然很复杂，那么就需要总结性的注释。代码说明和标记只能被临时使用，同时应始终避免重复代码。

注释的一个问题是，大多数编程书籍和教程，因为它们面向初学者（或至少是不了解特定技术或库的人），往往会提供很多的注释，这通常会导致重复代码或解释代码。许多程序员会模仿这种风格，或者走向另一个极端，完全避免注释。McConnell（2004）以及 Kernighan 和 Pike（1999）提供了良好注释风格的例子。

9.3 实现的实践

本节探讨完成有效和成功的系统实现实践。我们将从代码调试和四个调试阶段开始讨论所需程序的创建。接下来会探索在计划、构建、实施、跟踪、审查和更新代码等实现活动过程中，使用断言来进行防御性编程。这些活动使系统得以实现。本节中选择的实现的实践涵盖了这一重要阶段的重大挑战，并解决了对支持实现的流程的必要理解。

9.3.1 调试

调试是在代码中定位和修复错误的行为。这些错误通常是在测试中发现的，但也可以通过其他方式来查找错误，在代码检查和程序正常使用过程中都可以发现错误。我们可以在调试过程中识别出四个阶段（除了发现错误，我们不把它当作调试的一部分）。这些阶段将在几乎每一种调试情况下都会发生。请记住，调试是一个高度迭代的过程，在此过程中你将创建关于导致错误原因的假设、编写测试用例以证明或反驳假设，并更改代码以尝试解决问题。如果这个假设是错误的，你将需要回溯、提出并证明一个新的假设。调试过程中的四个阶段总结如下。

1. 错误稳定（有时也叫重现）：这个阶段的目的就是在特定配置下（大多数情况是开发者的机器）再现错误，并且通过构建最小的测试用例来找出导致错误的条件。在这个阶段我们完全不需要查看代码。我们只需要确定输入条件，结合程序的状态再现错误。

稳定阶段的输出是产生错误的一系列测试用例，也有可能是一些可以正确执行的用例。错误稳定阶段还涉及最小化导致误差的条件。在写出重现错误的测试用例后，尝试编写一个也会失败的更简单的测试用例。虽然在许多情况下，稳定错误是一项微不足道的任务，但有时候这是非常困难的。许多错误似乎随机发生，并且两次使用相同的输入测试程序有时会产生不同的结果，具体取决于程序的状态。未初始化的变量、悬挂指针和多个线程的交互往往会产生看起来随机的错误。

2. 错误定位：错误定位过程需要找到导致错误的代码部分。这通常是最难的部分，但如果稳定阶段产生了非常简单的测试用例，则可能会使问题变得简单。

3. 错误修正：修正过程需要更改代码来修正错误。如果你了解错误的原因，很有可能可以解决问题。一个常见的错误是尝试纠正问题，却没有真正将其稳定下来或是定位在源代码中，从而导致在没有修正代码的情况下随机更改，这很有可能会引入新的错误。

4. 验证：验证过程包括确保错误已被修复，并且代码中的更改不会引入其他错误。很多时候，修改代码可能没有修复错误，甚至可能引入新的错误。

程序中的错误可以大致分为语法错误和逻辑错误。编译代码时的语法错误往往很容易找到，因为编译器会检测到它们，并且可以提供有关信息。尽管编译器错误消息通常不是清晰的示例，但程序员很快就能学会使用它来查找和解决问题。

虽然调试是一项非常复杂的任务，但有几条经验法则可以告诉你如何找到错误。需要认识到的是，许多例程之所以会有大量的错误，要么是因为其复杂性和不良设计，要么是创建者自身问题引发的。从设计或代码检查中可以获得一些错误迹象。具有多个错误的例程往往会有更多潜在的错误。新创建的代码往往具有更多的错误，因为它不像旧代码一样被执行（并经过测试）。你还需要用自己的探索法，来了解程序、语言特性或是特定程序的哪部分容易出错以及容易用以哪种方式出错。

以下工具可以帮助调试：
- 源代码比较器可以帮助你快速找到对代码的更改。
- 扩展检查器可以发现语法、逻辑或代码风格的问题。它们可以突出显示错误的代码，并且在执行程序前检测到错误。这种工具的典型例子是用于检查 C 程序的 lint。

- 交互式调试器可以让你越过代码中的某些点检查变量，并在特定的地方添加断点来中断程序。交互调试器非常有用，但它们通常被错误使用，特别是对于初学者，他们往往试图通过使用交互调试器来理解代码。
- 一些专门构建的库，重新实现了标准库，但具有额外的保护措施，以检测和防止错误。
- 描述前置条件和后置条件（在 10.6 节中讨论过）的分析工具，以及主要用于其他目的但可以帮助测试的覆盖工具。

9.3.2 断言和防御性编程

一项非常有用的技术是断言的使用，这与前置条件和后置条件这些更为形式化的概念相关。前置条件是模块产生正确结果的必需条件。后置条件是程序在满足前置条件时执行代码之后应该成立的条件。通过使用断言，也就是当检查条件时发现不满足就产生错误的语句，来显式表明前置条件是一个很好的做法。大多数现代编程语言都有断言的特定的说明机制。通过使断言显式化并可执行，你可以捕获许多错误。前置条件和后置条件也可以和形式化方法一起使用，来证明代码实际上是正确执行的。

9.3.3 性能优化

性能对于几乎任何程序都是很重要的方面，但我们必须了解其中存在着权衡。通常（但不总是）优化性能会影响可维护性和可读性。请记住，正确性显然比性能更重要，可维护性也是如此，因为它有助于将来的正确性。这个规则的唯一可能的例外是实时系统，对这些系统在一定时间内执行动作也属于正确性的一部分。

程序员最常犯的错误之一就是过早地担心性能问题。程序员的首要目标是保证程序正确并易于维护。程序编写完成后，如果性能不能令人满意，那时再考虑性能。在许多情况下，性能不会是一个问题，可以节省大量的精力。另一个常见的错误是为了性能去优化所有的代码，而不是首先进行度量。大部分程序片段只执行几次，不会显著影响性能。只有少数程序片段会影响到性能，需要对它们进行优化。

分析器是一种运行程序并计算每个部分花费时间的工具，它能帮助你找到性能瓶颈并定位需要优化的模块。有了这些信息，你可以检查和优化仅对性能有显著影响的模块。做出更改后，再次进行度量和分析，以确保更改确实提高了性能。

在一些情况下，性能不佳是设计不良或代码不佳的表现，使代码更为简洁和清晰也可以提高性能。在大多数情况下，应该可以进行代码模块化，这样性能优化反隐藏在指定的地方，而大部分代码都是清晰的。一个好的优化编译器也会关注许多性能优化，而不需要程序员牺牲任何代码的清晰度。

与大多数其他活动一样，在进行性能优化之前，应该进行成本效益分析。由于程序员的时间比机器时间宝贵得多，所以保持程序原样并购买更强大的硬件可能更便宜。除程序员的成本之外，还需要权衡可维护性的降低和引入错误的可能性。

这种关于性能优化的警告不应被解释为推荐产生臃肿的代码。良好的编程实践和明智的设计选择有助于生成正确、可维护和高效的代码。最佳做法之一是尽可能多地重用现有的高质量代码。大多数可以显著提高应用程序性能的标准数据结构和算法已经实现，并且在许多情况下可用作语言编译器附带的标准库的一部分。应该了解库和其他可用的高质量代码并使用这些代码，而不是重新实现新的代码。

9.3.4　重构

即使使用最佳实践和明显的努力来生产高质量的软件，很有可能你还是会持续产出有待提高的程序。随着时间的推移，你将学到更多关于编程、软件工程实践以及你正在研究的特定问题的知识。

编程在许多方面与自然语言的写作相似；毕竟，程序是将一个过程传达给计算机，同时，更重要的是，传达给其他程序员。书面文件可以在写完后被改进和润色，也可以用同样的方式改进程序。一个重要的区别是，在编程中，我们通常不想改变程序或模块的接口或可观察的行为，因为这将会影响其他模块。

Martin Fowler（1999）推广了重构这个术语，它指的是改进你的代码风格，而不改变它的行为。他也使用这个术语来描述为改善代码结构而做出的每个改动。Fowler 定义了一个表明你的代码需要重构的症状目录，他称之为“劣迹”（bad smell），并提供了一个有用的重构目录。

重构的概念也是第 5 章中描述的 Beck 极限编程方法的一部分。重构是生成优良代码最强大的技术之一。当然，你应当使用良好的编程实践，并尝试第一次就生成高质量的代码。但是，随着时间的推移，你也应该尝试重构代码并提高代码质量。

Fowler 提供的“劣迹”目录包括以下内容：

- 重复的代码（显然是浪费）。
- 过长的方法（过大或过长的方法也许应该被细分为内聚度更高的方法）。
- 过大的类（和过长的方法属于一类问题）。
- switch 语句（在面向对象的代码中，switch 语句在大多数情况下可以用多态代替，这样可以使代码更清晰）。
- 特征忌妒，即方法倾向于使用与其所属类别不同的类中的对象。
- 不适当的亲密关系，其中一个类引用其他类太多的私有部分。

任何这些症状，以及 Fowler 引用的和你将要开发的其他症状，都表明你的代码可以被改善。可以使用**重构**来处理这些问题。

> **重构** 为了使软件更易于理解和方便修改，但又不改变其可观察行为，而对软件内部结构的改变。

根据 Fowler（1999）的说法，重构是"为了使软件更易于理解和方便修改，在不改变其可观察行为的情况下，对软件内部结构的更改"。以下是 Fowler 讨论的重构的一部分。

- 提取方法：一个将代码片段转换成拥有合适名称的方法并调用该方法的过程。
- 替代算法：一个使用更加清晰的新算法替代方法体并返回相同结果的过程。
- 移动方法：一个将算法从一个类移动到另一个更合理的类的过程。
- 提取类：一个过程执行了两个过程的工作，因此需要分为两个单独的过程。

9.3.5 代码重用

自编程初期以来，我们已经认识到代码重用的价值。代码重用节省了时间和资源。通过重用技术来提高生产率和质量的这一概念是通过早期的过程性高级语言中的科学计算库和符号操纵"子程序"以及汇编语言代码中的"宏"来促进的。如今，对象继承在设计中与设计模式一起被广泛使用。程序员正受益于商业可用的开发平台提供的代码库。更复杂的组织正在开发从设计模式到代码模板等可重复使用的组件。

代码重用和代码库的目的与设计模式和模板的目的相同，但在以下方面与之不同。

1. 编程语言库中的代码被预先打包好，以便作为特定的解决方案直接重用，而无须修改。

2. 设计模式是一种仍然需要针对每种特定情况进行定制的解决方案的模板。

因为代码重用是非常具体的，因此从代码库中查找和检索确切的代码以满足需求并不简单。缺乏有效的代码搜索和检索系统可能是进行代码重用的关键障碍。代码搜索机制已经从简单的"grep"类型的工具改进到更复杂的代码检索系统（参见本章"参考文献和建议阅读"部分中 Sadowski、Stoles 和 Elbaum（2015）的著作，了解在 Google 有关软件开发中的代码搜索活动的更多信息）。然而，有经验的程序员一直保留自己过去的代码副本，以便之后进行修改和重用。在某种意义上来说，这些有经验的程序员一直在使用重用的概念，并保留了一个非常类似于设计模式的可重用代码模式的个人库。

9.4 云开发

大多数现代应用程序需要服务器组件来实现数据共享。Web 应用程序（通过浏览器运行的程序；实际上，大多数用户将其看作网站）主要都是服务器组件，而本地移动应用程序（在智能手机上运行的应用程序）需要后端服务器进行通信和共享数据存储。不久之前，我们还需要物理服务器来支持开发应用程序。我们需要要处理以下问题：我们需要什么样的服务器？服务器将如何放置？是把它们放在办公室还是进行托管或租借？如何访问服务器？

如今，大多数公司宁愿在云端进行开发，虽然在某些情况下仍然需要管理一些物理服务器。当我们谈论"云"时，它并不是什么神奇的东西；它也有一个数据中心和在某个地方的物理服务器。不同之处在于，我们不管理这些物理服务器，由其他人管理，而且由于专业化和经济规模，这些人能做得更有效率。

作为软件工程师，我们可以通过以下方式来利用云：

- **基础设施即服务**：我们获得虚拟服务器，并对它们拥有完全的控制和责任。这就像我们在某个地方得到了一个 Windows 或 Linux 的盒子，然后需要管理它。我们远程访问这个服务器，不在乎它是物理的还是虚拟的。云提供商提供机器和网络访问，我们无须关注硬件问题。许多时候，这些虚拟机组成了其他层的基础。

- **平台即服务**：云服务提供了一个托管应用程序的完整平台。我们不需要管理服务器或安装应用服务器；我们只需提供代码，提供商会在其平台上运行它（并且很多时候提供其他服务，如数据库）。

> **基础设施即服务**　云提供商主要提供硬件和网络资源的服务。
>
> **平台即服务**　云服务提供了一个用于托管程序的完整平台。
>
> **云应用服务**　在云中提供对应用程序有用的服务（如数据库或电子邮件）。

- **云应用服务**：大多数应用需要连接数据库，许多应用还需要其他服务，如文件存储和电子邮件或通知发送等。我们通常可以在云服务中获得这些打包的服务。由于许多公司专业从事一个或几个服务，与自己运营这些服务相比，他们可以提供更高的可靠性和可扩展性。

- **面向开发者的云服务**：开发人员也需要许多服务，从代码存储库、代码审查软件到项目管理和通信。大多数这些服务都可以从云中获得，以便最大限度地减少投资和管理工作。

9.4.1　基础设施即服务

计算机是非常快的，许多服务器大部分时间都是闲置的。我们现在拥有将这些计算机虚拟化的技术，并能在一台物理计算机上运行多台虚拟机。为了许多实用的目的，每个虚拟实例与其他虚拟实例是隔离的，就像在一个的实际物理机上运行一样。虽然这不是一项新技术，但它当时只存在于大型计算机和其他昂贵的计算机上。自 20 世纪 90 年代后期以来，这种技术开始在个人计算机中使用（随着这些计算机变得更快，功能也在不断扩展）。

202

几年前，创建服务器是昂贵且耗时的，包括购买物理计算机或从租借机构租用服务器。请求一个服务器通常需要几天甚至几个月的时间。最便宜的服务器每月花费约 100 美元，而且必须租用一整个月。现在我们可以在几秒钟内启动一台新的服务器，每小时只需支付美分。我们可以通过代码来启动和停止服务器，且能够根据需要扩展我们的服务。大多数提供商还提供简单的机制根据负载或特定的时间表来自动扩展服务。

扩展也可以是垂直的（获得一个更大的机器），但水平扩展（使用许多机器）对服务来说更为有用。例如，在网站中，每个请求都是独立提供的。如果我们需要，可以有很多不同的 Web

服务器为同一个站点提供请求。如果创建服务器很容易，则可以在负载很高时创建更多的服务器，并在负载低的时候停止它们，使我们能够应对需求高峰。

亚马逊（也称为 AWS，即亚马逊网络服务，为了与其在线商城相区别）创建了这一类别并将其普及。AWS 意识到它的服务器大部分时间都处于空闲状态，所以它具有空闲的容量，同时它已经在管理数千台服务器。其他领先提供商有微软的 Azure、Google Compute 和 DigitalOcean，以及传统的服务器托管提供商，如 Rackspace。

9.4.2 平台即服务

尽管在云端拥有虚拟机很有用，但你仍然需要管理所有这些服务器。许多应用需要多台服务器，例如，对于 Web 应用程序，可能需要一个或多个应用程序服务器、一台静态文件的 Web 服务器、一个数据库服务器以及其他可能的服务器用于存储文件或发送电子邮件。一个公司可能有几个类似的应用程序，并且可能希望在服务器上有一些冗余，因此即使是简单的应用程序，服务器的数量也可以达到十几个。

许多提供商为你提供整个平台，包括一个运行 Web 应用程序的应用程序服务器、一个数据库服务器、静态文件托管，以及其他服务对访问，如电子邮件等。Heroku 是该领域的先驱，它支持用不同语言编写的程序，并适用于不同的平台。Azure 对 .NET 应用程序有很好的支持（尽管它也支持其他类型的应用程序）。Google 创建了自己的平台 Google App Engine，还有其他提供商，如 Red Hat 和 IBM，它们提供了几种其他的云平台。

9.4.3 云应用服务

我们可能不想完全依靠一个平台或提供商，或者平台可能不完全满足你的需求。许多云提供商允许用户访问各个服务，这使得开发者在应用程序中有更大的灵活性。同时，考虑到公司的经验和规模，这些服务往往具有非常高的可扩展性和可靠性。

[203]

我们需要一本书的容量才能列出所有的服务，下面只介绍其中一些最有用的。

- *存储*：存储文件并允许通过互联网进行带身份验证的访问；这是第一批提供的服务，亚马逊的 S3 是最受欢迎的服务之一。亚马逊和其他提供商还提供存储冗余，以及允许文件从任何地方快速获得的内容传送网络。
- *SQL 数据库*：传统数据库是基于 SQL 的。大多数云提供商将为你运行和管理 SQL 服务器，并通过互联网提供访问。不幸的是，他们通常需要你了解不同的 SQL 服务器，并且不是按分钟收费的。
- *NoSQL 数据库*：键值存储，它是一种非关系型数据库，可以水平扩展，将对应不同键的值分配给不同的服务器。这使得它们非常适合云提供商；许多领先的提供商提供了不同的选项，它们具有不同的定价和性能特征。AWS 提供了 DynamoDB，Azure 和 Google 也有类似的产品。
- *电子邮件发送*：许多应用程序最终需要发送电子邮件，用于监视和报警或与客户进行通信。虽然电子邮件发送似乎很简单，但很多情况下可能会出错，而提供可靠和可扩展的服务并不容易。有几个提供商提供这种服务，包括 Mailgun 和 AWS。
- *移动通知*：许多在智能手机上运行的应用程序需要向手机发送可靠通知功能的，但是它们可能未开启或不在网络中，因此这些通知需要存储在服务器上一段时间。许多云提供商（如手机平台的所有者，如苹果公司）都提供这种服务。

9.4.4　面向开发者的云服务

除托管其应用程序的服务器之外，开发人员还需要许多其他服务，其中大多数都可以在云端使用（尽管并非所有这些都是开发人员所独有的）。其中一些服务包括：

- 代码仓库：我们需要存储我们的代码和其他制品，我们也需要方法去跟踪不同版本，以及谁写了哪段代码的历史记录。自 20 世纪 70 年代以来，我们已经有了版本控制系统，它们通常涉及服务器，所以在云服务中有这样的一个服务并不奇怪。虽然有许多不同的系统，但现在最受欢迎的是 git，它有几个免费的云服务提供商，包括 GitHub、Bitbucket 和 Visual Studio online。
- 项目管理：尽管管理软件项目有许多不同的方法（如其他部分所述），但大多数情况下，我们将需要一些项目管理软件。可以在云中使用许多这样的软件，如 Trello 和 JIRA。
- 电子邮件：开发者仍然需要互相沟通，电子邮件是最常用的沟通方式之一。有许多基于网络的电子邮件系统，包括 Gmail 和 Outlook。
- 聊天：除电子邮件之外，许多团队还使用某种聊天应用程序。除诸如互联网中继聊天（IRC）之类的旧软件之外，许多用于开发人员的云聊天系统都是可用的，系统提供了额外的功能，如搜索、历史记录以及插入文档和代码工件链接。供开发者使用的聊天系统的主要提供商是 Slack 和 HipChat。

204

9.4.5　云的优缺点

在云中开发有许多优点，但也有一些缺点。最大的优点是提高了灵活性和可扩展性；我们可以在几分钟或几个小时内创建服务器，而开发云服务的公司通常可以使其扩展到几乎任何规模。

我们不需要付出像管理自己的服务器一样的努力去管理云服务，但是我们仍然需要管理这些服务，如果我们失去对服务器的控制，可能会引发一些问题。

由于不控制云服务器，我们可能会面临信任或法律方面问题。服务器可能位于不同的国家，因此会受到不同法律的约束，这可能是一个问题。我们可能会有隐私、安全或法律方面的要求，这使得使用其他公司的服务器变得困难。

云服务的费用是多还是少取决于我们所要做的事情的细节。通常，云服务所需的初始资本投入很少，但运营成本可能高于拥有这些服务器的成本。即使基础运营成本可能较高，总体的成本仍可能不算高，因为管理成本变得更低了。很难对成本情况作概括性的陈述。

虽然我们可能会看到更多的服务被移动到云端，可能的情况是许多公司最终都使用混合应用程序，即一些服务器归公司，一些在云端，一些应用程序是直接管理的，一些在平台上作为服务，再用一些云提供的服务。正如我们有关于购买与构建的标准决策一样，在考虑创建新软件时，我们需要了解当前的云提供哪些，同时考虑哪些部分应该放在云端。

9.5　总结

在本章中，我们回顾了良好实现的以下特性：

- 可读性
- 可维护性

- 性能
- 可追踪性
- 准确性
- 完整性

然后，我们讨论了编写指南、命名规范、注释和其他有助于良好实现特性的内容，还介绍了作为应包含在实现内的附加活动的调试、性能考虑和重构。最后，我们描述了使用云开发的一些问题。

9.6　复习题

1. 列出并用自己的语言解释良好的软件实现的三个特性。
2. 简要讨论在程序中命名变量与过程相关的问题。
3. 列出调试过程的四个阶段。
4. 真或假：总是应该为了性能优化代码。为什么？
5. 列出表明你的代码可能需要被重构的三个"劣迹"。
6. 列出本章提到的三种重构并简要说明它们。
7. 设计模式和代码库中的代码有什么主要区别？
8. 列出我们能利用云的四种概括性方式。
9. 简要说明在云环境下基础设施即服务的含义。
10. 简要说明在云环境下平台即服务的含义。
11. 列出至少两种通过云提供的应用服务。
12. 列出至少两种云中可用的非应用服务。

9.7　练习题

1. 阅读一个你很久以前（越老越好）写的程序和一个最近写的程序。你能理解原来的程序吗？你注意到自己编程风格有什么变化吗？
2. 考虑你最喜欢的编程语言（或者是你的教授指定的）。哪个是最危险的特性？如果你正在编写编程团队的编码指南，是否会完全禁用该特性？为什么？
3. 找到你编写的一个程序（或者是你的教授指定的），然后分析它的风格。它是否已正确缩进？名字是否选择良好？它可以从重构中受益吗？与同学或其他程序员讨论这些问题。

9.8　参考文献和建议阅读

M. Bohl and M. Rynn, *Tools for Structured Design: An Introduction to Programming Logic*, 7th ed. (Upper Saddle River, NJ: Prentice Hall, 2008).

E. W. Dijkstra, "GOTO Statement Considered Harmful," letter to the editor, *Communications of ACM* (March 1968): 147–148.

——, "Structured Programming," transcribed by Ham Richards, http://www.cs.utexas.edu/users/EWD/transcritions/EWD02xx/EWD268.html, last revised July 2003.

M. Fowler, *Refactoring: Improving the Design of Existing Code* (Reading, MA: Addison-Wesley, 1999).

R. Green, "How to Write Unmaintainable Code," https://github.com/Droogans/unmaintainable-code, accessed September 2016.

Les Hatton, "Reexamining the Fault Density-Component Size Connection," *IEEE Software* 14, no. 2 (March 1997): 89–97.

"Hungarian Notation—The Good, the Bad and the Ugly," www.ootips.org/hungarian -notation.html, May 2005.

A. Hunt and D. Thomas, *The Pragmatic Programmer: from Journeyman to Master* (Reading, MA: Addison-Wesley, 1999).

B. W. Kernighan and R. Pike, *The Practice of Programming* (Reading, MA: Addison-Wesley, 1999).

S. McConnell, *Code Complete*, 2nd ed. (Redmond, WA: Microsoft Press, 2004).

C. Sadowski, K. T. Stoles, and S. Elbaum, "How Developers Search for Code: A Case Study," *Proceedings of the 10th Joint Meeting of European Software Engineering Conference and ACM/SIGSOFT Symposium on the Foundations of Software Engineering, Italy*, August 2015.

C. Simonyi, "Meta-Programming: A Software Production Method," PhD diss., XEROX PARC report CSL-76-7, 1976.

R. Stallman et al., "GNU Coding Standards," http://www.gnu.org/prep/standards/standards .html, accessed August 8, 2016.

Sun Microsystems, "Code Conventions for the Java Programming Language," http://www .oracle.com/technetwork/java/javase/documentation/codeconventions-139411.html, accessed August 2016.

207
~
208

测试和质量保证

目标

- 理解软件验证与确认的基本技术以及何时应用它们。
- 分析软件测试的基础知识以及各种软件测试技术。
- 讨论软件检查的基本知识以及如何执行。

10.1 测试和质量保证简介

软件开发的主要目标之一是生产高质量的软件，而质量通常被定义为满足规约并适合于使用。为了实现这一目标，就需要测试，即使用一组技术来检测和纠正软件产品中的错误。

请注意，获得高产品质量的最佳途径是将质量放在首位。如果团队遵循适合公司的明确过程和计划，所有团队成员都对自己的工作感到自豪并使用适当的技术，那么最终的产品很可能是高质量的。如果过程方法不合适或团队成员工作粗心，那么这个产品很可能质量很差。不幸的是，过程、人员、工具、方法和条件都得到满足的理想情况并不常见。因此，对制品的测试成为一个持续的过程，在开发过程中和开发结束时都需要进行测试。

质量保证是指用于衡量和提高产品质量的所有活动，包括整个开发过程、培训和团队准备。质量控制通常是指这样一类活动，该类活动旨在验证产品质量、检测故障或缺陷，并确保在发布前修复缺陷。

每个软件程序都有静态结构（源代码的结构）和动态行为。中间软件产品（如需求、分析和设计文档）则只有静态结构。有以下几种检测软件程序和中间文档中错误的技术：

- 测试。在这个过程中，设计测试用例并在受控环境中执行程序，然后验证输出是否正确。测试通常是质量控制中最重要的活动之一。10.2 节介绍了关于测试的更多信息。
- 检查和审查。这个技术可以应用于程序或中间软件制品。除产品的原始创建者之外，检查和审查还需要其他人的参与。该过程通常是劳动密集型的，但它确实是发现错误的有效方式。在将其应用于需求规约书时，会发现该技术是最符合成本效益的。10.5 节提供了关于该技术的更多细节。
- 形式化方法。这项技术是用数学技巧来"证明"程序是正确的。该技术很少用于商业软件。10.6 节介绍了关于该技术的更多信息。
- 静态分析。这是一个分析程序或中间软件产品静态结构的过程。这种分析通常是自动化的，可以检测错误或容易出错的情况。10.7 节介绍了有关静态分析的更多信息。

所有质量控制活动都需要对质量进行定义。那么到底什么是一个好的程序、好的设计文档或好的用户界面呢？任何产品的质量都可以通过以下两种略微不同的方式定义：

- 符合规约。
- 为其目的服务。

请注意，尽管它们定义了相似的概念，但这两个定义是不等价的。产品可能完全符合其规约，但没有任何用处。在不那么极端的情况下，程序可能符合其规约，但由于环境的改变 [210] 而不能像原计划那样有用。当然规约也有可能没有考虑到所有方面。

软件质量领域的一些先驱者也定义过质量这个概念。Juran 和 De Feo（2010）将质量定义为适用性。Crosby（1979）将质量定义为与需求的一致性，并提出了错误预防和零缺陷的概念。

与这两个质量概念相对应，我们有以下两项活动：

- 验证（Verification），即检查软件产品是否符合其需求和规约。对软件产品需求的跟踪贯穿开发阶段，软件从一个阶段到另一个阶段的转换是"经过验证的"。
- 确认（Validation），即检查最终完成的软件产品是否符合用户的需求和规约。通常该过程在项目刚开始就可以通过最终用户或客户确认屏幕原型来执行，以作为对系统的最初确认。当有了一个完整的软件系统时，再进行最终确认和验收。

这里展示的关于缺陷、失效和错误的定义从问题的根源来描述用户所发现问题之间的不同。我们通常认为**缺陷**是系统**失效**的原因，但并不总是能将某一特定缺陷确定为失效的原因。很多时候，存在的缺陷可能会被检测到或以失效的形式被观察到。在测试期间，观察到的失效显示了故障的存在。

> **失效（Failure/Problem）**：系统不能按其规格说明执行某项功能。这是由系统中的缺陷导致的。
>
> **缺陷（Fault/Defect）**：可能导致系统失效的情况。这是由软件工程师所犯的错误引起的。缺陷也被称为 Bug。
>
> **错误（Error）**：软件工程师或程序员所犯的过失。

请注意，这种区别对于所有软件文档而言都是很重要的，而不仅是运行程序。例如，一个难以理解的需求是一个**缺陷**。只有当它引起对需求的误解，从而导致设计文档和代码中的**错误**，并通过软件失效的方式表现出来时，才会成为一个失效。人为错误会产生缺陷，而缺陷可能会导致失效。并不是所有的缺陷都会变成失效，尤其是那些因为特定代码逻辑从未被执行到而保持休眠状态的缺陷。

在决定程序的行为方式时，需要了解所有显式和隐式的需求及规约。显式的需求要在需求文件中明确，而软件团队认为显式的规约才是权威。请注意，并非所有项目都有规约，但它们是通用的，可以通过引用包含进来。例如，可能会有需求"遵守平台的人机界面指南"，这个需求使得这些指南成为一个显式的规约。

在许多情况下，也存在隐式的规约。这些规约不是权威性的，但它们是很好的参考资料，并应尽可能地遵守它们。在检查或审查软件产品或规划测试用例时，即使只是作为指导原则，这些隐式规约也需要被明确。

还必须区分缺陷的严重程度（对用户或组织可能产生的影响或后果）以及优先级（在开发组织眼中的重要性级别）。软件故障可能具有高严重性和低优先级，反之亦然。例如，在 [211] 罕见的条件下导致程序崩溃的 Bug 通常比大多数情况下出现的不那么严重的 Bug 优先级低。当然，在大多数情况下，高严重性的 Bug 也被赋予了高优先级。

10.2　测试

在《软件工程知识体系指南（2004）》中，测试被定义如下：

测试是通过识别缺陷和问题来评估产品质量并进行改进的一项活动。

软件测试是指基于一组有限的测试用例（通常是从无限的执行域中进行适当选择），动态地验证程序的行为，并与预期行为进行对比。

所有测试都需要定义测试准则，这些测试准则用于确定什么是一组合适的测试用例集。一旦选定的测试用例集被执行完，测试就可以停止了。因此，测试准则也可以被看作是确定何时可以停止测试的一种手段。当所有选定的测试用例运行结束，而没有观察到软件产品失效时，就可以停止测试。关于测试停止标准的更多信息，请参见 10.4 节。

测试是一项复杂的活动，涉及许多活动，因此必须对其进行规划。必须确定测试目标或具体项目的质量目标，必须制定用于实现目标的测试方法和技术，必须分配资源，必须引入工具，并且必须商定进度计划。必须制定一个阐明所有这些细节的测试计划。对于大型复杂软件来说，建立测试计划本身就是一项非常重要的工作。

测试的目的

测试通常有两个主要目的：

- 找到软件中的缺陷，以便修正或减少缺陷。
- 提供质量的总体评估，为产品在大多数情况下正常运行提供一些保证，并对可能存在的缺陷进行估计。

Myers、Badgett 和 Sanders 确立了他们的立场，他们是第一个观点的强力支持者（Myers et al.，2011）。也就是说，测试的主要目的是在软件产品发布给用户之前发现缺陷，并且发现得越多越好。这种看法有点消极，经常让测试人员感到不适。与它形成对比的是测试的另一个更为积极的观点，即软件产品能正常工作。测试人员在自己经历了长期的文化变革之后，才意识到报告缺陷是好的。测试人员对软件质量的贡献是发现这些缺陷，并在产品发布之前对这些缺陷进行修正。

除非常简单的程序之外，测试不能证明一个产品能正常工作，意识到这一点非常重要。测试只能发现缺陷，并表明该产品在测试用例上运行良好，而不能对其他未被测试的用例作任何保证。如果测试正确完成，则可以提供一些保证，即该软件在与测试用例类似的情况下可正常工作，但通常无法证明该软件适用于所有情况。

212

在大多数情况下，测试人员的主要目的是发现缺陷。然而，测试人员需要牢记，他们也是在提供质量评估，并为产品的成功和质量做出贡献。测试结果由测试人员进行分析，以确定是否达到了指定的质量和测试目标。在完成分析后，根据分析的结果，可能会推荐进行更多的测试。

10.3 测试技术

我们有各种各样的测试技术，适用于不同的情况。事实上，有这么多的技术，它们以多种方式呈现，以至于任何对这些技术进行分类的尝试都是不全面的。

下面将疏理对测试活动的思考。它们可用于对不同的测试概念、测试用例设计技术、测试执行技术和测试组织进行分类。

- 由谁来进行测试？基本上，我们有三种选择。
  - 程序员：程序员通常在编写代码时创建测试用例并运行它们，以确保程序正常。这种与测试相关的程序员活动通常被认为是单元测试。
  - 测试员：测试员是一名技术人员，他对于特定被测试项的作用在于编写测试用例并确保其执行。虽然程序设计知识对测试员非常有用，但测试是一项有不同知识需求的活动。不是所有优秀的程序员都能成为优秀的测试员。一些专业测试人员也对测试结果进行统计分析，并评估产品的质量水平。他们经常被要求协助制定产品发布决策。

- **用户**：让用户参与测试是一个好主意，这样可以检测可用性问题，并将软件暴露在真实场景下范围广泛的输入中。用户有时参与软件产品验收决策。组织通常会要求一些用户使用新的软件执行正常的非关键性活动。一般来说，如果用户属于开发组织，我们称这种测试为 Alpha 测试，如果用户不在组织中，我们称这种测试为 Beta 测试。许多组织公开表示，他们将使用自己产品的初步版本作为其常规操作的一部分。这通常有一个有趣的名字，即"吃自己的狗粮"。

● 测试什么？主要有三个层次。

- **单元测试**：用于测试单个功能单元，如单个过程或方法，或者单个类。
- **功能测试**：用于确定多个独立单元组合在一起时能否像一个功能单元一样正常工作。
- **集成和系统测试**：用于到测试完整系统的集成功能。当处理非常大的软件系统时，可以将功能集成到组件中。然后将许多组件组合在一起形成系统。在这种情况下，还有一个测试级别，称为组件测试。请注意，虽然这些测试的区别在实践中是重要而有用的，但我们并不总是能够制定一个精确的规则来区分这些测试级别。例如，当测试一个依赖于许多其他模块的单元时，我们就混合使用了单元测试和集成测试。当我们开发组件供其他人使用时，整个系统就对应于一个单元。 `213`

● 为什么要测试？我们试图检测哪些特定类型的缺陷，试图避免哪些风险？有以下几种针对不同目的的测试类型。

- **验收测试**：这是客户正式接受软件产品并在付款之前进行的明确、正式的测试。验收测试标准通常是在之前需求分析时制定的。客户接受的标准可以包括一些特定的测试用例和必须通过的测试用例数量。这也被称为验证测试。
- **一致性测试**：这是指根据一套标准或策略对软件产品进行测试。测试用例通常根据产品必须符合的标准和策略来生成。
- **配置测试**：有些软件产品可能允许多种不同的配置。例如，软件产品可以在多个数据库或不同的网络上运行。数据库和网络的每一种不同组合（或配置）都必须经过测试。第 11 章将进一步讨论与配置管理有关的复杂性和问题。
- **性能测试**：这涉及验证程序是否满足其性能规约，例如每秒事务数或并发用户数。
- **压力测试**：该测试可以确保程序在诸如高负荷或低可用性资源等压力条件下性能下降平稳、运行正确。压力测试将对软件超出其性能规约进行测试，以查看系统失败的临界点在哪里。
- **用户界面测试**：这个测试仅关注用户界面。

● 我们如何生成及选择测试用例？可以根据以下方式选择测试用例。

- **直觉**：使用这种方式时，我们不提供任何关于如何生成案例的指导，仅仅依靠直觉。大多数时候，Alpha 和 Beta 测试完全依赖于用户的直觉。有些直觉是建立在过去经验之上的，因为这些经验给人留下了不可磨灭的印象。经验丰富的用户和长期从事产品支持的人员通常需要从直觉中生成测试用例。

■ 规约：完全基于规约而不看代码的测试通常称为**黑盒测试**。最常见的基于规约的技术是等价类划分。在等价类划分技术中，软件系统的输入被分为几个等价类，在同一个等价类中软件表现得类似，我们为每个类生成一个测试用例。而边界值分析技术是等价类划分的扩展，它在等价类的边界生成测试用例。下面的章节中将进一步讨论这两种技术。

> **黑盒测试**　一种测试方法，其中测试用例主要来自需求描述，而不考虑实际的代码。

■ 代码：基于实际代码的测试技术通常称为**白盒测试**。该技术的基础是定义代码的覆盖率度量，然后设计测试用例来实现覆盖。路径分析是白盒测试技术的例子，将在 10.3.3 节中讨论它。

> **白盒测试**　一种测试方法，其中测试用例主要来自于检查代码和详细设计。

■ 现有的测试用例：这是指一种回归测试的技术，它在新版本系统上执行先前版本系统可用的部分（或全部）测试用例。新版本包含新代码，这些新代码仍然需要通过之前执行的测试用例的测试。测试结果中的任何差异都表明新系统或测试用例存在问题。具体情况需要由测试人员进行评估。

■ 缺陷：根据缺陷创建测试用例的技术主要分两种。第一种是错误猜测，在这种情况下，设计出来的测试用例旨在找出最有可能的缺陷，通常基于在类似项目中发现缺陷的历史。第二种技术是易错分析，通过审查和检查来识别这些似乎持续存在缺陷的需求和设计领域。这些容易出错的区域往往是编程错误的根源。

在测试过程中考虑的另一个方面是检查测试活动的流程和数量。对于小型项目而言，测试通常包括单元测试和功能测试，不需要系统测试以避免耗费的巨大工作量。然而，在大多数大型系统中，测试的过程可以包括 4 个级别。单个模块通常由其作者（程序员）进行测试。某几个模块可能用于特定的功能，因此，这几个必需的模块都应完整、可用，以便进行功能测试。功能测试用例通常来自需求规约。这种类型的测试有时被称为黑盒测试。如前所述，单元测试通常使用白盒测试技术来实现。

当软件系统的不同功能完成各自的功能测试后，与这些功能相关的模块被收集并锁定在一个库中，以便为组件测试做准备。已通过组件测试的组件也将被收集并锁定到存储库中。最终，所有组件都必须完成系统/回归测试。在系统测试后，对软件的任何修改都需要重新测试所有组件，以确保系统不会退化。这些测试阶段的过程如图 10.1 所示。

图 10.1　测试过程

让我们看一下薪资管理系统的例子。在单元测试阶段，我们将对支票打印模块进行测试。支票打印是支票计算、存款和打印功能的一部分。在功能测试阶段，我们对支票计算、存款和打印功能进行测试。这三个功能是一个更大组件的一部分，该组件为全职员工生成月工资。在组件测试阶段，我们对生成全职员工月工资的组件进行测试。最终，将所有组件合并到一个系统中，并在系统测试阶段测试完整的薪资管理系统。

10.3.1 等价类划分

等价类分区是基于规约的黑盒技术。它将输入划分为几个类，同一个类中的输入对于发现错误来说是等同的。也就是说，如果程序对等价类中的一个成员失败，则我们预期它对等价类中所有其他成员都会失败。相反，如果程序对等价类中的一个成员是正确的，则我们预期它对等价类中所有其他成员都是正确的。

等价类是通过查看需求规约和测试人员的直觉来确定的，而不考虑实现。等价类将覆盖完整的输入域。任何类都不会与任何其他类重叠。

例如，考虑一个为处理人员记录的市场应用。一个重要因素是年龄，需求要根据年龄将人员分为 4 组：儿童（0～12 岁）、少年（13～19 岁）、青年（20～35 岁）和成人（>35 岁）。任何小于 0 或大于 120 的数据都被认为是错误的。

根据需求，将有效数据分成 4 个等价类是一个合理的假设。在这种情况下，将产生 4 个间隔。然后我们为每个等价类选择一个测试用例，我们也会有两种无效数据，即负数和非常大的数字，加上这两个类总共有 6 个等价类。表 10.1 显示了 6 个等价类及可能的测试用例。

表 10.1 等价类示例

等 价 类	代 表 值	等 价 类	代 表 值
Low	−5	20～35	30
0～12	6	36～120	60
13～19	15	High	160

注意，等价类划分技术没有指定选择哪个元素作为一个类的代表，它只是要求我们从类中选择一个元素。如果等价类有一个区间，通常选择中间的用例，或者选择最常见的用例。

此外，选择什么样的等价类并不总是明确的，并且可能有意见上的分歧。类分析的大部分是相似的，但是实际细节可能有微小的变化。

例如，考虑一个名为 Largest 的函数，它以两个整数作为参数，并返回其中较大的那个。如表 10.2 所示，我们可以定义三个等价类。表中的第三类可以看作前两类之间的边界，它可能只在边界值分析中使用。它也可以被合并到其他两个类的任一个中，从而产生诸如"第一个数≥第二个数"这样的类。

表 10.2 Largest 函数的等价类

等 价 类
第一个数>第二个数
第二个数>第一个数
第一个数=第二个数

当需求被表示为一系列条件时，等价类划分是最有用的。当需求需要循环时，它就不那么有用了。例如，如果我们测试一个函数，该函数将数组或向量中的所有元素相加，那么很难确定等价类是什么，并且意见将会有很大分歧。然而，等价类划分的基本思想仍然有用。

10.3.2 边界值分析

尽管等价类划分是合理的，并且是一种有用的技术，但经验表明许多错误实际上是在边界而不是在正常情况下发生的。在表 10.1 中，如果对于 6 岁这个年龄有错误，那么可能意味着程序员忘记了整个年龄段，或者这段代码完全错误。然而，更可能的错误是对范围的混淆，例如，"<"与边界条件"≤"混淆使用。

边界值分析使用与等价类划分相同的类，测试时使用边界上的元素，而不仅仅是类中的元素。一个完整的边界值分析要求测试边界、正好在边界内以及正好在边界外的用例。因为等价类通常形成连续的间隔，所以测试用例中会出现重叠。我们通常认为测试用例来自它所属的间隔。

这种技术可能会产生大量的测试用例。为了减少测试用例数量，可以认为边界是数之间的下降，仅测试边界之上和之下的测试用例。表 10.3 显示了前面提出的年龄分类问题的边界值分析。等价类在第一列中显示。边界值分析被分为三类：（1）该类生成的所有用例（包括边界、边界之下、边界之上）；（2）属于某类的用例；（3）删减后的用例（考虑边界是数之间的下降）。

表 10.3   边界值及测试用例

等　价　类	所有用例	属于该类别的用例	删减后的用例
Low	–1, 0	–1	–1
0～12	–1, 0, 1, 11, 12, 13	0, 1, 11, 12	0, 12
13～19	12, 13, 14, 18, 19, 20	13, 14, 18, 19	13, 19
20～35	19, 20, 21, 34, 35, 36	20, 21, 34, 35	20, 35
36～120	35, 36, 37, 119, 120, 121	36, 37, 119, 120	36, 120
High	120, 121	121	121

注意，即使只考虑删减后的测试用例，这种技术仍然会产生大量的测试用例。在许多情况下，可能需要考虑哪些用例是最重要的，从而进一步减少测试用例。但是，不要让测试用例的数量成为不进行彻底测试的借口。

还要注意，这种技术只适用于有序变量，即可按间隔进行排序和组织的有序变量。没有排序，就没有可以被认为是边界的特殊值。幸运的是，许多程序主要处理这种数据。

10.3.3   路径分析

路径分析提供了一种可重复、可追踪和可计数的测试设计技术。它通常被用作白盒测试技术，这意味着在开发测试用例时，需要查看实际代码或详细设计。路径分析涉及两个任务：

- 分析系统或程序中存在的路径数。
- 确定测试中应包含多少路径。

首先考虑图 10.2 所示的示例，其中矩形和菱形表示处理和判定函数，箭头表示控制流，带数字的圆圈表示路径片段。如图中所示，有两条独立的路径：路径 1 和路径 2。为了覆盖此处所示的所有语句，这两条路径都需要。因此，必须生成遍历路径 1 和路径 2 的测试用例。图中有一个二元判定处理。为了覆盖两个分支，必须遍历路径 1 和路径 2。在这种情况下，需要两条独立的路径来完成全部语句覆盖或完成所有分支覆盖。我们下面说明情况并不总是这样的。考虑图 10.3，其中的逻辑类似于 CASE 结构。

同样，矩形和菱形表示语句和判定处理，箭头显示控制流，带数字的圆圈表示路径片段。注意，这里有四个独立的路径。但是，我们不需要遍历所有 4 条路径来覆盖所有语句。如果执行了路径 1、路径 2 和路径 3，那么所有语句（C1、C2、C3 以及 S1、S2、S3、S4 和

S5）都被执行到了。因此，对于完整的语句覆盖，我们只需要有测试用例来运行路径 1、路径 2 和路径 3。可以忽略路径 4。

路径1：S1-C1-S3
路径2：S1-C1-S2-S3
或者
路径1：路径片段（1, 4）
路径2：路径片段（1, 2, 3）

图 10.2　一个简单的逻辑结构

4条独立的路径包括：
路径1：S1-C1-S2-S5
路径2：S1-C1-C2-S3-S5
路径3：S1-C1-C2-C3-S4-S5
路径4：S1-C1-C2-C3-S5

图 10.3　一个 CASE 结构

现在，让我们考虑一下分支覆盖。在图 10.3 中，有三个判定条件 C1、C2 和 C3。它们各自生成两个分支，如下所示：

1. C1：
   - B1 由 C1-S2 组成。
   - B2 由 C1-C2 组成。
2. C2：
   - B3 由 C2-S3 组成。
   - B4 由 C2-C3 组成。
3. C3：
   - B5 由 C3-S4 组成。
   - B6 由 C3-S5 组成。

为了覆盖所有分支，我们需要遍历路径 1 来覆盖 B1，遍历路径 2 来覆盖 B2 和 B3，遍历路径 3 来覆盖 B4 和 B5，遍历路径 4 来覆盖 B6。在这种情况下，需要执行所有 4 条路径来覆盖所有分支。因此，这个例子表明，与覆盖所有语句相比，我们需要更多的路径来覆盖所有分支。可以认为，分支覆盖测试比语句覆盖测试更严格。

现在，我们来看一下循环结构的情况，如图 10.4 所示。所有使用的符号与前面相同。这里的循环结构取决于条件 C1。有两条独立的路径。路径 1 通过三个语句（S1、C1 和 S3）来覆盖路径片段 1、4。路径 2 通过所有 4 个语句（S1、C1、S2、S3）来覆盖路径片段 1、2、3、4。对于这个简单的循环结构，只需要一条路径就可以覆盖所有语句。因此，为实现全语句覆盖，我们需要为路径 2 设计测试用例。对于路径 2，我们必须设计测试用例，以便 S2 修改状态，当第二次遇到 C1 时，会走向 S3。虽然循环中的语句 C1 和 S2 可以遍历多次，但是我们不需要为每个可能的迭代设计一个测试用例。对于这个简单的循环结构，路径 2 满足语句覆盖。至于分支覆盖，需要考虑如下两个分支：

- B1 由 C1-S2 组成
- B2 由 C1-S3 组成

路径 2 覆盖 B1 和 B2。对于这个简单的循环，只需要路径 2 就可以覆盖所有语句并实现全分支覆盖。

线性独立路径包括：
路径1：S1-C1-S3（路径片段1，4）
路径2：S1-C1-S2-C1-S3（路径片段1，2，3，4）

图 10.4 一个简单的循环结构

我们早先未经考虑就使用了独立路径这个术语。在图中这很直观。我们在这里更确切地定义这个概念。

如果每一条路径都可以由集合里的路径"线性组合"构造，则这组路径集被称为线性独立的。

我们将以图 10.5 所示的简单例子展示这个非常强大的集合。有两个条件 C1 和 C2，以及两组语句 S1 和 S2，并且路径片段用带编号的圆圈表示。总共有四种可能的路径，用矩阵的形式来表示它们。例如，路径 1 由行 1 来表示（路径片段 1、5 和 6），并被标记为 1。未标记的单元可以被解释为零。因此，路径 1 可以用向量（1, 0, 0, 0, 1, 1）表示。观察图中的矩阵，我们可以看到，遍历路径 1、路径 2 和路径 3，所有的路径片段都被覆盖了。事实上，路径 4 可以用路径 1、路径 2 和路径 3 的线性组合来构造，如下所示：

路径 4＝路径 3＋路径 1－路径 2

路径 4＝(0,1,1,1,0,0)+(1,0,0,0,1,1)−(1,0,0,1,0,0)

路径 4＝(1,1,1,1,1,1)−(1,0,0,1,0,0)

路径 4＝(0,1,1,0,1,1)

矩阵中的第 4 行显示路径 4 的确遍历了路径片段 2、3、5、6。路径 1、路径 2 和路径 3 形成一个线性独立的路径集。

有一种简单的方式来确定构成线性独立集的路径数量。第 8 章中介绍的 McCabe 圈复杂度数可以作为线性独立集中的路径数。如图 10.5 所示，我们可以计算出圈数，如下所示：

$$二元判定数＋1＝2＋1＝3$$

因此，对于图 10.5，圈数 3 表明在该图的结构中有三条线性独立路径。

图 10.5　一组线性独立的路径

图 10.6 还提供了另一个例子，通过提供测试覆盖的相对数量来展示路径分析。在这张图中，按顺序排列了三个二元判定结构。对于每个二元判定结构，都有两个独立的逻辑路径。因为二元判定结构顺序排列，我们共有 $2\times2\times2＝8$ 条逻辑路径。考虑圈数，$3＋1＝4$，线性独立路径的数量为 4。图 10.6 中显示了这样的一组四条线性独立路径。仔细观察可以发现，如果执行路径 1 和路径 4，则会覆盖逻辑图中的所有语句。路径 1 覆盖 S1、C1、S2、C2、C3 和 S4。只有 S3 和 S5 还需要被覆盖。路径 4 或路径 8 将覆盖 S3 和 S5。因此，路径 1 和路径 4 提供完整的语句覆盖测试。

图 10.6　路径和线性独立路径总数

现在，我们来检查图 10.6 中的分支。因为有三个二元判定，共有六个分支，每个二元判定有两个分支。分支分别为 C1-S2、C1-C2、C2-C3、C2-S3、C3-S4 和 C3-S5。路径 1 遍历 C1-S2、C2-C3 和 C3-S4。路径 8 遍历 C1-C2、C2-S3 和 C3-S5。因此，路径 1 和路径 8 确保所有的分支都被覆盖。又一次只需要两条路径就可以实现分支覆盖。

图 10.6 给我们提供了达到不同的覆盖标准所需测试用例相对数量的直观感受：

- 八条逻辑路径。
- 四条线性独立路径。
- 两条路径以实现分支覆盖。
- 两条路径以实现语句覆盖。

因为每个语句都是某个分支的"部分"，所以分支覆盖将提供语句覆盖。然而，反过来则不一定正确。现在，假设有人自豪地宣布软件质量好，因为他或她进行了全语句覆盖测试！这其实仅仅是测试标准中的最低级别。

10.3.4   条件组合

在许多情况下，当我们需要组合几个变量时，会得到很大的组合数量。有时需要减少这些组合，同时尽量提高覆盖率。常见的技术是仅生成足够覆盖所有值对的组合。

例如，考虑一个营销模块，根据年龄、收入和居住地区对人进行分类。假设我们有表 10.4 所示的变量等价类。

表 10.4   变量的等价类

变 量	等 价 类
年龄	青年 中年 老年
收入	高 中 低
地区	北部 南部

如果考虑所有的组合，则将有 18 个不同的类别（$3 \times 3 \times 2$），这是一个不小的测试用例数量。利用边界值分析，我们可以为"年龄"变量生成 12 个用例，为"收入"变量生成 12 个用例，为"地区"变量生成 9 个用例。这将产生 $12 \times 12 \times 9$（1296）个测试用例，这绝对是一个庞大的测试用例数量。如果有更多的变量或者每个变量有更多的等价类将使问题变得更加复杂。显然，对于集成测试和系统测试来说，测试用例的数量很容易成千上万。

在某些情况下，变量不是独立的，这意味着减少需要测试的组合数将非常困难。在大多数情况下，测试所有可能的条件是不切实际的，因此我们需要减少测试用例的数量。当然，这会增加缺陷被遗漏的风险。为了在保持风险可管理的同时减少用例数量，可以使用覆盖分析技术。例如，生成足够多的测试用例以实现语句或路径覆盖而不是条件覆盖，评估重要测试用例，生成组合来测试所有可能的值对，而不是所有组合。

10.3.5   自动化单元测试和测试驱动开发

单元测试是指测试最基本的功能单元，如单个方法或单个类。大多数程序员在编程时都需要进行单元测试，以获得代码能正确运行的信心。当完成整个组件后，程序员将代码转移给测试人员，测试人员将再次独立地进行单元测试。

经验不足的程序员倾向于执行有限的单元测试，他们宁可编写大量代码并仅测试高层部分。这种做法在出现错误时很难定位错误。如果独立的片段在编写时就进行了测试，那么捕获错误的机会将会大大增加。

另一个常见的错误做法是将测试用例写入主函数，并在运行后将其丢弃。一个更好的做法是使用自动化单元测试工具，如为 Java 设计的 JUnit。有许多为其他编程语言编写的等效库。这样做可以保存测试，当我们修改程序时，可在程序版本级别进行回归测试。

有些单元测试将允许我们重构程序。如第 9 章中所述，重构改变了程序结构而不改变其行为。如果我们不断重构，通常会得到高质量的代码。在程序单元级别进行单元回归测试有助于确保在进行重构时不引入任何错误。

保存测试用例的另一个优点是它们可以作为可执行的详细规约，并记录在编写程序期间做出的假设。

一个好的做法就是在编写一段代码之后立即编写单元测试，被测试的单位越小越好。前面描述的一些技术可以用来创建良好的测试用例。

一个更好的做法可能是在编写代码之前编写单元测试，然后使用它们来确保代码正常工作。这允许你先将需求声明为测试用例，然后实现它们。这也有助于指导你在没有测试的情况下只编写少量代码。这种技术被称为测试驱动开发，它假定你将通过以下方式进行开发：

1. 编写一个测试用例。

2. 验证测试用例失败。

3. 修改代码，使测试用例成功。（目标是编写最简单的代码，而不用担心未来的测试或需求。）

4. 运行测试用例来验证它现在能正常工作，并运行以前的测试用例来验证代码没有引入任何新的缺陷。

5. 重构代码让它变得优美。

在下一节中，我们将提供一个示例说明如何对一个简单的问题进行测试驱动开发。

10.3.6 测试驱动开发示例

我们来看一下三角形问题，这是介绍编程和软件工程的一个常见练习。给出三角形三条边的长度，确定该三角形是等腰三角形、等边三角形还是普通三角形。还必须确定三条边的长度是否能构成一个有效三角形。

这里修改了这个问题，以适应面向对象编程，并简化为检查三角形是否有效。根据需求，用 Java 代码编写一个名为 Triangle 的类来表示三角形。该类存储了三角形三条边的信息，并定义了几种方法。为方便起见，我们将使用 a、b 和 c 作为三条边，而不是 side1、side2、side3 或数组。

该类定义了以下公共方法：

1. 一个构造函数，用三个整数作为参数，分别代表第一、第二和第三条边。

2. 方法 getA，不需要参数并返回第一条边的长度，还有相应的 getB、getC 方法。

3. 方法 isValid，它不接受任何参数，如果三角形有效则返回一个布尔值 true，否则返回 false。一个有效的三角形每条边的长度都为正数（大于 0），并且均满足三角不等式，即两条边之和大于第三条边。

测试驱动开发（TDD）要求在编写代码之前编写测试用例，还提倡测试自动化，以便可以根据需要多次运行测试。在以下段落中，这个 TDD 示例将会以个人和会话的方式进行展示。

我们首先创建 JUnit 测试类，这是一个简单的过程。我们只需要创建一个继承 junit.framework.TestCase 的类。在这之后，任何以 test 开头的公共方法都将由 JUnit 自动运行。为了方便起见，我们定义一个运行所有测试的 main 方法。该类的框架如下所示：

```
import junit.framework.TestCase;
public class TestTriangle extends TestCase {

public static void main(String args[]) {
junit.swingui.TestRunner.run(TestTriangle.class);
    }
}
```

现在定义第一个测试用例。注意，通常很难孤立地测试前几个方法。至少需要一个 get 和 set 方法来验证某个操作的有效性。我们决定创建一个测试用例来验证构造函数和三个 get 方法。测试驱动开发的纯粹主义者可能会说，我们应该完成的只是测试构造函数和一个 get 方法，但我们认为代码已经足够简单。

测试用例如下：

```
  public void testConstructor() {
  Triangle t=new Triangle(3,5,7);

  assertTrue(t.getA()==3);
  assertTrue(t.getB()==5);
  assertTrue(t.getC()==7);
}
```

在这种情况下，我们在测试以下内容：

- 有一个类和一个公共构造函数，以三个整数为参数。
- 有 getA、getB 和 getC 三个方法。
- getA 返回的值是传递给构造函数的第一个参数，getB 返回的值是第二个参数，getC 返回的值是第三个参数。

然后尝试进行编译，正如我们所想的那样，它不工作。所以我们为以下的类创建代码：

```
class Triangle {
  private int a, b, c;
  // constructs a triangle based on parameters
public Triangle(int a, int b, int c)
  {
  this.a=a;
  this.b=b;
  this.c=c;
}
  public int getA() {return a;}
  public int getB() {return a;}
  public int getC() {return a;}
}
```

我们再次运行测试，会看到代码不工作。我们再去检查代码。你能看到错误吗？（我们从 getA 中进行复制和粘贴以创建 getB 和 getC，但没有更改返回值。）我们更正错误并再次尝试测试。这一次，它正常工作了。

现在为 isValid 方法创建测试用例。鉴于我们觉得这种方法并不简单，下面将以更小的步骤进行测试驱动开发。我们将编写非常简单的测试用例，以及非常简单的代码，使测试用例驱动代码。

可以编写一个非常简单的测试用例，如下所示：

```
public void testIsValid() {
Triangle t=new Triangle(-5,3,7);
assertFalse(t.isValid());
```

我们运行它，它失败了（编译错误）。现在我们尝试编写代码。

编写复杂代码的一个良好习惯是编写能让测试成功的最简单代码。只要测试用例成功，代码是否错误并不重要。这将驱使你编写更多的测试用例，从而确保更好地进行测试。

在这里，我们将遵循这一做法。测试用例只需要一个无效的三角形。可以简单地编写如下代码：

```
    public boolean isValid() {
return false;
}
```

现在测试用例成功了，我们需要编写更多的测试用例。我们重写测试用例如下：

```
    public void testIsValid() {
Triangle t=null;

t=new Triangle(-5,3,7);
assertFalse(t.isValid());

t=new Triangle(3,5,7);
assertTrue(t.isValid());
}
```

我们确保它失败，然后继续编写更多的代码。可以编写代码来仅查看 a 是否小于 0，但我们决定对所有三个条件进行测试。代码如下所示：

```
  public boolean isValid() {
return a>0 && b>0 && c>0;
}
```

测试这个用例，它成功了。现在，因为知道代码会变得更复杂，我们决定进行重构。isValid 方法取决于两个不同的条件：（1）每条边是否都为正；（2）三条边是否满足三角不等式。因此，我们决定编写两个测试：（1）allPositive，查看是否所有边都为正；（2）allSatisfyInequality，查看三条边是否满足三角不等式。我们更改 isValid 方法并写下 allPositive 方法如下：

226

```
  boolean allPositive() {
    return a>0 && b>0 && c>0;
  }
  public boolean isValid() {
    return allPositive();
}
```

请注意，这里并没有将 allPositive 方法公开，因为在规约中没有这项要求。我们使它成为一个包方法，而不是一个私有的方法，以便测试类可以访问它并进行测试。

现在需要测试 allPositive 方法。我们编写了几个测试用例，涵盖三个主要场景（a < 0，b < 0，c < 0）、一个边界（a = 0），以及一个验证该方法在三角形所有边的取值为正时是否能正常工作的测试用例。我们运行测试，它们通过了。我们相信这足以测试这个功能。你现在觉得满意吗？如果没有，你会添加什么测试用例？

现在继续处理 allSatisfyInequality 方法。我们创建一个简单的测试用例，如下所示：

```
public void testAllSatisfyInequality() {
  Triangle t=null;
  t=new Triangle(10,5,2);
  assertFalse(t.allSatisfyInequality());
```

```
    t=new Triangle(5,6,3);
    assertTrue(t.allSatisfyInequality());
}
```

测试无法编译，于是我们编写下面的代码：

```
// returns true if all sides satisfy the triangle
// inequality false otherwise
    boolean allSatisfyInequality() {
    return (a<(b+c)) && (b<(a+c)) && (c<(a+b));
}
```

现在测试通过了。为了确保代码有效，我们决定扩展测试用例以覆盖不等式被破坏的情况和边界的情况。因此，我们将其扩展如下：

```
    public void testAllSatisfyInequality() {
Triangle t=null;

t=new Triangle(10,5,2);
assertFalse(t.allSatisfyInequality());

t=new Triangle(5,15,2);
assertFalse(t.allSatisfyInequality());

t=new Triangle(3,4,7);
assertFalse(t.allSatisfyInequality());

    t=new Triangle(5,6,3);
    assertTrue(t.allSatisfyInequality());
}
```

227

我们运行测试用例，它工作了。作为开发人员，我们确信代码是正确的。现在可以将它传递到过程的后续阶段，其中可能包括检查、测试组织的正式单元测试以及功能和集成测试。

以下是关于测试驱动开发（TDD）的更多信息：

- TDD 是一种有效的技术，可以帮助程序员快速构建可靠的代码。但是，它不能代替其他质量控制活动。
- TDD 应该与正式单元测试和集成测试、代码检查及其他质量控制技术结合起来，以确保高质量地满足需求。
- TDD 通常会导致编写更多的测试和更简单的代码。事实上，TDD 通常至少会达到语句覆盖。
- TDD 中的测试用例是根据开发人员的直觉和经验生成的，也可以使用其他技术生成这些测试用例。

10.4 何时停止测试

新手测试人员和学生经常询问的一个关键问题是应该何时停止测试。一个简单的答案是：在执行完所有计划的测试用例，并且找到的所有问题都被修复时停止测试。事实上，这并不是那么简单。我们经常因为需要按进度计划发布软件产品而感到压力。这里将讨论两种技术。第一种技术基于跟踪测试结果和观察统计数据。如果发现的问题数量稳定地接近于零，我们通常会考虑停止测试。图 10.7 展示了时间与问题发现速率之间的关系。

每小时发现的问题数量最终会很小，以至于从测试中获得的价值开始减少。在图 10.7 中，曲线在第 2 天达到峰值，并在第 3 天开始下降。测试人员可以在计划中设定目标，当问题发现速率达到某个预先设定的值（如 0.01 个 / 小时或 1 个 /100 小时）时，停止测试。测试

人员还可以创建一个图表，描述所发现问题的累计数量。这样的曲线通常看起来像一个拉长 228
的 S 符号，被称为 S 曲线。然后，他们可以指定，当观察到的一定长度时间（例如 12 小时、
1 天、1 周）内发现的累计问题数量达到一定的稳定性时，将终止进一步的测试。

图 10.7　问题发现速率递减

另一种技术是像撒胡椒粉一样将缺陷植入现有的代码中，并观察发现了多少种子缺陷。
这种技术要求由实际测试人员以外的人进行缺陷植入。例如，考虑在一个程序中植入 10 个
缺陷。当观察到失效时，将缺陷分类为种子缺陷和真实缺陷。假设在执行了许多测试用例之
后，检测到 7 个种子缺陷和 45 个非种子缺陷，那么可以使用以下方法来估计剩余非种子缺
陷的数量：

$$7/10＝45/RD，其中 RD＝实际缺陷$$

估计 RD 约为 64。因此，你可以这样认为，还有大约 19 个未发现的缺陷存在于软件产
品中。这相当于说，大约 19/64，或 30% 的真实缺陷，仍然存在于产品中。如果目标是发现
70% 的真实缺陷，那么测试人员可以宣告胜利并停止测试。但是，如果目标是发现真实缺陷
中的 90%，那么测试员在停止测试之前需要找到 10 个种子缺陷中的 9 个。值得注意的是，
测试人员必须确保在发布给用户之前将种子缺陷从软件产品中全部撤出。

请注意，这种技术假定代码中自然出现的缺陷与我们的种子缺陷相似。虽然这是一个合
理的假设，但并不总是这样，这将导致我们对剩余缺陷做出错误估计。

如果我们想要生产高质量的软件，只有确信产品已达到我们想要的那样好，或者当测试
没有产生任何质量改进时，我们才停止测试。因此，在这些决定中总有"过去经验"的成分。
但是，许多项目由于进度压力或资源可用性而过早地停止测试。因为缺少时间或资金而过早
地发布产品，最终都将导致低质量的产品。低质量产品的直接影响是会带给后期支持和维护
团队压力和成本，软件产品的声誉和客户的满意度也会间接地受到影响。

10.5　检查和审查

性价比最高的错误检测技术之一是让软件开发团队审查代码或中间文档。在这里，我们
将使用术语审查（review）作为通用术语来说明如下过程，在该过程中，测试人员阅读和理
解文档，然后分析它，以检测错误。同时，我们使用术语检查（inspection）来描述一个特定
的变化。检查在文献中有时称为 Fagan 检查。 229

注意，这里讨论的是为了查找错误而进行的审查。还有很多其他的技术涉及分析源代码

或其他文档，包括走查（walk-through），它是指文档的作者为了传播知识、集思广益或评价设计方案向一组人员解释材料。我们将使用术语审查表示一组人员为发现错误而进行分析。

软件检查对在制品进行详细审查时遵循 Michael Fagan 在 IBM 提出的过程。通常由一个三到六个人的小组独立研究一个工作产品，然后通过会议来更详细地分析该工作产品。虽然工作产品已经基本完成，但在通过审查并完成一些必要的修改前，它都只能算作是在制品。

检查过程通常包括以下步骤：

1. 规划：指定检查小组和协调人，并在实际检查会议前几天向小组成员分发材料。协调人确保工作产品符合某些进入标准，例如，对于代码检查，源代码应该可编译或在通过静态分析工具分析时不产生警告。

2. 概述：工作产品和相关领域的概述。如果参与者已经熟悉项目，则可以省略此步骤。

3. 准备：每一位检查员都要认真研究工作产品和相关材料，为实际会议做准备。检查清单有助于发现常见问题。

4. 检查：安排一次实际会议，和检查员一起检查产品。指定的阅读者展示工作产品，其他人着重发现缺陷。作者不能作为阅读者。检测到的每个缺陷都将被分类并报告。通常情况下，会议只专注于查找缺陷，因此在会议期间不会花时间分析为什么会出现缺陷或如何解决问题。会议通常限制在一到两个小时内。作为检验结果，产品可能被接受，或由作者修改并由协调人验证结果，或修改并再次进行检查。对修改后产品的重新检查类似于回归测试。

5. 修订：会议结束后，如果有缺陷，由作者纠正所有的缺陷。作者不需要与任何检查员协商，通常允许这样做。

6. 后续行动：视检查结果而定，修改由协调人检查，或对修改后的工作产品再次进行检查。

检查主要致力于发现缺陷，而所有其他考虑都是次要的。在这种检查过程中，要积极劝阻关于如何纠正这些缺陷或进行其他改进的讨论，以便发现更多的缺陷。检查会议的结果是需要改正的缺陷清单和为管理人员提供的检查报告。报告描述了被检查的内容，列出了检查小组的成员和角色，并总结了发现缺陷的数量和严重程度。报告还指出是否需要重新检查。

检查小组是一小群同事，通常有三到六个人，包括作者在内。通常，检查小组的所有成员都在做相关的工作，如设计、编码、测试、支持或培训，这样他们就可以更容易地理解产品并发现错误。他们自己的工作通常受所检查制品的影响，这意味着检查人员是积极的参与者。管理者通常不参加检查，因为这通常会阻碍过程。检查人员将很难与参加视察会议的管理人员"自然地"相处。除作者之外，检查小组也有协调人、阅读者和记录员等角色。通常，作者不得承担任何这些角色。

事实证明，检查是发现缺陷的一种高成本效益技术。检查的一大优点是它可以应用于所有中间制品中，包括需求规约、设计文档、测试用例和用户指南。这使得在软件开发过程早期发现缺陷并进行低成本的修复成能可能。虽然检查是工作密集型的，但它们的成本通常远小于在测试中发现错误，而且在测试中修复这些错误的成本还要高得多。

虽然检查侧重于寻找缺陷，但它们确实有积极作用，即有助于传播关于项目特定部分的知识，以及关于最佳实践和技术的知识。Tsui 和 Priven（1976）描述了 IBM 公司早在 20 世纪 70 年代，就在利用检查来管理软件质量的积极经验。

10.6 形式化方法

在严格的定义中，形式化方法用数学技术来证明程序是绝对正确的。更广泛的定义包括软件工程中使用的所有离散数学技术。

形式化方法更常用于需求规约。规约以一种形式化的语言编写（如 Z、VDM 或 Larch），之后通过模型检验和定理证明技术，对规约的性质进行证明。证明形式化规约的性质可能是形式化方法中最流行的应用。形式化方法也可以应用于证明特定的实现在某种程度上符合规约。形式化方法通常应用于规约，并用于证明设计符合规约。

在代码级别，形式化方法通常涉及以某种编程语言来指定程序的精确语义。在这种形式化下，我们可以证明，在给定的一组前置条件下，输出将满足一定的后置条件。大多数编程语言都需要进行扩展，以允许说明前置条件和后置条件。一旦指定了这些，在很多情况下，就有工具可以生成程序正确性的证明了。

考虑到其他技术不能保证没有错误，证明程序正确性的想法是非常吸引人的。然而，形式化方法有以下几个缺点：

- 需要相当大的努力才能掌握这些技术，它们需要深入的数学知识和抽象思维。虽然大多数程序员和软件工程师都可以接受这些技术的培训，但事实上他们中的大多数人在这个领域没有接受过培训。即使在培训之后，也需要投入大量的工作才能将形式化方法应用于一个程序。Gerhart 和 Yelowitz（1976）描述了使用形式化方法的相关困难。 231
- 它们不适用于所有程序。事实上，计算理论的一个基本定理表明，我们通常不能在数学上证明程序的任何有趣性质。作为一个具体的例子，给定一个任意的程序，我们不能证明它是否会停止。我们要么局限于所有程序的一个子集，要么有一些程序不能证明或反驳其这个属性。不幸的是，许多实用程序都属于这一类。
- 它们仅用于验证，而不是确认。也就是说，使用形式化方法，我们可以证明程序是从它的规约演化而来的，但并不是能说它实际上是有用的，或者它是用户真正想要的，因为这涉及人的价值判断。
- 它们通常不适用于软件开发的所有方面。例如，它们将很难应用于用户界面设计。

尽管存在缺点，形式化方法还是有用的，并已成功地应用于现实世界中一些特殊行业的问题，如航空航天业或美国联邦政府。学习形式化方法可以为软件工程师提供很多有用的洞察，形式化方法可以应用于需要极高可靠性的特定模块。即使规约不是完全形式化的，形式化方法的智力训练也会非常有用。它们可以被选择性地应用，从而使系统的关键或困难部分被形式化地说明。非形式化推理，是与形式化方法类似的方法，应用非形式化推理可以获得对程序更大的信心。前置条件和后置条件也可以用作文档并有助于理解源代码。

10.7 静态分析

静态分析涉及检查可执行文件和不可执行文件的静态结构，目的是检测易出错的情况。这种分析通常是自动完成的，结果由一个人审查，以消除误报或错报。

静态分析可以应用于以下情况：

- 检查中间文档的完整性、可追溯性等特点。应用特定的检查将取决于文档及其结构。在最基本的层面上，如果正在处理诸如文字处理文档之类的非结构化数据，则可以验证它是否遵循某个模板，或某些单词是否出现。
- 如果文档是更结构化的格式，不管是 XML 还是工具使用的特定格式，都要执行更详细的检查。可以自动检查可追溯性（例如，所有设计项与一个或多个需求相关）和完整性（例如，所有需求都由一个或多个设计项来处理）。许多分析和设计文档都有一

232

个基于图或树的基础模型，这样可以检查连接、扇入和扇出。大多数集成 CASE 工具都提供对它们所创建模型的一些静态分析。

- 源代码，用于检查编程风格问题或容易出错的编程实践。在最基本的层面上，编译器会发现所有的语法错误，而现代编译器通常会生成许多不安全或易错代码的警告。更深入的静态分析可以通过特殊工具来完成，以便检测过于复杂或过长的模块，以及检测可能是错误的做法。被认为容易出错的特定实践将因编程语言、特定工具和组织编码准则的差异而有所不同。大多数工具提供了可扩展的广泛的检查集，并提供了配置工具指定运行检查的方法。例如，在 Java 中，有两个相等的操作。你可以使用 " == " 操作符，它检查对象标识（两个表达式引用完全相同的对象），也可以使用 equals 方法，该方法检查每个对象的成员变量是否相等。在大多数情况下，预期的语义是调用 equals 方法，这意味着除了基本值，该工具可能会在使用 " == " 运算符时发出警告。PMD 和 CheckStyle 是两个流行的 Java 源代码开源静态检查工具。它们都可以发现超过 100 种的潜在问题。

- 可执行文件，在了解从源代码到可执行文件的转换过程中通常会丢失很多信息之后，使用可执行文件检测某些特定情况。随着虚拟机和字节码的流行，可执行文件能包含大量信息，并允许进行许多有意义的检查。例如，java.class 文件包含所有定义的类以及该类定义所有方法和字段的信息。这些信息可以用来创建调用和依赖关系图、继承层次结构以及计算圈复杂度或 Halstead 复杂度。每当复杂性度量或继承深度超过某个阈值时，都可以发出警告，表明这是一个过于复杂和容易出错的模块。

- FindBugs 是用于 Java 语言的开源字节码检查器，它提供了超过 100 项检查和用于验证与 Sun 公司 Java 编码指南一致性的示例配置文件。

静态分析工具非常有用，它们支持大多数流行的编程语言，但是，我们需要意识到，这些工具通常会提供非常多的误报，即由工具标记出来的潜在错误实际上并不是真实的错误。50% 以上的警告是误报，这种情况并不罕见。相反，仍然会有许多错误不被这些工具所捕获。

静态分析工具的输出需要经验丰富的软件工程师进行检查，以验证警告对应的到底是真正的错误还是正确的代码，我们也不能因为程序已通过这些检查而得到虚假的安全感。

10.8　总结

233

实现高质量产品的步骤必须从项目初始阶段开始。然而，有办法检测并纠正错误可以帮助你获得更高的质量。在本章中，我们讨论了证明和验证的基本思想，然后介绍了验证、检查和审查、测试、静态分析和形式化方法的基本技术。在这些技术中，测试和检查也可以用于确认。我们还讨论了通过等价类、边界值分析和路径分析生成高质量测试用例的技术，以及关于何时停止测试的一些基本概念。

虽然所有这些技术都有其成本，但是发布低质量产品的代价更高。所有软件工程师都需要将这些技术应用到自己的工作中，并且每个项目都需要将它们应用于所生产的全部制品。

10.9　复习题

1. 考虑图 10.8 所示的图。

　　a. 有多少逻辑路径？列出所有逻辑路径。

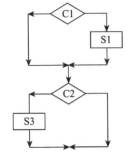

图 10.8　一个逻辑流结构

b. 需要多少路径来覆盖所有语句？

c. 需要多少路径来覆盖所有分支？

2. 在代码检查中，你会把什么设置为重新检查的条件（例如发现的缺陷数）？

3. 列出所讨论的四种验证和确认技术。

4. 列出可用于确认（即确保程序满足用户要求）的两种技术。

5. 简要解释静态分析的概念，哪些软件产品可以应用该技术？

6. 简要说明决定何时停止测试的两种不同方式。

7. 考虑测试两个变量 X 和 Y 的简单情况，其中 X 必须是非负数，Y 必须是 –5～+15 之间的数字。使用边界值分析，列出测试用例。

8. 描述在一个正式的检查过程中涉及的步骤和协调人在此过程中的作用。

9. 性能测试与压力测试有什么区别？

234

10.10　练习题

1. 考虑本章中的示例，使用种子缺陷法来创建测试停止条件。

   a. 达到 70% 的水平后，假设发现越来越多的非种子缺陷（例如 20 个），而没有发现一个新的种子缺陷。解释你认为正在发生的事情。

   b. 达到 70% 的水平后，假设剩下的三个种子缺陷和四个真实缺陷一起被发现。解释你认为正在发生的事情。

2. 根据 10.3.6 节描述的三角形问题，完成以下练习：

   a. 使用测试驱动开发来定义一个 Equilateral 方法，如果三角形是等边的（并且有效）则返回 true。等边三角形是指所有边长度相等的三角形。

   b. 评估所生成测试用例的覆盖率。如果没有实现路径覆盖，创建测试用例来实现路径覆盖。

   c. 执行等价类划分，并创建所有必需的测试用例。

3. 如果一组软件开发人员告诉你他们使用测试驱动的开发，描述你对质量的满意程度，解释为什么。

10.11　参考文献和建议阅读

K. Beck, *Test Driven Development: By Example* (Reading, MA: Addison-Wesley Professional, 2002).

Checkstyle 4.1 tool, http://checkstyle.sourceforge.net, accessed 2016.

E. M. Clarke and J. M. Wing, "Formal Methods: State of The Art and Future Directions," *ACM Computing Surveys* 28, no. 4 (December 1996): 626–643.

D. Coppit, et al., "Software Assurance by Bounded Exhaustive Testing," *IEEE Transactions on Software Engineering* 13, no. 4 (April 2005): 328–339.

P. B. Crosby, *Quality Is Free* (New York: McGraw Hill, 1979).

M. E. Fagan, "Design and Code Inspections to Reduce Errors in Program Development," *IBM Systems Journal* 15, no. 3 (1976): 219–248.

FindBugs, http://findbugs.sourceforge.net, accessed 2016.

S. L. Gerhart and L. Yelowitz, "Observations of Fallability in Applications of Modern Programming Methodologies," *IEEE Transactions on Software Engineering* 2, no. 3 (September 1976): 195–207.

Guide to the Software Engineering Body of Knowledge (2004 Version), http://www.swebok.org, accessed 2016.

235

D. Hamlet, "Foundation of Software Testing: Dependability Theory," *ACM SIGSOFT Software Engineering Notes* 19, no. 5 (December 1994): 128–139.

P. C. Jorgensen, *Software Testing: A Craftsman's Approach*, 4th ed. (Boca Raton, FL: CRC Press, 2013).

JUnit.org, http://www.junit.org, accessed 2016.

J. M. Juran and Joseph A. De Feo, eds., *Juran's Quality Handbook*, 6th ed. (New York: McGraw Hill, 2010).

C. Kaner, J. Bach, and B. Pettichord, *Lessons Learned in Software Testing* (New York: Wiley, 2002).

A. M. Memon, M. E. Pollack, and M. L. Soffa, "Hierarchical GUI Test Case Generation Using Automated Planning," *IEEE Transactions on Software Engineering* 27, no. 2 (February 2001): 144–158.

G. J. Myers, T. Badgett, and C. Sanders, *The Art of Software Testing*, 3rd ed. (New York: Wiley, 2011).

T. J. Ostrand, E. J. Weyuker, and R. M. Bell, "Predicting the Location and Numbers of Faults in Large Software Systems," *IEEE Transactions on Software Engineering* 13, no. 4 (April 2005): 340–355.

S. C. Reid, "An Empirical Analysis of Equivalence Partitioning, Boundary Value Analysis and Random Testing," *4th IEEE International Software Metrics Symposium* (November 1997): 64–73.

J. Rubin and D. Chisnell, *A Handbook of Usability Testing*, 2nd ed. (New York: Wiley, 2008).

F. Tsui and L. Priven, "Implementation of Quality Control in Software Development," *AFIPS Conference Proceedings*, National Computer Conference, vol. 45, (1976): 443–449.

D. A. Wheeler, B. Brykczynski, and R. N. Meeson Jr., eds., *Software Inspection: An Industry Best Practice* (Los Alamitos, CA: IEEE Computer Society Press, 1996).

J. A. Whittaker, "What Is Software Testing? And Why Is It So Hard?" *IEEE Software* (January/ February 2000): 70–79.

236

配置管理、集成和构建

目标
- 描述配置管理的基本概念。
- 分析软件制品和开发过程间的关系。
- 讨论配置管理框架。
- 描述软件制品的命名模型。
- 描述软件制品的存储和访问模型。
- 描述集成和构建过程。
- 讨论不同的自动化配置管理工具。
- 分析如何进行配置管理。

11.1 软件配置管理

软件配置管理（software configuration management）是指管理在软件开发和支持活动中生成各项制品及所有部件的过程。在本章中，我们有时会将软件制品称为软件项（software item）或软件部件（software piece part），有时会省略软件两个字，直接称之为制品。软件配置管理由多项活动构成：
- 理解需要管理的策略、过程活动和生成制品。
- 决定并定义用于管理制品的框架。
- 决定并引入能够为管理制品提供便利的各项工具。
- 培训并确保持之以恒地实行配置管理过程。

因此，软件配置管理不仅仅是创建和保存多个版本的代码或文档。许多公共和私人机构都制定了配置管理指南，例如：IEEE《软件配置管理指南》（标准 1042-1987）和 NASA《软件配置管理指导手册》。软件配置管理也是第 4 章中卡内基 – 梅隆大学软件工程研究所提出的能力成熟度模型（Capability Maturity Model，CMM）中的关键过程之一，它也经常与软件变更管理过程和维护支持活动相集成。

11.2 策略、过程和软件制品

为确定哪些是一个机构需要管理的软件部件，重要的是了解该机构所使用的软件开发和支持的整体过程和活动。保守和倾向于规避风险的机构在开发大型和复杂软件时可能会选择完整的瀑布过程，并在每个主要活动（如需求规约、设计说明书、编码和测试用例生成）完成后进行审查。所有开发出来并审查过的软件文档和制品都将被编号和存储，同时还为所有材料提供完整的审计跟踪和追溯。其他一些机构由于其所涉及的行业类型，可能必须全面控制所有的软件制品，如政府或国防工业部门。这类机构更有动力对软件制品进行配置管理。

另一方面，小型和敏捷流程导向型机构可能会选择一个仅强调几个关键活动（如需求规约和编码）的过程。这种类型的机构可以选择仅控制需求规约和代码的最终版本，而不保留所有的中间版本。

在决定我们必须对什么进行管理和管理的细致程度时，所选择的过程和该过程包含活动中产生的软件制品将发挥很重要的作用。例如，对在构建最终软件产品之前，采用从需求、设计、编码到多层次测试逐步推进过程的机构，可能会决定对以下所有制品进行管理：

- 需求规约
- 设计说明书
- 源代码
- 可执行代码
- 测试用例

在这里，源代码包括逻辑代码、数据库中的表和用户界面脚本等。类似地，测试用例包括用自然语言编写的测试场景、测试脚本以及相应的测试数据。根据开发和支持过程，可能需要管理不同类型的软件制品。例如，如果过程中包括正式设计审查，那么设计审查的结果可能也会被视为需要进行管理的重要软件制品。

作为独立材料来管理这些软件制品的不同版本虽然有点烦琐，但并不是很复杂。当多个制品和这些制品之间的关系也需要被控制时，复杂度就增加了。以需求规约和设计说明书为例，如果我们想将两者对应，并控制每个客户需求与相应设计元素之间的相互关系，以确保可追溯性，那么必须引入一种允许我们链接两组制品间元素的机制。软件制品间的相互关系众多，需要考虑的相互关系包括：

- 需求和测试用例
- 设计元素和逻辑代码片段
- 逻辑代码片段和数据表
- UI 界面和代码片段
- 消息、帮助文本和源代码
- 测试用例和逻辑代码片段
- 数据库表和初始化数据

可以使用矩阵的形式来更加透彻和清晰地表示这组关系。如表 11.1 中所示的关联关系，显示了软件制品间的相互关系。也可以使用另一个矩阵来表示略有不同的软件制品间关系。

表 11.1　软件制品间关系矩阵

	需 求 元 素	设计元素	代码逻辑	用户界面	数据库表	初始化数据	测试用例
需求元素		×	×	×			×
设计元素	×		×	×	×	×	
代码逻辑	×	×		×	×	×	×
用户界面	×	×	×				×
数据库表		×	×			×	
初始化数据		×	×		×		×
测试用例	×		×	×		×	

如果需要考虑每个软件制品的不同版本，这种相互关系将进一步受到影响。软件产品可能有多个版本的需求规约。例如，在发布最初的通用版需求规约之后，对于一些有不同需求的特殊行业或客户，可能需要定制略有不同的需求版本。此外，可能还需要定制针对特定国

家的不同版本，例如法国、日本或巴西的特定需求版本。因此，我们可能还需要处理软件制品内部的关系。

当需要同时考虑软件制品内部和软件制品之间的关系时，我们可能会面对一个错综复杂的关系网络，如图 11.1 中的 4 个软件制品集所示。

图 11.1　软件制品内部及软件制品间关系

图 11.1 中使用纵向的实线表示软件制品内部不同版本的需求、设计、代码和测试用例间的关系。软件制品间的关系使用横向的虚线来表示，如法国版需求、法国版设计、法国版编码和法国版测试用例集间的关联关系。

如果我们跟踪一个普通软件的产品家族，它通常会含有多个发布版本，以及为不同国家提供的不同修复补丁和服务包，在 5 到 6 年后，关系图将会变得非常复杂和难以处理。

考虑以下示例，某个软件产品含有 1 个通用版和 3 个特定国家版，5 年中每年发布 1 个新版本，每半年发布 1 个修复 / 升级服务包。我们仅以设计文档这一种软件制品来加以说明：

1. *原始版本*：通用版加上 3 个特定国家版，共计 4 个软件制品。

2. *发布年度新版本*：每年都有 1 个新发布版本，需要更新相应的设计制品。因此，5 年共有 20 个设计制品（1 个通用版 +3 个特定国家版＝4）。

3. *每半年发布修复 / 升级服务包*：每个通用发布版每年有 2 个修复 / 升级服务包。第 1 年发布的版本会有 5×8＝40 个服务包，因此会产生 40 个设计更新软件制品。第 2 年发布的版本会有 4×8＝32 个服务包，因此会产生 32 个设计更新软件制品。第 3 年发布的版本会有 3×8＝24 个设计更新软件制品。5 年共计会产生：

$$\text{SUM}_{n=1,5}(n \times 8) = 120 \text{ 个服务包}$$

因此，与 120 个服务包对应，总共会有 120 个关于设计更新的软件制品。

跟踪上述示例中产品的设计制品，我们可以看到，4 个初始设计制品扩展到了 20 个新的设计制品加上 120 个设计修复制品，也就是说，在 5 年的时间内增加了 140 个设计制品。如果一个机构决定对相关的需求文档、代码和测试用例加以控制，将会发现需要管理数量惊人且相互关联的软件制品。

239
~
240

11.2.1　业务策略对配置管理的影响

过程决策会对软件制品的管理和控制产生影响，可以通过是否允许从中间制品创建"分支"的问题来进一步说明。以图 11.1 中的需求文档为例，我们可以制定一项策略，仅允许对需求按以下方式进行更新和修改：

1. 只通过通用版本

2. 只对最新版本

我们将审查法国、日本、巴西等国家的特定版需求是否在修改通用版需求文档后进行了恰当的更新。该策略将顺序执行更新过程，国家特定版需求是通用版需求的后续。接下来，我们考虑一个策略，该策略允许在所有需求制品更新到版本 3 之后修改法国版需求的版本 2。该过程如图 11.2 所示。

图 11.2　允许创建分支

从中间制品（法国版版本 2 到法国版版本 2.1）创建分支将需要重新检查所有版本 3 的需求，以确保对法国版版本 2 需求的修改与版本 3 需求没有冲突。如果我们考虑到其他软件制品，如版本 3 的设计文档和代码，实际影响将会更大。我们需要检查所有现存软件制品是否存在任何冲突。允许客户不仅可以继续使用法国版版本 2，不需要迁移到最新的版本 3，且还可对版本 2 进行升级的业务策略将会对软件制品的管理和控制带来巨大影响。

11.2.2　过程对配置管理的影响

显然，开发和支持过程会影响软件制品的管理方式。以一个大规模复杂软件的开发过程为例，需要经过 3 种类型的正式测试：（1）功能测试；（2）组件测试；（3）系统测试。只有在完成所有 3 种正式测试活动后，才会为软件产品构建一张可发布正式版 CD（"golden" CD），然后将其复制并分发给客户和用户。图 11.3 显示了如何首先收集和集成通过单元测试的软件制品以进行功能测试。在解决所有已发现问题后即可认为通过了测试。只有通过功能测试的代码才能被提升（Promote）到已完成功能测试级。然后将通过组件测试的代码提升到已完成组件测试级，并最终提升到通过系统测试的正式版副本（"golden" Copy）。在多层次测试过程中，提升软件制品的概念是确保通过某一级别测试的代码被锁定，而不会因为某些修改导致其在无意中被回退或降级。设计材料、测试脚本、数据、帮助文本和其他相关材料也必须随着代码一道逐级提升到最终版本。

图 11.3   软件制品的提升

尽管图 11.3 并没有明确地显示所有存储在文件库中相关软件制品的提升过程，但这些制品的确是随着代码来一起进行提升的。为避免其发生回退或降级，确保已完成一定级别测试的所有制品都得到提升也很重要。在测试过程中提升软件制品的方式需要配置管理提供某些特定的支撑功能，例如加锁和访问控制。

11.3   配置管理框架

为了管理和控制软件制品的所有部件，软件工程师必须建立一个控制这些项的框架。从上一节可以看出，软件开发和支持的策略和过程将极大地影响配置管理框架。我们接下来讨论在配置管理框架中需要包含的两个主要模型。

- 命名模型（naming model）
- 存储和访问模型（storage and access model）

11.3.1   命名模型

为了正确地控制所有的部件，必须有一种方式来唯一地标识每个项或软件制品，并且能够为相互关联的项建立联系。根据假设的业务需求和流程，可能会创建不同的命名模型。在这里将介绍一种简单的命名模型，模型中的假设如下：

- 具有唯一的软件产品名称。
- 具有多种类型的软件制品（例如设计文档、源代码、可执行代码、需求、测试脚本、测试数据）。
- 可能会有多种格式的软件制品（如文本、电子表格、图像、声音片段）。
- 有一个需要至少包含两个级别的分组机制。软件正式发布版本是一级分组，一个正式发布版本可包含多个不同的中间版本。
- 将被翻译为多国版软件进行发布。

对于上述这组假设，可以使用 6 个部分组成的命名模型，其中的句点符号被用作分开命名组件的分隔符。

```
PP. CC. RRR. VVV. TT. FF
```

- 第 1 部分——PP：PP 所代表的两位字符是软件产品代码。如果 P 允许为字母和数字，则每位有 36 个合法字符。因此，PP 将提供 36^2，即 1296 个可能的产品代码。

这对于大多数软件机构来说已经足够。

- 第 2 部分——CC：接下来的两位字符 CC 代表国家代码。每位有 26 个合法字符，CC 两位字符将可表示 26^2，即 676 个国家代码。对于大多数软件产品来说，所支持的国家版本数远少于 676 个。大多数商用产品支持英语、法语、德语、西班牙语、日语、中文、韩语和一些北欧国家的语言。除非软件产品将用于联合国等机构，否则 676 个国家代码将足够使用。此外，可以考虑使用 ISO 3166 标准中的两位代码来正式标识国家代码。
- 第 3 部分——RRR：RRR 部分的三位字符代表软件正式发布版本号（release）。如果我们仅使用数字 0～9，则 RRR 可以表示 10^3，即 1000 个正式发布版本。假设产品每年正式发布两个版本，则三位数字将足够供使用 500 年。
- 第 4 部分——VVV：三位字符 VVV 是为正式发布版本提供的中间版本编号（ver-sion），VVV 将在每个正式发布版本中重新开始编号。同样假设只使用数字 0～9，VVV 将在每个正式发布版本中为我们提供 1000 个中间版本编号。在一个正式发布版本中，代码模块可能是需要大量中间版本编号的软件制品。假设在开发的第一年，代码模块可能在产品发布前经过了 1 到 100 个中间版本的修改。然后，假设对于一个容易出错或经常发生变化的模块，在维护和支持期间，每年可能会经过 50 个中间版本修改。1000 个中间版本编号将足够该程序模块使用 19 年，其中包括开发的第一年。在当今这个技术快速发展的世界，19 年的使用寿命对一个模块来说应该是足够的。
- 第 5 部分——TT：两位字符 TT 构成的类型代码用来描述制品的类型。它可能是需求文档、概要设计图、数据库表、测试场景、测试数据或源代码。在这里，T 可以使用 26 个字母，两位代码 TT 提供了 26^2 即 676 种不同类型的制品。即使是对于最复杂的软件开发和维护，制品类型的数量也应该足够使用了。
- 第 6 部分——FF：两位字符 FF 构成的格式代码指制品的表示格式。一个制品可能是文档、电子表格、可执行代码、jpeg 图像等格式。F 可以是 0～9 之间的数字，则 FF 可表示 100 种不同格式的制品。

请注意，如果我们区分大小写字母，则可以表示更多的组合。如果需要，纯数字字段也可以更改为字母数字混合组成的字段以进行扩展。当然，也可以扩展每个部分的字符位数。因此，这种 6 部分组成的命名模型可广泛地用于各类软件产品的开发和支持。命名模型是唯一标识项和创建项之间关系的关键所在。在选择工具时，我们需要特别注意工具可能会规定命名规范。例如，对使用不同编程语言的源代码文件，编译器可能需要特殊的后缀或前缀。

除命名模型之外，还可以创建一个单独的项 – 属性描述文件，有时也将其称为属性模型（attribute model）。属性模型本质上定义了与每个制品相关联的特征，例如制品的所有者或制品的创建者等。它有助于提供更丰富的制品标识机制，并且可以被用作命名模型的补充指南。

11.3.2　存储和访问模型

配置管理框架的第二个关键模型是存储和访问模型，它定义了存储和控制访问所有软件制品所需的功能。该模型有两个基本功能：

- 创建（create）。

- 删除（delete）。

Create 功能初始化新生成的软件制品并将其存储，以进行配置管理。Delete 功能与 create 功能相对应。Delete 功能会破坏软件制品，并将其从配置管理中移除。

该模型还有一组访问附加功能：

- 查看（view）。
- 修改（modify）。
- 返回（return）。

有两种类型的检索功能。其中，view 功能允许用户检索软件制品以进行阅读，modify 功能允许用户检索软件制品，以对其进行修改。两者差异化的原因在于，当同一软件制品被多个用户检索查看时，不存在竞争问题，而多个用户为了进行修改而检索同一软件制品则可能会引发不兼容和冲突。例如，用户 A、B 和 C 可能都想要检索软件制品 X，并各自进行修改。除非这 3 个用户在对制品 X 进行修改时相互通信，否则极有可能会相互冲突。在源代码模块被频繁修改的测试期间，这种可能性将大大增加。因此，modify 功能需要进行受控的检索。为防止冲突和竞争，modify 功能只允许一个用户为修改而进行制品检索。当某软件制品被修改时，将禁止其他用户使用 modify 功能检索该软件制品。然而，其他用户可能仍然可以通过 view 功能检索该软件制品。Return 功能允许将完成修改的软件制品进行存储，并重新启用该制品的 modify 功能。除非同一用户先使用 modify 功能检索了某软件制品，否则不能使用 return 功能返回该制品。因此，modify 和 return 功能相互配对。另外，return 功能还可以包括自动递增返回软件制品的版本号。具有自动增加版本号的检索功能为版本控制提供了一套基本的附加功能集。

在许多现有的配置管理或版本控制产品中，使用术语检入（check-in）和检出（check-out）。通常有两种检出形式，只读检出与前面讨论的 view 功能相同，编辑检出则与修改功能相同。检入与 return 功能相同。

存储和访问模型还需要一套控制和服务功能，所需服务功能的范围将取决于配置管理通用性。以下是几个服务功能的示例：

- 导入（import）
- 导出（export）
- 列出（list）
- 设置（set）（发布号或版本号）
- 增加（increment）（发布号或版本号）
- 更改（change）
- 收集（gather）
- 合并（merge）
- 提升（promote）
- 比较（compare）

import 和 export 功能允许将软件制品引入和移出现有的配置管理框架。list 功能可根据产品代码、版本号或其他标识符提供制品列表。set 功能允许制定制品的正式发布版本号或中间版本编号。虽然前述的 return 功能可以包括版本号递增功能，但 increment 服务功能允许显式地将正式发布版本号或中间版本编号增加所需数值，也可以通过增加负数来减小版本号。change 功能用于更改产品代码、国家代码或制品名称中的任何部分。gather 功能可以通过产品代码或版本号来指定和链接所有相关的制品。例如，我们可能会通过产品和国家代码收集所有相关制品，然后将它们导出到另一个机构。merge 功能将一个制品的修改结合到另一个制品中。如果对现有的已发布制品进行了一系列修复或更改，并且需要将相同的修改并入到为下一个发布版本准备的另一个制品中，此项功将非常有用。因此，merge 功能有助于并行化开发。promote 功能允许将指定的制品移动到不同的状态。在之前，关于在正式发布前提升测试代码到不同状态级别的例子中，已经解释了 promote 功能的使用。通常情况下，特别是在一个模块的维护和服务中，我们希望看到以前做过哪些修改。compare 功能允许我们查看两个制品或同一制品两个版本之间的差异。

如果需要，还可以将更多的服务功能加入到存储和访问模型中。例如，实现加锁（locking）和解锁（unlocking）机制的附加功能；又如，使用定位（where-used）或引用定位（where-referenced）功能，将允许我们找到引用特定制品的所有制品。多年前，我们为解决"千年虫"问题时，定位功能被广泛用于搜索包含或使用日期字段的所有模块。

如果可以通过自动工具自动化其中一些或大部分活动，上述配置管理框架将会变得更加容易实现。

[246] 集成和构建是一个与配置管理框架相关的重要活动，它是大型软件开发的必需品。如果没有规范的控制，将相关的代码和数据处理为一组可执行文件将会是一个令人生畏的过程。这一活动将在下一节中单独讨论。

11.4 构建与集成

构建过程是针对特定执行环境，将源文件集成和转换到一组可执行文件的一系列活动。执行环境包括运行构建过程所生成软件的硬件和软件系统。

正如每个程序员所熟悉的那样，单个程序的构建周期相当简单。构建活动主要涉及两个步骤：

- 编译（compile）。
- 链接（link）。

首先，编译源代码。然后，修复编译错误并重新提交编译。一旦源代码被成功编译，将它与所有需要的外部项链接，这些被引用的外部项数量相对有限。当成功完成链接后，该程序就可以被用于测试、调试和修复等活动。

现在考虑一个庞大而复杂的软件应用程序，它包含数百个需要进行集成的源文件。这些相互关联的制品必须被合理地控制，否则构建过程可能会在耗时数小时后失败。在多人组成的开发团队中，一类常见错误就是团队成员在其他成员不知情的情况下对源代码进行了修改。这很有可能导致依赖于此模块的其他模块存在引用不匹配的错误，从而导致构建活动失败。随着构建过程变得越来越复杂和耗时，特殊的构建文件（build file，有时被称为描述文件或配置文件）被用来管理和控制构建活动。20 世纪 70 至 20 世纪 80 年代，C 语言和 UNIX 系统的 make 功能使用的 makefile 是一种流行的构建文件。构建文件控制了软件构建周期（build cycle）中以下活动的顺序：

- 依赖性和交叉引用检查。
- 将源代码编译为可执行文件。
- 链接可执行文件。
- 生成所需的数据文件。

使用自动工具可以大幅简化复杂软件系统的构建过程。在定义构建文件后，自动工具将根据构建文件处理构建周期。对于大型复杂软件，完整的构建周期可能长达 6、7 个小时以上。由于这类构建需要时间较长，因此通常在晚上进行。每晚构建（nightly bulid）即描述此过程的术语。

在大型软件开发方面的经验同样告诉我们，如果当前的构建过程失败，将不会留下任何东西。也就是说，应始终保持之前成功构建的系统备份。如果当前构建周期失败，那么最后一个成功构建的系统仍然是最新系统，并且仍然可以继续用于测试等活动。构建文件可以帮助我们跟踪并改正一些构建过程错误。构建文件可以作为构建过程的审计机制。因为一个大型系统的构建过程耗时较长，我们通常将其分成几个步骤。这样，我们可以检查每一步是否正确完成，然后再进行下一步。这种方式可以防止前面步骤中的错误直到最后才引发构建失败，再重新启动而耗时较长的构建过程。 [247]

当软件处于开发周期中的测试阶段时，每天都会发现和修复错误。然而，并非所有源代码都会受到这些修复和更改的影响。通常只有少量的源程序被修改。在这种情况下，不需要执行完整的重新构建，但在使用部分构建版本时必须特别小心。最后，当完成整个开发周期，准备开发最终发布版本时，应该对所有源程序进行完整的重新构建。最后应该注意：必须确保所构建的最终版软件系统是面向目标用户运行时环境的，而不仅仅针对开发人员环境。有时候，软件在开发人员系统上运行一切正常，但是由于某些库中可执行文件版本较旧等运行环境上的差异，将导致软件无法在用户环境中正常运行。

11.5　配置管理工具

如前所述，软件配置管理是与控制软件开发和支持过程中产生部件相关的一系列活动。在大型软件项目中，这些活动可能是烦琐而复杂的，因而很容易出错。所以，应尽可能地将这些活动自动化。

配置管理工具可以分为 3 个层次。第 1 层次的工具主要执行版本控制和变更控制，通常可直接使用现成的过程，而不需要做任何修改。在早期，受欢迎的工具有 RCS（Revision Control System）和 SCCS（Source Code Control System）。其中，RCS 是普渡大学的 Walter Tichy 编写的；SCCS 则被用于大部分 UNIX 系统中。现在，GNU 和 FSF（Free Software Foundation）克隆了 SCCS，并将其称为 CSSC。其他工具包括 CVS（Concurrent Versions Systems）、PRCS（Project Revision Control System）和 Subversion。其中，PRCS 类似于 CVS 和 RCS，它是加州大学伯克利分校的 Paul Hilfinger 开发的工具，带有一个易于使用的前端；Subversion 是由 Tigris.org 赞助的 CVS 替代工具，Tigris.org 是一个致力于软件开发协同工具的开源社区。最近，用于管理 Linux 内核源代码的 git 工具也变得非常受欢迎。本章后面的 "参考文献和建议阅读" 部分提供了上述工具的链接。

第 2 层次的配置管理工具带有构建功能。早期流行的构建工具之一是 UNIX 系统附带的 Make 实用程序，它于 20 世纪 70 年代中期由 AT&T 贝尔实验室的 S. I. Feldman 创建。该功能使用描述或配置文件（如 makefile）作为向导来查找所有源文件及其相互间依赖关系，以最终生成可执行文件。其他免费构建工具有 Odin、Cons、SCons 和 Ant。

Odin 是一个和 Make 非常类似的构建工具。虽然它具备比 Make 更高级的特性，运行速度也更快，但它的描述文件与 makefile 不兼容，这使得它作为 Make 的替代工具不太具有 [248] 吸引力。另一个构建工具 Cons 由 Robert Sidebotham 于 1996 年发布，现在由 Rajesh Vaidheeswarren 负责维护。它是对 Make 工具的改进，可在包括 AIX、FreeBSD、HPUX、Linux、Windows NT 和 Solaris 在内的多个平台上运行。它使用 FSF 发布的 GNU 通用公共许可证。SCons 基于 Cons 的架构，是 2000 年由 Software Carpentry 赞助竞赛的成果。它最先于 2001 年使用非限制性 MIT 许可证发布。Apache Ant 是另一个基于 Java 的构建工具，与 Make 类似，它被用于帮助构建 Apache Web 服务器引擎 Tomcat。Ant 由自由软件开发人员 James Davidson 发起，并由 Apache 软件基金会（Apache Software Foundation）发布。由于 Ant 基于 XML，所以它的配置文件不同于基于 UNIX Shell 命令 Make 工具。近来，Maven、Gradle 和 Bazel 等其他基于 Java 的构建工具也变得更为流行。

第 3 层次的软件配置管理工具将配置管理活动与开发和支持过程中的活动相结合。大多数免费工具不提供此项功能。只有有限的几个商用配置管理工具集成了一些开发和支持过程中的活动。例如，使用需求工具开发的不同版本的需求制品通常会保留在该需求工具中。但是，需求制品很少与设计文档、源代码和测试用例相关联。在复杂的配置管理工具中，最常见的是支持管理变更过程。目前还没有一个集成完整开发过程的第 3 层次软件配置管理工具。

当然，有一些商用配置管理工具可用于大型软件开发和支持，这些工具试图在源代码之外覆盖更多的软件制品。由于其功能相对较为丰富，这些商用工具要复杂得多。以下 3 种工具是在撰写本书时最流行的商用配置管理工具：

- ClearCase
- PVCS（Serena ChangeMan）
- Visual SourceSafe

ClearCase 是一组软件配置管理工具集，可与多个开发环境（如 Microsoft Visual Studio. Net、Eclipse、IBM WebSphere Studio 和 Rational Application Developer 等）一起运行，并提供了扩展的构建功能。该工具最初由 Atria 发布，然后被 Rational 收购，之后 Rational 又被 IBM 收购。ClearCase 适用于大型、复杂、多团队软件开发和支持，现在也被称作 IBM Rational ClearCase。

PVCS 也是一组软件配置管理工具集。最初，它是一个更适合开发中等规模软件的工具集。2004 年，其所属的 Merant 公司被 Serena Software 收购。现在，PVCS 已经转换并集成到 Serena ChangeMan 工具集中。

Visual SourceSafe 是 One Tree Software 开发的一个简单代码版本控制工具。自从 1994 年被微软收购以来，该工具发展迅速，并已集成到微软开发环境中。然而，它仍然主要侧重于版本控制，适用于异地分布的小型团队。

目前，没有一个配置管理工具可以管理所有不同类型的软件制品及其相互依赖关系。因此，可能需要搭配使用多个工具。在确定所在的特定机构最适合哪些工具时，需要考虑以下问题：

- 什么制品对本机构很重要，它们是如何相互关联的？是否应该在某种自动化工具下管理这些制品？需要管理多长时间？
- 该自动化工具是否具备所有必要的和期望的配置管理功能？
- 该自动化工具是否能在本机构的开发和支持环境中运行，并处理所有不同类型的制品（例如支持的编程语言、设计语言、配置文件脚本语言）？
- 现有的命名模型与该自动化工具相匹配，还是需要修改命名模型？如果需要修改现有的名称，是否有转换工具可以提供帮助？

- 该自动化工具是否能在不改变用户环境的前提下，生成能在该环境中运行的制品？
- 该工具是否可以支持异地多站点开发？
- 运行该自动化工具需要多少资源（例如 CPU 和内存）？
- 该自动化工具是否支持特定功能？如何支持？（例如，是否支持 7×24 小时进度计划？）
- 该自动化工具多长时间更新和发布新版本？
- 工具供应商是否提供正式培训？以什么形式提供？
- 是否具备用户手册和参考手册等文档？
- 是否具备可以网上咨询或电话联系的帮助账号？

最后，除非自动化工具是免费的，否则应该确认该工具的产品和支持服务的价格。许多工具可根据用户数量或以企业范围协议的方式付费和授权使用。

11.6　管理配置管理框架

软件配置管理被认为是直接从软件工程实践和研究成果中成功获益的领域之一，但我们不能因此而假设它能够自动完成操作，仍然需要着重强调软件配置和发布管理。在机构中，软件配置管理应该按计划、分阶段地进行。

在最简单的形式中，我们必须确保所有的源代码被正确地编译和链接，以生成一个可发布包，供用户直接安装和运行。当然，为确保在整个开发阶段中所有源代码的正确性，我们必须引入和实施配置管理规定。规定的基本原则包括明确说明源代码的多个版本，并能够提供其中任意一个版本用于集成和构建，从而为用户生成所需版本的软件。随着代码制品数量和修改频率的增加，还应该引入配置管理员和自动化配置管理方法。

在掌握软件开发阶段软件配置管理规定的基本原理后，我们可以将其扩展到支持活动中。频繁地对多个模块进行修改是软件支持和维护阶段的固有组成部分。因此，可将软件配置管理从软件开发阶段自然地延伸到支持过程中。

一旦所有代码和代码相关的制品都已经纳入配置管理，机构就可以将其他更多的软件制品纳入配置管理，例如需求、设计或测试用例制品。保存所有的其他制品并正确地维护其相互关系，会增加配置管理的复杂程度。需要引入配置管理员来帮助设计一个适用范围更广的系统，以允许我们能够存储、访问、跟踪、控制和关联所有这些制品。我们应该能够生成一个完整的软件产品包，其中包含所有的需求、相关设计文档、审查/评审结果、变更请求、源代码、可执行代码、数据、测试用例和脚本、测试数据、测试报告和结果、参考手册和市场宣传手册。这种复杂程度要求机构有一个规定清晰的开发和支持过程、一个定义明确的由过程活动产生的软件制品集，以及一个集成的配置管理系统。

任何系统成功的关键都是拥有知识渊博/积极进取的团队成员、明确的目标以及可以带来帮助的优秀过程和工具。软件配置管理也是这样。参与软件开发和支持的工程师必须就配置管理、进行配置管理的原因、涉及的过程以及相关工具的使用进行培训并具备相关背景知识。而且，这应该在实际软件开发和支持活动之前或至少在较早阶段完成。

11.7　总结

一个庞大而复杂的软件项目需要对生成的所有软件制品进行有效管理。此外，还必须考虑这些制品间的复杂关系，以产生一个可发布版本并能够对其提供支持。

配置管理框架由两个主要部分组成：

- 命名模型。
- 存储和访问模型。

将这两个模型与集成和构建过程相结合，我们就可以管理生成的软件部件，并为用户生成不同版本的软件。在自动化配置管理中，我们讨论了不同复杂程度的各类工具，范围涉及版本控制、集成和构建、制品间关系管理和过程控制。将配置管理引入特定机构也应该有一个良好的计划，并且可能需要分阶段进行。

11.8 复习题

1. 命名模型的用途是什么？

2. 列出软件配置管理中的 4 个主要活动。

3. 什么是检入和检出？

4. 列出在选择配置管理工具前你最关心的 3 个因素。

5. 对单个程序来说，构建过程由几个步骤构成？

6. 什么是链接？我们在构建过程中链接的对象是什么？

7. 解释配置管理的存储和访问模型中 view 与 modify 功能的区别。

8. 在自动化配置管理活动的 3 个层次中，分别说出一个工具的名字。

11.9 练习题

1. 如何使用命名模型来追溯设计制品对应的需求？举例说明。

2. 假设命名模型使用 2 位字符表示制品类型和 3 位字符表示制品格式，将其与 C++ 或 Java 源代码文件的源代码命名规则进行比较，讨论在构建期间可能会发生的问题。

3. 讨论如何将制品提升到下一级别。

4. 在版本控制中，为什么我们需要担心以修改为目的进行的多个访问？举例说明源代码在不受版本控制时可能会发生的情况。

5. 在存在顺序的一组制品中，为什么允许从中间制品创建分支将会使情况变得更为复杂？

6. 在版本控制中，有关如何实现不同版本制品的内部存储存在争论。一个观点是保留每个版本的完整副本。另一个观点是只保留从一个版本到另一个版本的变化增量，只有第一个版本是唯一的完整副本。

    a. 给出保留每个版本完整副本的一个理由。

    b. 给出只保留版本间变更增量的一个理由。

    c. 两种方法各自的缺点是什么？

11.10 参考文献和建议阅读

Apache Ant, http://ant.apache.org, accessed 2016.

Atria Software, *ClearCase User's Manual*, Natick, MA, 1992.

M. E. Bayes, *Software Release Methodology* (Upper Saddle River, NJ: Prentice Hall, 1999).

S. P. Berczuk and B. Appleton, *Software Configuration Management Patterns: Effective Teamwork, Practical Integration* (Reading, MA: Addison-Wesley, 2003).

Cons (A Software Construction System), https://www.gnu.org/software/cons/stable/cons.html, accessed 2016.

CSSC (GNU's clone of SCCS), https://www.gnu.org/software/cssc/index.html, accessed 2016.

CVS (Concurrent Versions System), http://www.nongnu.org/cvs/, 2016.

S. Dart, "Concepts in Configuration Management Systems," *Third International Software Configuration Management Workshop* (New York, NY: ACM Press, 1991).

———, "The Past, Present, and Future of Configuration Management," *Software Engineering Institute Technical Report*, CMU/SEI 92-TR-8, 1992.

J. Estublier, et al., "Impact of the Research Community for the Field of Software Configuration Management," *Proceedings of the 24th International Conference on Software Engineering*, 2002, pp. 643–644.

A. M. J. Hass, *Configuration Management Principles and Practices* (Reading, MA: Addison-Wesley, 2003).

A. van der Hoek, A. Carzaniga, D. Heimbigner, and A. L. Wolf, "A Testbed for Configuration Management Policy Programming," *IEEE Transactions on Software Engineering* 28, no. 1 (January 2002): 79–99.

IBM Rational ClearCase, http://www-03.ibm.com/software/products/en/clearcase, accessed 2016.

International Workshop on Software Configuration Management, *Workshop Proceedings from Springer, Lecture Notes in Computer Science* (LNCS) 1005 (SCM 4 and SCM 5-1995), 1167 (SCM 6 1996), 1235 (SCM 7-1997), 1439 (SCM 8- 1998), 1675 (SCM 9-1999), and 2649 (SCM 10 and SCM 11 – 2001 and 1003).

A. Leon, *A Guide to Software Configuration Management*, 2nd ed. (Norwood, MA: Artech House, 2004).

Microsoft Visual SourceSafe, http://msdn.microsoft.com/en-us/library/3h0544kx%28v=vs.80%29.aspx, accessed 2016.

NASA Software Configuration Management Guidebook, http://ntrs.nasa.gov/archive/nasa/casi.ntrs.nasa.gov/19980228473_1998393844.pdf, accessed 2016.

C. Nentwich, W. Emmerich, A. Finkelstein, and E. Ellmer, "Flexible Consistency Checking," *ACM Transactions on Software Engineering and Methodology* 12, no. 3 (January 2003): 28–63.

PRCS (Project Revision Control System), http://prcs.sourceforge.net, accessed 2016.

PVCS (Serena ChangeMan), http://www.serena.com, accessed 2016.

RCS (Revision Control System), http://www.gnu.org/software/rcs/rcs.html, accessed 2016.

T. Roche, *Essential SourceSafe* (Milwaukee, WI: Hentzenwerke Publishing, 2001).

SCons, http://www.scons.org, accessed 2016.

Subversion, http://subversion.apache.org, accessed 2016.

W. Tichy, "Software Configuration Management Overview," http://grosskurth.ca/bib/1988/tichy-tools.pdf, accessed 2016.

B. White, *Software Configuration Management Strategies and Rational ClearCase: A Practical Introduction*, 2nd ed. (Reading, MA: Addison-Wesley, 2005).

E. J. Whitehead Jr. and D. Gordon, "Uniform Comparison of Configuration Management Data Models," *Proceedings of 11th International Workshop on Software Configuration Management* (SCM-11), 2003, 70–85.

253

254

软件支持和维护

目标
- 描述产品发布后的支持和客户服务活动。
- 讨论产品缺陷性和非缺陷性的支持任务。
- 分析一个客户支持和服务机构的示例。
- 描述仅包含产品缺陷修复补丁的补丁集，以及包含小型增强功能和缺陷修复补丁的维护版产品。

12.1 客户支持

大型软件产品会经历漫长而且开销巨大的开发过程。但是，产品发布后的支持和维护周期比开发周期还要长几倍。软件产品的生命周期将会在初次发布后持续多年。产品成功与否取决于实际用户使用软件产品的体验。尽管开发者希望软件能够具备"用户友好"和"质量可靠"的特性，但许多大型软件由于其高度复杂性导致在产品发布时仍存在缺陷。此外，由于诸如资源和进度计划等各种原因的限制，产品的第一个正式发布版本可能并未实现需求列表中的所有内容。因此，理解并为产品发布后提供用户支持进行充分的准备是非常重要的。客户支持和服务主要包括以下两种类型的活动：
- 产品缺陷性支持。
- 产品非缺陷性支持和服务。

此外，大多数大型软件产品会对支持和服务收取一定费用。许多软件机构每年会收取原产品价格的 10%～20% 作为产品支持和客户服务费。另一些则是按"每次通话"收取费用，即收取每次拨打客户支持服务电话的客户支持/服务费。这些付费客户和用户显然希望能获取专业级的服务和产品升级维护。许多产品支持和客户服务模式将支持和服务扩展到客户咨询实践中。咨询服务将包括针对用户的培训和指导，以及产品的扩展和定制。一般来说，一旦软件产品被修改和定制，该部分将不被普通产品支持合同所涵盖，而需要通过咨询服务合同获取支持。咨询服务是一个持续增长但难度较高的业务，我们在本章中不讨论这一扩展模式。IBM 和 Wipro（印度）等公司已经将 IT 咨询作为一项全球业务。

对于正在使用或计划使用开源软件的用户，产品支持和客户服务可能存在问题。因为软件产品是免费的，所以没有法律义务为其提供支持。对于一些开源软件，可能会有商业支持提供者，但这仅限于受欢迎的软件产品。例如，Linux 是一个免费的操作系统，Red Hat 公司为 Linux 企业提供支持，同时也为 JBoss 企业应用平台提供支持。

12.1.1 用户问题到达速率

在发布软件产品初期，随着使用率的提高，将会涌现大量用户询问和问题报告。众所周知，问题的发现和报告遵循与图 12.1 中 Rayleigh 曲线类似的指数曲线。当然，实际数据并不会像图 12.1 中所示的那样平滑。

图 12.1　使用 Rayleigh 曲线表示的问题到达曲线示例

在开始阶段，随着用户尝试使用新的软件产品，问题到达速率（problem arrival rate）将迅速加快。一开始，用户执行主要路径，找到所有容易被发现的问题。随着这些主要问题得到修复和用户使用更加复杂的功能，问题报告速率也将降低到一个较低的值。如果一开始报告问题的速率较慢，软件产品可能被错误地认为质量较高。当发生这种情况时，需要重点检查产品的实际使用率，因为许多客户可能不会立即使用新发布的软件。对于图 12.1 中的时间轴，一些软件工程师会采用使用时间（usage-time）代替日历时间来描述问题达到曲线。使用时间可定义如下：

　　　　使用月数＝（使用软件的活跃用户数量）×（每用户使用月数）

该公式确保在描述问题达到速率时同时考虑了时间和使用情况。文献（Kan，2003）对 Rayleigh 模型和缺陷报告率进行了更进一步的讨论。缺陷报告率也类似于测试期间的缺陷发现率和可靠性模型。（有关可靠性模型的更多细节，可参见文献（Musa et al.，1990）。）

客户支持的准备工作必须在软件正式发布前启动。支持和服务的工作量以及所需的支持人员数量可以根据问题到达曲线估计。因此，准确估算问题达到速率非常重要。对于具有使用情况历史数据的机构来说，估算类似情况的问题达到速率是可行的。但是，当机构发布新产品时，就会遇到困难。关于估算和可靠性模型的主题超出了本书的范围（可参考 12.7 节）。首先，需要估算所需的支持人员数量，然后需要对支持人员就软件产品进行培训。培训通常针对软件和实际使用环境。有时候，作为培训和交付活动的一部分，也会将支持人员纳入测试工作中。有时候，原开发人员或测试人员将会被分配到支持团队中，以在产品支持期的头 6 个月为支持团队提供指导。

经验丰富的支持机构会持续地详细分析软件使用情况和问题报告。有时候会将头几个月的数据用作检查点，以查看发现和报告缺陷的情况是否与预测情况相符。在支持活动早期，可能会重新协商所需的支持资源，特别是在出现问题比原预测更多的情况下。

维护和发布后续版本的实际成本将取决于每个软件产品的市场和财务状况。拥有大型用户社区的成功软件产品更有可能持续销售多年，并进行多次更新和发布。即使如此，软件产品最终也将进入日落期（sunset period），并从市场上消失。产品日落期可能会持续 1～2 年，通常按照以下顺序进行：

1. 停止发布含有新功能或增强功能的新版本。
2. 仅修复旧产品中严重性非常高的问题。
3. 宣布一个新的替代产品。
4. 鼓励现有用户和客户迁移到新产品。

5. 通知仍继续使用旧产品的用户，计划终止产品支持。

6. 向仍在使用旧产品的客户提供可能愿意继续为旧产品提供支持的软件供应商名称。

7. 在计划日期终止客户支持，并让软件产品退出市场。

有时候，软件产品已退出市场，但还没有新的替代产品。在这种情况下，产品的日落期可能会更长，以便用户找到替代解决方案。

12.1.2 客户接口和来电管理

典型的客户支持机构通常由几个层次的人员组成，他们分别执行不同类型的活动。图 12.2 是一个软件支持机构的支持和服务功能示例，该机构的支持和服务功能具有两个层次。其中，外层处理与客户的接口，而内层则由技术专家诊断和修复更加困难的问题，包括修改代码。

图 12.2　典型的客户服务和支持机构

外层由服务和支持代表构成，他们代表软件产品向客户和用户提供服务。同时，这些服务和支持代表从客户的角度出发，对产品应如何进行修复或变更提出意见。这些代表必须具备非常优秀的沟通能力和应用领域知识。内层由偏重技术和具备产品知识的人员构成，他们的主要任务是为客户的问题开发代码补丁。这两组人员紧密合作，在大多数情况下，会共同维护一个常见问题（FAQ）数据库。该数据库中包含已知问题和相关修复补丁的历史记录，也可能包含尚未修复问题的变通解决方案。两组人员还会就客户问题和修复状态进行频繁沟通。

客户支持 / 服务代表主要处理两种形式的客户问题：

● 客户咨询电话。

● 在线提交问题。

当客户或用户遇到问题时，传统的操作模式是拨打客户支持代表电话。根据支持 / 服务机构的规模，可能会有一个自动呼叫管理工具，可根据问题类型和代表是否空闲将电话转接至不同的服务代表。接到来电的支持 / 服务代表将按照以下顺序处理问题：

1. 根据客户名称和身份证明确认客户的合法性（例如：已经支付软件服务费的客户）。

2. 聆听并记录客户对问题的描述。

3. 查询 FAQ 数据库，以检查类似的问题和解决方案。

4. 如果是以前报告过并已经解决的问题，提供解决方案。

5. 如果是以前报告过但还未解决的问题，提供预计的修复日期。

6. 如果是一个新问题，如有可能，提供变通解决方案。如果没有变通解决方案，则与客户就处理该问题的优先级达成一致。根据达成一致的优先级，为客户提供预估修复时间。

7. 记录问题并向技术修复团队提供报告。

来电管理是处理客户来电并确保其被顺利处理的过程。鼓励客户支持／服务代表仅解决不需要修改代码、通过电话就能快速处理的问题。自动来电管理工具还能帮助管理人员收集来电量、来电等待队列长度、来电响应和处理时间、未接通来电次数及其他相关数据。支持产品和服务客户所需的代表数量取决于预计的来电量规模，而这又取决于图 12.1 中预期问题到达曲线的高度和形状。有时候客户可能会对特定服务代表的态度或得到的回答感到不满意。在这种情况下，必须有一个备份过程来处理不满意的客户。在过去，很多这类服务被外包到其他国家，但像戴尔这样的公司已经将客户支持服务迁回了公司总部，以改进支持服务。

除同步的直接电话支持之外，支持／服务代表还需要维护一个在线网站，用于提供异步的客户支持。很多电话呼叫活动可通过这个异步接口自动化。支持／服务网站首先要求提供客户名称和身份证明，并自动检查客户的合法性。在 FAQ 数据库中自动检查客户所报告的问题，并根据是否找到匹配记录自动生成应答。如果这是一个新问题，该问题将被自动上报，稍后由客户支持／服务代表查看。然后代表评估问题优先级、估算修复日期，并向客户回复。该回复可能直接通过电子邮件发送给用户或提交到网站供用户稍后查看，也可能同时采用两种方式。为处理不满意客户，还可能会有一个处理升级（escalation）的辅助功能。一些支持机构会在支持／服务网站上发布一些产品营销宣传和版本计划公告。还有一些机构则会在网站上发布代码修复补丁，允许客户直接下载补丁并自行安装。

有经验的客户都会知道，问题得到快速处理和解决的关键是在问题评估时尽可能获得最高的优先级。他们敏锐地意识到了问题优先级与问题解决响应时间之间的关系。表 12.1 给出了这种关系的一个示例。很多有经验的客户将在签订客户支持／服务合同和支付费用之前提出这种类型的服务协议。客户通常会特别关注客户呼叫中心是否能提供 24 小时服务。如今，大多数客户都希望服务达到这种响应水平。

表 12.1　问题优先级示例

优　先　级	问 题 分 类	补丁响应时间
1	没有变通解决方案的严重功能性问题	尽快
2	有变通解决方案的严重功能性问题	1～2 周
3	有变通解决方案的功能问题	3～4 周
4	最好能具备或变更	下一版本发布或更早

12.1.3　技术问题／修复

如果问题超出了支持／服务代表的能力，那么将引入技术问题／修复分析师。可能会有一个变通解决方案或临时解决方案提供给客户，在这种情况下，问题描述和临时解决方案都会记录在 FAQ 数据库中，以帮助遇到类似问题的其他客户。同时，创建正式的变更请求，从而生成可能涉及代码修改的更为持久的修复。根据变更请求，对问题的解决方案进行设计、编码和测试。一个具有非常高优先级的修复方案将被打包并立即提供给客户，它还将被整合到补丁集中，该补丁集是定期发布的问题修复程序集合。非高优先级的修复程序都将被整合并打包至定期发布的补丁集中。

技术问题/修复方案分析师通常是资深工程师，他们是设计、编码和测试方面的专家。然而，与软件开发工程师不同，这些问题/修复分析师既没有产品需求分析师的支持，也没有原产品设计师的支持。因此，他们必须拥有特定产品的行业知识和通用技术知识。虽然这是一个管理问题，但这些技术问题/修复分析师的价值早就应该得到肯定和认可。然而，他们的特殊价值才刚刚开始被承认。

将客户问题从支持/服务代表传递给技术问题/修复分析师并将解决方案返回给客户的过程与测试人员和开发人员之间处理问题的过程几乎相同。以下是这一过程的抽象总结：

1. 包含问题描述、问题优先级和其他相关信息的问题报告被提交给问题解决和交付小组。

2. 问题解决和交付小组将探讨和分析问题，并进行问题重现。

3. 问题修复和交付小组决定接受或拒绝该问题。

4. 如果问题被拒绝，则立即通知直接客户支持小组。如果问题被接受，则会生成变更请求，问题将进入由设计、编码和测试组成的修复周期。

5. 根据问题的优先级和性质，可将修复程序单独打包并立即交付给客户，或者将修复程序整合到补丁程序集中。

6. 更新常见问题数据库以反映所有问题的状态，以便客户支持/服务代表可以快速而准确地向客户提供问题的解决状态。

问题修复的设计、编码和测试周期与开发过程的设计、编码和测试活动没有太大的不同。危险在于，问题修复周期可能不会使用与开发相同级别的软件工程规程，因为许多问题的修复可能仅涉及修改一两行代码。只修改代码，然后继续处理下一个问题非常吸引人。如第 11 章中所述，对于需要同时处理跨多个国家/地区的多版本软件产品的机构，遵守将所有需求、设计、编码和测试文档保持一致更新的规定非常有必要。为解决问题所修改的代码通常需要传递到其他版本，也需要扩散到多个国家/地区定制版。问题修复和交付小组的任务和活动需要遵循的规定与本书前述章节中介绍的软件工程方法和技术相同。另外，客户越来越意识到测量服务情况的必要性，开始要求对服务等级采用合同约定，并附带惩罚条款。对于硬件系统可用性尤其如此，其中大部分系统的预计可用性要求在 99%～100%。幸运的是，客户对软件的需求尚未达到这样的水平。

在可能危及生命的情况下，问题/修复处理过程与普通情况有很大的不同。在此类紧急的情况下，现场支持人员通常会直接在客户的系统上修复和解决问题。事实上，根据具体情况，有时候原系统的设计师或程序员也会为客户提供支持。在这种情况下，在客户站点上所做的修改和修复仍然需要被正式记录，修复代码将随后整合到通用补丁集中，以提供给其他客户。需要注意的是，支持活动仅适用于原始软件产品中的问题，而不是修改或定制代码中的问题。如今，大多数软件产品机构只提供可执行目标代码，不再发布源代码，以避免为客户修改代码所导致的问题提供支持。

12.1.4 交付及安装补丁

交付修复补丁主要有两条途径。一条途径是按季度或半年定期发布的补丁集，里面包括自上次补丁集发布以来累积的程序补丁。一般来说，补丁集不包含完整的产品，它不是完整的产品更新，而只包含受问题修复补丁所影响的模块和代码。修复补丁是按顺序打包的。修复补丁集也是有顺序的，要求客户按顺序安装修复补丁集。修复补丁集将提供给所有具有有效支持 / 服务合同的客户。这些修复补丁集（有时也称为补丁程序）可从在线站点下载或通过 CD 分发给客户。

　　并非所有客户都会立即应用（或安装）修复补丁。有些处于"生产"状态的客户，并不希望使用任何新的补丁集，以免影响到他们正在运行的软件。但是，他们可能会在以后遇到问题时，希望能获取一个针对该问题的特定修复补丁。需要提醒这些客户，必须在上次完全应用补丁集后顺序地应用所有修复补丁。如果客户希望只修复一个问题或单个补丁，而从所有修复补丁集中追溯应用合适的补丁可能会非常耗时且令人沮丧。无论如何，为使支持服务的效果达到合理水平，需要鼓励客户在修复补丁集发布后尽快应用这些补丁集。

　　另一条交付修复补丁的途径适用于高优先级的紧急修复。在这种情况下，单个修复补丁可能会分发到系统已被关闭且业务已被暂停的客户。客户将在收到修复补丁后立即应用。客户的系统得到升级，业务得以恢复。但是，当下一个常规补丁集发布时，已应用此紧急修复补丁的客户必须要注意，他们不能因为已经安装过紧急修复补丁，而仅部分安装常规补丁集。因为常规补丁集中的某些补丁可能会影响已经应用的紧急修复补丁。有时候，应用紧急修复补丁的客户可能不得不首先回退该紧急修复补丁，然后再应用完整的补丁集。图 12.3 显示了一个包含 3 个累积补丁的补丁集（$n+1$）。

262

图 12.3　补丁覆盖问题

　　假设有一个紧急问题，并且紧急修复补丁被分发给图 12.3 中已应用补丁集 n 的那些客户。假设分发给已应用补丁集 n 客户的紧急修复补丁涉及代码中的语句 3、语句 4 和语句 5。同时，已经生成了一个针对问题 1 的代码修复补丁 1，它被放入将于下一次发布的补丁集中，即补丁集 $n+1$。此外，由于补丁 1 影响了补丁集 n（语句 3、语句 4、语句 5 和语句 6），已经分发的紧急修复补丁需要修改为补丁 2，因为它们涉及相同的区域。然后，后续的所有问题修复补丁，如补丁 3，必须基于此经过修改的紧急修复补丁，即补丁 2。这个示例说明了为什么紧急修复补丁不能保留在代码中，以及为什么客户不能盲目地应用补丁集。

　　客户支持 / 服务机构的交付小组必须跟踪修复补丁的交付状态和客户应用补丁的状态。当有新的补丁集可用时，包含问题列表、相应修复补丁以及针对处于不同正式发布版本、中间版本和已应用补丁集版本客户建议的信息文档将一同提供给客户。此外，软件应用程序有时候可能会相互交织在一起，一个软件应用的补丁集必须与另一个软件产品的补丁集相互配合使用。例如，操作系统的补丁集可能与数据库系统和网络系统的补丁集相关，这 3 个补丁集互为彼此的核心要素，必须一起应用才能使所有补丁生效。这种情况将在下一节中进行讨论，如图 12.4 所示。各种修复补丁集的信息也会与客户服务支持代表共享，以便在客户报告问题时，明确客户所使用的软件版本，以及共同使用的软件产品。

图 12.4　多产品补丁发布

12.2　产品维护升级和发布周期

在上一节，我们讨论了客户支持 / 服务活动，以及补丁集和应用紧急修复补丁需要关注的问题。除产品缺陷问题之外，小型增强功能也会通过维护更新提供给客户。通常，当增加主要功能或支持新的平台时，软件产品将作为不同的正式发布版进行重新定价。这些新的正式发布版本也是由产品开发部门组织开发的，而不是客户支持 / 服务部门。而小型增量修改不会被视为新的正式发布版本，它们通常作为客户支持 / 服务合同的一部分。例如，新增加了一个支持的设备（如打印机）；又如，为了适应税法的年度变化，对于薪酬管理应用所进行的调整。这些产品更新通常与产品缺陷修复补丁集整合到一起，作为产品维护更新进行交付。

不同软件应用产品的产品维护周期也不尽相同。一些应用程序将每 6 个月进行一次维护更新，而其他一些应用程序则每年更新一次以配合立法更新。图 12.4 显示了 3 个相关的商用软件应用程序，它们以略有不同的周期发布更新。每个软件产品机构都可以有自己的发布计划，除非其与其他产品关联。例如，如果制造应用程序中的新功能修改与配送应用程序中的某些部分相关，则它们分别发布的更新 / 补丁维护版本必须相互匹配并同时可用。制造应用程序的更新 / 补丁维护版本 2 可能与配送应用程序的更新 / 补丁维护版本 1 相关。那么，这两个维护版本必须同时发布，而且两个软件产品的更新 / 补丁版本必须在各自与代码一起分发的文档中将对方作为核心条目列出。客户必须同时应用两个维护版本，否则新功能可能无法正常工作。跨软件应用的规划是一项复杂而重要的活动，它涉及技术和业务知识。由于不同的软件公司之间建立了业务联盟和合作伙伴关系，以及企业之间的兼并和收购，跨软件应用的重要性越来越受到关注。显然，第 11 章中讨论的配置管理和自动化配置管理工具是客户支持和服务成功的必需品。

12.3　变更控制

除配置管理之外，大型客户支持/服务机构还必须具备完善的变更控制机制。正如开发机构必须具备良好的变更控制或风险范围蔓延（scope creep）管理一样，客户支持和服务机构必须控制所有变化，无论变化源自于客户问题还是按计划进行的小型增量式功能增强。变更的进度计划主要基于所预计问题和变更请求的数量，并通常会受到资源的约束。当意外出现大量变更请求这类特殊情况出现时，可以让客户支持/服务机构增加临时人员以提供帮助。由于许多客户支持/服务机构的动态性，拥有良好的变更控制流程显得尤为重要。

变更控制是管理以下活动流程的过程：

- 发起变更请求。
- 批准变更请求。
- 执行变更请求。
- 跟踪和关闭变更请求。

还有一些特定的信息必须随变更控制活动流程一起被传递。与变更请求相关的信息通常填写在变更请求表单中。图 12.5 所示是一张变更请求示例表单。

```
变更请求编号：_____          请求发起日期：_____

请求发起人：_____      请求状态：接受日期：_____
                                    拒绝日期：_____
请求优先级：高，中，低               开始处理日期：_____
                                    完成日期：_____

简要描述变更请求：_____
_____
_____

变更请求影响范围：_____
_____
_____

预估工作量：_____      包含变更的维护版本号：_____
```

图 12.5　维护变更请求示例表单

为了便于识别和跟踪，每个变更请求都会给定一个编号。变更请求中需要包含请求的发起日期和发起人，以及优先级说明（高、中或低优先级）。优先级将为决定在哪个维护版本中包含变更请求解决方案的决策过程提供信息。因此，它不仅可作为工作顺序的优先级，而且还是客户可以使用对应解决方案的优先级。请求状态用于跟踪和管理变更请求。请注意，并非每个变更请求都会被批准，有些会被拒绝。尽管图 12.5 中没有，但更复杂的变更请求表单可能会包括填写拒绝变更原因的字段。如果变更请求已开始处理，需要记录开始处理日期。当变更请求完成时，填写完成日期。表单中有一个"简要描述变更请求"的区域，如果需要更多的空间，可随同表单提供附件。为确保已经进行了充分的分析，表单中包含变更请求影响分析字段。影响分析应包括受影响的所有模块、数据库表等的名称。影响分析使得确定此变更请求的前置（prerequisite）补丁和并存（corequisite）补丁成为可能。组件之间的耦合越紧密，将存在越多的前置补丁和并存补丁。在设计阶段做出的决定可能会对后续的产品支持和维护周期带来不利影响。需要对变更请求的工作量进行估计，以合理规划所需的资源并测算预计完成的日期。此外，需要预估变更请求将被包含在哪一个维护版本中发布。

对于希望更深入地管理变更请求的机构，可使用更全面的变更请求表单。例如，预估工作量字段可以被修改为初始工作量估计和实际花费工作量两个字段。此外，可能会有一个字段显示受到变更请求影响的模块、数据库等。无论如何，重要的是不要让表单变得比实际需要还复杂。在表单中包含一个字段必须有很好的理由，诸如变更请求的简要描述、影响区域之类的信息，除作为用于决定接受或拒绝变更请求的信息之外，还会被加入到客户支持简讯中，先于或者与维护 / 补丁版本代码一起被分发。

许多软件机构会对变更请求表单进行深入研究，以更好地了解产品缺点、客户需求和未来产品方向。经验丰富的客户支持和服务团队可以极大地提升客户对产品的认知度和产品销售量。那些把支持和服务团队扩展成咨询服务的组织，也看到一些巨大的获利机会。客户支持 / 服务机构执行与产品缺陷性和非缺陷性支持相关的各种活动，有些甚至会执行市场营销相关的活动，如客户意见调查。

12.4   总结

本章介绍了缺陷性和非缺陷性支持和服务。支持活动在软件产品正式发布后启动。支持和服务机构收到客户问题报告的情况遵循类似于 Rayleigh 曲线的指数曲线。工作量和资源估算通常依赖于问题到达曲线的准确性。

客户支持 / 服务机构通常主要由两个小组构成：

- 客户服务 / 支持代表，通过电话或在线网站与客户进行互动。
- 技术问题 / 修复分析人员，处理更加深入的问题修复，包括设计、编码、测试和发布。

描述了与应用代码修复和补丁集相关的各种问题，从紧急问题到定期发布的维护版本。

最后，所有维护变更必须按照产品开发周期中的变更请求进行控制，讨论了如何使用维护变更请求表单控制变更请求。

12.5   复习题

1. 列出客户支持 / 服务机构执行的与客户支持相关的 3 个功能。
2. 根据客户使用产品和修复补丁的情况，解释客户问题到达曲线。
3. 使用月份的计算公式是什么？
4. 产品维护和发布修复版本时，前置补丁和并存补丁是什么？
5. 什么是问题的优先级？它的用途是什么？
6. 当客户问题从客户服务 / 支持代表传递到技术问题 / 修复分析师时，描述解决问题所涉及的步骤。
7. 举例说明，如果客户停留在某特定版本，在跳过几个维护 / 修复版本后，再应用补丁集，可能会发生什么问题？
8. 变更请求表单中，预计工作量字段的用途是什么？

12.6   练习题

1. 访问一家软件产品公司的在线客户支持网站，并将其提供的支持功能列表与复习题中问题 1 的答案进行比较。

2. 假设所发布的软件产品在 6 个月之后才会被安装和使用，解释问题到达曲线可能的形状。

3. 除了对工作按轻重缓急排序之外，变更请求表单中的变更请求优先级还有什么用途？

4. 假设某重要客户安装了一个通用软件应用程序，并对其中的某些部分进行了定制。分别解释在以下情况中，为该客户提供支持可能存在的影响：

　　a. 定制代码仅与该客户内部编写的应用程序进行交互。

　　b. 定制只是在数据库表中添加一个条目。

　　c. 定制的代码涉及所购买应用软件的主要逻辑部分。

12.7　参考文献和建议阅读

V. Basili, et al., "Understanding and Predicting the Process of Software Maintenance Releases," *Proceedings of the 18th International Conference on Software Engineering*, March 1996.

S. Dart, A. M. Christie, and A. W. Brown, "A Case Study in Software Maintenance," Software Engineering Institute, CMU/SEI-93-TR-8, Carnegie Mellon University, 1993.

S. H. Kan, *Metrics and Models in Software Quality Engineering*, 2nd ed. (Reading, MA: Addison-Wesley, 2003).

T. Kilpi, "New Challenges for Version Control and Configuration Management: A Framework and Evaluation." In *Software Engineering: Selected Readings*, edited by E. J. Braude (Piscataway, NJ: IEEE, 2000): 307–315.

J. D. Musa, A. Iannino, and K. Okumoto, *Software Reliability* (New York: McGraw Hill, 1990).

Red Hat, http://www.redhat.com, accessed 2016.

G. Ruhe and M. O. Saliu, "The Art and Science of Software Release Planning," *IEEE Software* (November/December 2005): 47–53.

Software Support and Maintenance FAQ, http://faq.gbdirect.co.uk/support/, accessed 2016.

268

软件项目管理

目标
- 分析项目管理的 4 个阶段。
  - 规划
  - 组织
  - 监测
  - 调整
- 讨论 3 种项目工作量估算方法。
  - COCOMO
  - 功能点
  - 面向对象环境
- 介绍两种项目管理技术。
  - 使用工作分解结构制定任务进度计划
  - 使用挣值管理进行项目监测

13.1 项目管理

13.1.1 项目管理的必要性

在本书中，我们花了几个章节来讨论软件设计和开发的过程和方法。为什么我们不能按照这些流程和方法来完成一个项目？如果一个项目只需要两三个人怎么办？从表面上看来，对于一个小型项目，开发人员可能仅根据开发过程就能完成该项目，而不涉及任何项目管理。但是，我们可能会质疑一个项目是如何确定只需要两三个人即可完成的。有没有一个所有人都认同且有使用经验的软件开发过程？此外，在没有人进行监测的情况下，包括项目组成员在内的任何人如何知道一个项目是否进展顺利？

即使是小型的简单软件项目也需要项目管理。各种软件项目的不同之处在于管理工作量的差异。一个大型复杂软件项目将需要一些复杂的项目管理技能和相当大的工作量，并使用工具来辅助完成管理任务。项目管理的关键在于如何在缺乏管理和过度管理之间取得平衡，永远不要让项目被管理得过少或过多。

13.1.2 项目管理过程

许多软件工程专业的学生，甚至一些专业人士，会将软件项目管理与软件工程过程和开发生命周期混淆。软件项目管理遵循管理流程，以确保实施恰当的软件工程过程，但其本身并不是软件工程过程。图 13.1 描述了软件项目管理过程的概要流程和所涉及的 4 个主要活动（称为 POMA）：

1. 规划（Planning）。
2. 组织（Organizing）。

3. 监测（Monitoring）。

4. 调整（Adjusting）。

图 13.1　软件项目管理过程

POMA 的 4 项活动有时可能会重叠，但活动中的绝大部分工作将按照图中实线箭头所示的顺序执行。如图 13.1 中的曲线箭头所示，项目管理的监测和调整阶段不仅相互重叠而且以环状的方式相互深度影响。随着项目状态信息的收集和报告，通常需要对项目进行调整和变更。恰当的项目控制需要根据监测情况进行适当调整。

如图 13.1 中的虚线箭头所示，所需进行的调整可能会影响到之前阶段中建立的规划、方法、组织策略、报告结构等。虽然 POMA 中 4 个阶段是顺序的，但每个阶段都会发生可能导致前面某一阶段所完成工作被修改的事件。软件项目管理与其他项目管理一样，往往需要一个迭代过程。文献（Tsui，2004）中提供了有关管理软件项目和 POMA 概念的更多信息。

项目管理力求达到以下目标：

- 最终结果满足客户需求。
- 满足所有期望的产品 / 项目属性（质量、安全性、生产率、成本等）。
- 过程中的目标得到满足。
- 团队成员工作高效、士气高昂。
- 所需的工具和其他资源可用，并得到了有效利用。

重要的是要记住，项目经理必须依靠团队成员来共同完成上述管理目标，而不能仅靠自己单打独斗。

13.1.3　项目管理的规划阶段

规划是所有项目的第一个阶段。项目是成功还是失败严重依赖于是否进行了恰当的规划。然而，由于受到进度和成本的限制，许多软件项目倾向于尽量缩短这一阶段。即使项目规划再好，仍然会发生许多变化和修改。有人会以此作为理由来制定一个不完善的规划，甚至完全跳过规划阶段。无论如何，制定一个精心设计并文档化的规划将有助于处理变更，因为变更是在软件项目中经常会发生的事情。

在规划阶段早期，对以下问题的回答将有助于制定项目规划：

- 软件项目的性质是什么？项目投资方是谁？用户是谁？
- 项目必须完成的需求是什么？希望能完成的需求是什么？
- 项目的交付成果是什么？
- 项目的制约因素是什么？（如进度计划、成本等。）
- 项目的已知风险是什么？

请注意，上述问题与需求的收集和分析活动中需要回答的问题非常接近。软件工程的需求分析方法和过程为如何执行信息收集和分析提供了指导。项目管理必须确保有符合要求的资源、经过验证的方法和充足的预留时间来执行与回答这些问题相关的任务。谁会为规划阶段提供资助一直是一个困难的业务问题。有时候，客户和用户被要求为这些活动提供资金。其他时候，软件项目机构将为规划活动进行资助，并将其作为业务成本计入项目总成本。如今，经验丰富的大型机构已经意识到规划阶段的重要性，并愿意承担该阶段部分活动的费用。

一旦理解了项目的基本需求，将更容易执行和完成剩余的项目规划活动。以下活动是项目规划的主要部分：

- 确保项目的需求得到准确的理解和说明。
- 估计项目的工作量、进度计划和所需资源/成本。
- 确定并建立项目的可度量目标。
- 确定人员、过程、工具和设备等项目资源分配。
- 识别并分析项目风险。

上述每项活动都涉及特定的方法和技术，其中的一些方法和技术将在本章的各小节中来进一步解释。在恰当地收集和分析需求的基础上，可对总体工作量进行估算。然后使用估算工作量来确定项目的进度计划和成本。进度计划的里程碑是根据所选择的过程、工具、技术等来设置的。

在规划阶段最困难的任务之一是定义实际且可度量的目标。我们习惯于声称自己的软件产品质量上乘、使用方便、易于维护，我们也喜欢声称自己拥有最具效率、最有生产力的团队成员或最有效的方法。除非这些声明可被清晰地定义和度量，否则它们不能成为项目目标，因为无法对其进行监测。如同需求收集和分析一样，项目经理不能自己定义这些目标。通常，应该由一个团队来共同确定项目目标。项目的成功与否取决于是否达成了共同规划并达到了认同的目标。因此，项目团队成员都应该理解这些目标和测量方法。例如，如果其中一个项目目标是拥有高质量的产品，则必须定义"高质量"这一术语，否则任何人都不会知道目标是否实现。但是，仅仅简单地定义一个术语是不够的。一个常见的错误是将"高质量"定义为满足客户需求的产品——这种定义是迂回而无用的，不能对它进行定量分析。目标或定义必须是可度量的，以便在我们监测项目时可以确定产品是否达到了预期的高质量。因此，可以更精确地将质量目标重新描述如下。

产品的质量目标是指在经批准的需求规约文件所列出功能需求中的98%都经过测试，并且在产品发布时没有未解决的已知问题。同时，所列功能需求中剩余的2%也全部经过测试，并且在产品发布时没有已知的严重性等级为1的问题。严重性等级为1的问题是导致功能无法完成且不能通过变通方法完成所需功能的问题。

虽然上述关于质量目标的说明并不完善，但它为我们提供了测度（measure）最终目标达成进度的方法。我们可以定量地计算总功能需求数、已测试功能需求数、测试期间发现的问题数和问题严重程度，以及产品发布时剩余问题的数量和问题严重程度。有了这些，我们就可以确定是否实现了质量目标。

类似地，项目的进度计划目标应该不仅仅是指明一个日期。必须将它分为可以在项目实施过程中进行测量的多个元素。例如，进度计划目标可以分解为一组里程碑日期，并指明满足95%的里程碑日期和最终完成日期即可认为满足进度计划。如果仅将最终完成日期列为目标，则很难衡量项目的进展情况或对进度计划问题提出预警。如果没有任何关于进度计划状态的输入，那么只有在最终完成日期的前一天夜里才能发现进度计划出现了问题，这时候已经来不及采取纠正措施了。需要在整个项目期间定量地测度和监测目标。不可测度的目标通常被认为是无法管理的。测量（measurement）和度量（metrics）的概念将在本章后续部分进行讨论。

规划活动的另一部分内容是识别和分析风险项。没有风险的项目很少。软件项目经常会发生成本超支和进度滞后的情况。因此，风险管理是软件项目管理中必不可少的组成部分，在规划阶段必须考虑所有风险。风险管理主要由 3 个部分组成：

1. 风险识别（risk identification）。

2. 风险排序（risk prioritization）。

3. 风险缓解（risk mitigation）。

我们应该如何识别风险？一些容易出现风险的因素包括采用新方法、团队不熟悉的新需求、特殊技能、资源短缺、激进的进度计划安排和紧张的资金等。考虑会对项目带来负面影响的所有可能项很重要。当然，这样的列表可能会很长，以至于难以处理，所以有必要对风险按照优先级排序，可能会决定仅考虑和跟踪高优先级的问题。在确定风险优先级列表之后，规划过程必须包括一套旨在缓解风险的活动，并采取行动。寄希望于出现某种神奇外力来降低风险是盲目乐观的行为。因此，在项目规划阶段必须包括风险缓解计划。

项目规划阶段的活动将有助于制定项目整体规划。根据项目的实际情况，有些项目规划可能是快速而简短的，而有些项目规划可能非常全面且篇幅较长。项目规划的内容必须包括以下基本项：

- 项目需求和交付成果的简要说明
- 一系列项目估算
- 工作量
- 需要的资源
- 进度计划
- 要实现的一系列项目目标
- 一系列假设和风险

规划可能还包括对待解决问题的讨论，以及对必须要解决的问题和能解决更好的问题进行划分，还可以包括用户和客户概况。主要需求和交付成果的详细说明可以放在规划的附录部分。可以详细地解释和展示工作量估算。所需资源和成本的主要类别可分为人力资源、工具和方法，以及设备。进度计划可分为一组主要和次要里程碑。项目目标可能会扩展到包括多个项目属性，而不仅仅是满足进度计划和成本预算的要求。要明确地制定所有目标的定义和测量方式。此外，还可以包括假设、主要风险和次要风险列表。同时，还可以包括关于这些风险和假设如何在整个项目中体现的讨论。

虽然在规划阶段总是有很多未知数，但项目规划阶段越详尽，项目成功的可能性就越大。这并不是说项目或规划不会发生变化。因为早期的未知情况变得越来越清晰，即使是规划最好的项目也将面临一些变化。随着项目推进，还会有一些合理的变化。所有项目经理和项目组成员都应该为这样的变化做好准备。第 5 章中讨论的敏捷过程的支持者正是因为意识到了这一点，所以他们只对开发中的每次短周期迭代进行规划，以避免过度规划。

13.1.4 项目管理的组织阶段

一旦制定项目规划，直到完成项目规划之前，必须启动组织活动。例如，在我们规划预计资源后，就可以开始招聘和配置人员。表 13.1 描述了规划和组织阶段活动之间的一些对应和重叠关系。

表 13.1   规划和组织活动对应表

规　　划	组 织 活 动
项目内容和交付成果	
项目任务和进度计划	建立任务和进度的跟踪机制
项目资源	获取、雇佣或准备人力、工具和过程等资源
项目目标和测量	建立目标的测量和跟踪机制
项目风险	建立列出、跟踪和分配风险缓解任务的机制

指定的计划活动如风险规划一旦完成，我们就可以为其建立跟踪和缓解风险的机制了。项目经理不需要等待所有规划活动完成，就可以开始进入组织阶段。

组织阶段不仅需要全面的管理技能。例如，安装工具或建立过程和方法都需要资源。软件项目比许多其他类型的项目来说更是如此，它仍然是人力资源密集型的活动。因此，项目经理在组织阶段的前期活动之一就是招聘、雇佣和组织软件开发和维护团队。

由于软件开发和维护项目比其他大多数产业的项目更依赖于人力资源，项目经理必须特别注意人员需求，确保基于项目计划及时建立组织架构。人手短缺或错误的人员配置，可能会导致宏大的规划得不到执行，但这种情况并不一定会被公开承认，因为与人、机构和技能相关的问题通常是讨论起来最令人不安的话题。

在组织阶段，要安排和准备好工具、培训和方法等其他资源，以便其在需要时可用。虽然规划可能包含为资源提供适当的经费，但组织阶段是根除和解决采购、资源融资等相关问题的阶段。

另外，需要确定和建立监测项目需要的所有机制，特别是需要重新审视在监测阶段要追踪的项目目标，如有修改应在此时完成。

13.1.5 项目管理的监测阶段

在制定项目规划并开始组织实施后，仍然不能期待项目能轻易地顺利完成。无论项目规划如何细致、对项目的组织如何精心，项目的实施过程并不会完美无缺。规划和组织的一部分将不可避免地面临变更问题。两个简单的例子是经验丰富的技术人员离职和违背所认定的测试过程。需要对两种情况进行一些调整。无论如何，如果项目没有得到持续的监测，项目信息可能会迟到，结果就是为此付出昂贵的代价。

必须制定明确的机制，并定期持续地评估项目是否在按规划进行。项目监测主要涉及 3 个组成部分：

1. 收集项目信息。
2. 分析和评估所收集的数据。
3. 展示和沟通项目信息。

监测机制必须收集与项目相关的信息。第一个问题是什么构成了相关信息。至少必须监测规划和提出的项目目标。第二个问题是如何收集信息。这两个问题应该在规划和组织阶段得到解决。收集数据有两种模式。有些数据可以通过定期的正式项目审查会议收集。在这些审查中，预先制定的项目信息必须可用，并且无一例外地被展示。如果发生任何异常，则应该被视为一个潜在的问题，至少应该由项目经理进行快速检查。其他数据则通过非正式渠道收集，例如管理人员走查——在非正式社交过程中进行管理，这通常是管理行为的一个组成部分。在当今全球经济和分布式软件开发的背景下，尽管技术取得了一些进步，但是通过间接和非正式渠道收集数据还是变得越来越困难。人员的直接接触对于异地经营机构来说代价昂贵。因此，许多管理人员削减了差旅费用，转而选择将费用投入在设备或其他直接可见的项上。软件项目经理尤其需要注意这一点，因为软件产业仍然是人力密集型产业。

通过正式项目审查会议定期收集的信息将以各种方式被分析。大多数项目经理都会尝试自己进行分析。在涉及多个机构和时间跨度长的大型复杂项目中，可能需要一个小型的工作组使用已建立的技术进行数据分析，如：

- 数据趋势分析与控制图表。
- 数据关联和回归分析。
- 滑动平均（moving average）和数据平滑（data smoothing）。
- 构建用于插值（interpolating）和外推（extrapolating）的通用模型。

当然，这些活动都不是免费的，它们必须是规划和组织活动的组成部分。如果没有分配经费、没有聘用合格的人员来执行，这些活动就不可能完成。数据分析也经常会被外包到其他国家，这些国家进行数据分析的成本更加低廉，且具有大量符合要求的资源，而数据也可以通过电子渠道快速传输。

必须针对收集和分析的信息进行交流、报告，并据此采取相应行动，否则，整个监测过程可能只是多余的官僚主义行为。信息报告需要不同的展示风格，并且要意识到信息的呈现和可视化方式肯定会影响到信息的接收者。例如，我们都喜欢看到收入图是一条从左到右呈上升趋势的曲线。以下是一些流行的可视化和报告信息的方式：

- 饼图显示不同类别的比例。
- 直方图以条状图的形式显示不同数据取值范围的相对频率。
- 帕累托图（pareto diagram）是一种修订的直方图，以升序或降序显示数据。
- 时间图展示数据值随时间的变化。
- 控制图是一种修订的时间图，显示数据值随时间变化以及与可接受界限之间的关系。
- Kiviat 图描述多个度量指标。

图 13.2 展示了上述所有图表。其中，可能需要对控制图和 Kiviat 图进行一些解释说明。控制图设置了上下限。随着时间的推移，跟踪关注属性对应的数据，每当跟踪的信息超出上限或下限时，都要对该情况进行检查。Kiviat 图描述具有多个关注属性或维度的数据点，图 13.2 中的示例 Kiviat 图描述了关注对象的 5 个属性和表示这些区域的数据点。

图 13.2　可视化和报告信息

实际上，我们经常会发现执行监测所需的资源被低估了。定期举办项目会议是一项非常耗时的活动，分析所收集的信息可能需要一些熟练的统计人员，当我们发现熟练的数据分析人力资源不足时，项目监测任务本身可能就会要求对项目做出第一个调整。

根据所监测的信息，项目经理和团队将共同决定这些观察结果是否表明需要进行变更。

13.1.6　项目管理的调整阶段

调整是项目管理的关键步骤。如前所述，项目不需要变更的可能性非常小。如果监测过程表明需要进行调整，那么项目管理团队必须及时采取行动。需要调整的领域可能是多种多样的。但是，项目管理中最可能进行调整的领域如下：

- 资源（resource）。
- 进度计划（schedule）。
- 项目内容（project content）。

上述 3 个项之间是紧密耦合的，通常需要在它们之间进行平衡。资源直接在项目管理的控制之下。在大多数情况下，项目通常需要更多的资源。当更多的资源被添加到项目中时，添加的时机非常重要。正如 Frederick Brooks 的《人月神话》（1995）中所解释的那样，试图通过增加人力资源来加快进度计划往往会带来相反的效果。由于现有的经验丰富的人员必须从已分配工作中抽出时间来帮助新人熟悉项目，因此，新人可能会拖慢有经验的工程师。类似地，在错误的时间引入新工具或新过程可能会产生相反的效果，从而增加时间和成本。这并不意味着应该忽略需要增加更多资源的项目调整需求。任务越独立，越容易增加资源，因为需要考虑的耦合关系更少。项目管理团队需要分析添加资源的时机和类型。

相反，有时候需要缩减资源。软件项目中经常发生的增加和减少人力资源的例子是临时测试人员，他们被引入以执行精心设计和编制的测试脚本，但在测试完成后又会释放这些人力资源。这是计划内的人力资源增加和减少。更常见的情况是进度滞后或项目内容发生意外变更等计划外情况迫使项目组考虑调整资源。假设发生进度滞后，而又必须保持原定进度计划不变，则可以改变其他参数。其中，增加资源是一个可采用的解决方案，应该认真考虑。有时，关键人员可能会离开项目。在这种情况下，项目管理团队必须考虑调整进度计划或项目内容的可能性。如果不采取任何措施，只是一味地要求剩下的人员承担压力，这样做只会一次有效或只会短时间有效。在大多数情况下，项目管理团队在资源发生变化时，必须考虑采取一些行动来调整进度计划或项目内容。

另一种情况是，需要保持进度计划不变或加快进度计划，但失去的资源无法被替换或快速添加，这种情况下只能减少项目内容。在项目生命周期的后期减少项目内容，就像添加人力资源一样，并不像想象的那样有效。被设计和编码的功能区域与软件的其他部分有一定程度的耦合，只有仔细考虑与其他关联区域的关系，才能将其剥离出来。为维持或加快进度计划而减少项目内容所花费的时间和精力实际上可能带来额外的工作，反而会减慢进度计划。如果可以快速、及时地增加熟练人手，那么这可能是比减少项目内容更好的解决方案。有时候，由于竞争日益激烈，客户要求加快进度，或者是软件开发机构的上层管理人员因为计划外的外部事件要求更早地发布产品。在这种情况下，进度计划的变化将要求调整资源或产品内容，甚至两者都需要被调整。再次强调，调整进度计划通常是意料之外的，需要快速进行恰当的调整。

在确定项目需求并开始组织实施项目之后，项目内容也经常会发生变化。客户或用户会不可避免地要求修改或增加内容。有时候，这只是人为的错误，或是看到一些原型功能之后理解更加深入的结果。我们已经讨论了在项目后期减少内容可能导致的后果。项目内容的增加或修改也会影响项目时间。总之，大部分项目内容的变化都需要调整进度计划或资源，甚至两者都需要被调整。

上述 3 个参数（资源、进度计划和项目内容）通常是项目经理在监测和调整阶段重点关注的 3 个关键因素。改变其中一个参数通常会影响到另外两个参数。请注意，软件工程中另一个常见的属性，即软件质量没有被引入到调整和平衡的讨论中。这是因为一旦确定了软件应该达到的质量等级，该质量等级就应该被跟踪，而它很少作为软件项目调整和平衡的元素。软件工程师和管理层应该特别注意，不要使用质量去换取进度计划或其他参数。

13.2　项目管理技术

在 POMA 的 4 个阶段中，每个阶段都涉及许多具体技术。有些技术需要非常深厚的技术功底，而其他一些则需要优秀的社交技能。在本节中，我们将重点介绍 4 种常用的项目管理技术：（1）项目工作量估算；（2）工作分解结构；（3）使用挣值跟踪项目状态；（4）制定测量和度量。前两项是规划和组织阶段所需的技术，第 3 项是监测阶段所需的技术，第 4 项是规划和监测阶段所需的技术。关于软件项目管理技术的更多细节，可以参阅文献（Kemerer，1997）。

13.2.1　项目工作量估算

估算软件项目的工作量一直是一项困难的任务，特别是对于从技术岗位成长起来的新手管理人员来说。许多人会说，由于需要更高的精确度，工作量和成本估算是一种需要大量经验的艺术。这类经验包括知道需要考虑什么、需要多少额外的缓冲空间以及业务可以容忍多大缓冲。

在估算软件项目工作量时，必须有一些用来描述项目需求的输入。这些输入的准确性和完整性是一个重要问题。因为输入本身大多是估计值，所以有必要将它们转换为以某个测量单位（如人月）表示的数字。在以某个单位表示工作量之后，必须面对统一化的问题。换句话说，1 人月可能会由于所分配人员的技能水平的不同而体现出显著差异。尽管存在这些问题，仍然需要估算项目的工作量并制定一个规划。由于存在众多的不确定性，不难看出为什么监测和调整阶段对项目管理至关重要。

一般来说，估计可以被视作一组项目因素，它们通过某种形式的组合来提供工作量估算。可以使用下列通用公式：

$$\text{Effort}=a+b(size)^c+\text{ACCUM}(factors)$$

工作量的单位通常是人月或人天。公式中有几个估计的常数和变量。常数 a 可以被看作是业务的固定成本，也就是说，不考虑规模和其他因素，每个项目都有一个最低成本，这笔费用可能包括管理和支持费用，如电话、办公空间和行政人员。该常数可通过一定量的实验后获得。变量 $size$ 是使用某种单位对最终产品规模的估计，如代码行数。常数 b 是线性缩放 $size$ 变量的数字，常数 c 让估计的产品规模以一种非线性的形式影响工作量估算，常数 b 和 c 可通过以往项目的实验得出。$\text{ACCUM}(factors)$ 项是其他影响项目估算的多个因素的累积，函数 ACCUM 可以是一系列影响项目因素的算术和或算术乘积，如技术、人员、工具和过程因素，以及影响项目的其他约束条件。我们将讨论两种具体的工作量估算方法，它们可被视为上述通用公式的衍生方法。本章后续部分将介绍第 3 种工作量估算技术，它只使用了通用公式的一部分，适用于面向对象开发模式的工作量估算。

COCOMO 估算模型   我们在此介绍的第一个估算模型是 COCOMO（构造性成本模型，Constructive Cost Model）方法，它来自于 Barry Boehm 的工作。Boehm（2000）已经将原 COCOMO 方法修改并扩展为 COCOMO Ⅱ方法。在这里，我们只简要讨论 COCOMO 方法。COCOMO 方法包括基本、中间和详细 3 个层次的模型。我们在这里将以中间层次为例进行说明，并介绍 COCOMO 的整个估算过程。以下是 COCOMO 估算步骤概要。

1. 从 3 种可能的项目模式中进行估计和选择：组织型（organic）开发模式（简单）、半独立型（semidetached）开发模式（中等）和嵌入型（embedded）开发模式（困难）。上述模式是基于 8 个项目特征考虑的，本节后面将对这些特征进行讨论。模式的选择决定了特定的工作量估算公式，这也将在本节后面部分讨论。

2. 使用千行代码数（KLOC）估计项目规模。后续的 COCOMO Ⅱ模型允许使用功能点等其他指标。

3. 审查被称为成本驱动因子的 15 个因素，并估计每个因素对项目的影响值。

4. 通过将上述估计值插入到所选模式的工作量估算公式中，确定软件项目的工作量。

根据以下 8 个参数选择项目模式：

1. 团队对项目目标的理解程度。

2. 团队的类似或相关项目经验。

3. 项目与已确定需求间一致性的要求。

4. 项目与已确定外部接口间一致性的要求。

5. 项目与新系统和新操作过程协同开发的要求。

6. 项目对新技术、架构或其他制约因素的要求。

7. 项目对满足或缩减进度计划的要求。

8. 项目规模。

选择模式并不是一项简单的任务，因为没有任何一个软件项目会恰好归入单一模式。组织型、半独立型和嵌入型 3 种模式可分别大致相当于简单、中等和困难级别的项目。大多数项目将同时具有不同模式项目的特征。例如，对于具体的软件项目，第 8 项参数"项目规模"可能很小，但第 7 项参数"项目对满足或缩减进度计划的要求"可能非常严格。即使只考虑这两项特征，也很难决定一个项目属于简单还是中等级别。想象一下，当一个软件项目混合了 8 个特征时，将更加难以判断项目的模式。在考虑所有特征后，必须确定项目的模式。在这里，过去的经验会派上用场。此外，在拥有项目管理历史数据的机构中，新任项目经理可以查阅该机构的项目数据库。一旦确定了项目模式，就会选择一个对应的估算公式。

280   以下是 3 种模式相应的估算公式，其中，工作量单位使用人月表示：

$$简单模式：Effort = [3.2 \times (size)^{1.05}] \times PROD(f's)$$

$$中等模式：Effort = [3.0 \times (size)^{1.12}] \times PROD(f's)$$

$$困难模式：Effort = [2.0 \times (size)^{1.20}] \times PROD(f's)$$

因此，根据上述 8 个参数，如果我们判断项目属于简单（组织型）模式，则采用简单模式的工作量估算公式：$Effort = 3.2 \times (size)^{1.05}$ 进行计算。该估算公式提供了以人月为单位的项目工作量基本估算，这是第一层次的估算。

COCOMO 下一个层次的估算是考虑另外 15 个项目因素，它们被称为成本驱动因子（cost-drivers）。PROD（f's）是将 15 个成本驱动因子相乘的函数。这 15 个成本驱动因子中的每一个因子都具有一个数值范围，从非常低到非常高。这 15 个成本驱动因子可分为 4 大类：

- 产品属性
  1. 软件可靠性需求
  2. 数据库规模
  3. 产品复杂度
- 计算机属性
  4. 执行时间约束
  5. 内存限制
  6. 虚拟机复杂度
  7. 计算机周转时间
- 人员属性
  8. 分析员能力
  9. 应用经验
  10. 程序员能力
  11. 虚拟机经验
  12. 程序设计语言经验
- 项目属性
  13. 使用现代编程规范
  14. 使用软件工具
  15. 开发进度计划需求

表 13.2 描述了这 15 个成本驱动因子的可能取值。项目经理或负责项目估算的人员将审查所有 15 个成本驱动因子和每个因子的取值范围。请注意，不同成本驱动因子具有不同的取值范围。例如，考虑成本驱动因子 1，即软件可靠性需求，其最低值为 0.75，最高值为 1.40。如果这个成本驱动因子被认为是非常低或小于 1，则会减小 PROD ($f's$)，如果被认为是非常高或大于 1，则会增大 PROD($f's$)。标准值 1.0 不会影响 PROD($f's$) 的整体算数乘积。请注意，成本驱动因素 8，即分析员能力，将 1.46 作为其最低值，因为分析师能力较弱将需要更多的工作量。分析师能力的最高值是 0.71，因为分析人员能力强会减少工作量。因此，PROD ($f's$) 可被视为另一个层次的调整机制，可用于调整组织型、半独立型和嵌入型应用开发模式工作量估算公式的初始估计值。

[281]

表 13.2 COCOMO 成本驱动因子取值

成本驱动因子	非常低	低	标准值	高	非常高	极高
1	0.75	0.98	1.0	1.15	1.40	—
2	—	0.94	1.0	1.08	1.16	—
3	0.70	0.85	1.0	1.15	1.30	—
4	—	—	1.0	1.11	1.30	1.65
5	—	—	1.0	1.06	1.21	1.66
6	—	0.87	1.0	1.15	1.30	1.56
7	—	0.87	1.0	1.07	1.15	—
8	1.46	1.19	1.0	0.86	0.71	—
9	1.29	1.13	1.0	0.91	0.82	—

（续）

成本驱动因子	非常低	低	标准值	高	非常高	极高
10	1.42	1.17	1.0	0.86	0.70	—
11	1.21	1.10	1.0	0.90	—	—
12	1.14	1.07	1.0	0.95	—	—
13	1.24	1.10	1.0	0.91	0.82	—
14	1.24	1.10	1.0	0.91	0.83	—
15	1.23	1.19	1.0	1.04	1.10	—

使用 COCOMO 方法的难点包括根据 8 个参数、产品规模估计以及 15 个成本驱动因子的考量选择特定项目模式，这都需要过去的经验。因此，几乎所有有经验的项目经理都会为估算值附加一些缓冲。

虽然基本原则没有改变，但 20 世纪 80 年代初提出的 COCOMO 已被大幅修改，并已发展成为 COCOMO Ⅱ。在过去的 20 年里，开发过程从传统的瀑布模式转变为更多地采用迭代过程，开发技术从结构化编程转向面向对象编程，使用运行环境从批处理发展为事务型，再转变为高度互动的在线网站。开发工具也从简单的编译器和链接器发展成完整集成的工具包，该工具包将设计和编程逻辑、数据库、网络中间件和 UI 开发相结合。COCOMO Ⅱ 已被修改以适应这些变化。我们在此只简要提供 COCOMO Ⅱ 的更新。COCOMO Ⅱ 为软件项目的不同阶段提供 3 种估算模型：

- 在原型阶段进行前期估算。
- 在需求获取后，设计阶段的早期进行估算。
- 在完成设计并开始编码后进行估算。

COCOMO Ⅱ 同样需要对规模进行估计，可以使用以下 3 个指标之一：

- 千行代码数（KLOC）。
- 功能点（function point）。
- 对象点（object point）。

像代码行一样，功能点是对软件项目规模的一种估计方式，我们将在下一节进行讨论。与功能点一样，对象点是项目规模的另一种估计方式。

COCOMO Ⅱ 有 29 个因素要考虑，而不是 3 种模式和 15 个成本驱动因子。与以前的 15 个成本驱动因子相似，这 29 个因素可分为以下 5 类。

- 规模因素
- 产品因素
- 平台因素
- 人员因素
- 项目因素

上述 5 类因素中，包括 5 个规模因素、5 个产品因素、3 个平台因素、6 个人员因素以及 10 个项目因素。

南加州大学开展了大量关于软件项目估算的研究，特别是对 COCOMO Ⅱ 的研究和工具开发（参阅 13.6 节提供的网址）。

功能点估算　代码行是软件工程早期估算软件规模最主要的计量单位。但是该方法存在一些问题，而且由此产生了许多不同的度量指标。其中，功能点技术由 Albrecht 和 Gaffney（1983）在 20 世纪 80 年代首次引入。作为代码行度量软件项目规模的替代方案，功能点技术受到了欢迎。尽管我们已经对这种技术进行了许多改进和扩展，但在这里仅介绍该方法的原始版本。

在功能点估算过程中需要考虑软件的 5 类组件。

1. 外部输入

2. 外部输出

3. 外部查询

4. 内部逻辑文件

5. 外部接口文件

根据以下 3 种可能的项目描述，分别为每个组件分配权重。

1. 简单

2. 一般

3. 复杂

表 13.3 描述了根据不同的项目复杂程度分配给每类组件的权重。因此，如果假设一个项目是简单项目，则估计的外部输入数将乘以权重 3，估计的外部输出数将乘以权重 4，以此类推。一个简单项目的未调整功能点数（Unadjusted Function Point，UFP）是这些组件数的带权算术和，计算公式如下。

$$UFP = (输入数 \times 3) + (输出数 \times 4) + (查询数 \times 3) + (内部逻辑文件数 \times 7) + (外部接口文件数 \times 5)$$

283

表 13.3　功能点权重

软件组件	简　单	一　　般	复　　杂
外部输入	3	4	6
外部输出	4	5	7
外部查询	3	4	6
内部逻辑文件	7	10	15
外部接口文件	5	7	10

未调整功能点数的估算取决于 5 类组件的估计值以及所估计项目复杂程度的准确度。一些过去的软件项目经验在这里将再次带来帮助。

与 COCOMO 一样，功能点技术还有一些影响决策的因素。有 14 个技术复杂度因素需要考虑，每个因素取值为 0～5。

1. 数据通信

2. 分布式数据

3. 性能标准

4. 高负荷的硬件

5. 高事务处理率

6. 在线数据输入

7. 在线更新

8. 计算复杂度

9. 易于安装度

10. 操作方便度

11. 可移植性

12. 可维护性

13. 终端用户效率

14. 可重用性

上述 14 个技术复杂度因素总和的取值范围是 0(0×14＝0)～70(5×14＝70)。如果一个技术复杂度因素被认为是不必要的，那么它将被赋值 0，如果被认为是非常相关的，则它的值为 5。然后，基于 14 个技术复杂度因素计算总复杂度因素（Total Complexity Factor，TCF）：

$$TCF＝0.65＋[(0.01)×（14 个技术复杂度因素之和）]$$

因此，TCF 的取值范围是 0.65～1.35。最后，FP（功能点数）定义为 UFP（未调整功能点数）和 TCF（总复杂度因素）的算术乘积：

$$FP＝UFP×TCF$$

请注意，TCF 取值在 0.65 和 1.35 之间，它为初始估计 UFP 提供了调整因子。再次强调，如果我们认为需要比 TCF 的取值范围允许更多的缓冲，那么可以增加额外的缓冲空间。

284

功能点数只是对项目规模的估计。为了将功能点数转化为工作量估算，我们需要了解项目组的生产率。也就是说，我们仍然需要将功能点数转换成以人月为单位的某种表示形式。假设一个机构的数据库表明，该机构的生产率估计为每个人月可以完成 25 个功能点，我们可以将有 ZZZ 个功能点的项目，估算以人月为单位的工作量如下：

$$Effort＝（ZZZ 个功能点）/（25 个功能点 / 人月）$$

与其他估算技术一样，在不同机构和功能点估计量之间保持一致非常困难。这要求无论是谁提出的 100 个功能点，其所代表的含义都是一样的。为了在软件工程领域实现这样的一致性，成立了一个名为国际功能点用户组（International Function Point Users Group，IFPUG）的机构，它提供关于功能点的培训和信息交换。自从提出这种估算技术以来，软件工程领域有了很大的发展。与 COCOMO Ⅱ 类似，有很多小组提出并尝试对功能点技术进行扩展。

面向对象项目工作量估算 Lorenz 和 Kidd（1994）为想对面向对象项目工作量进行估算的人员提供了一种简单技术。这种技术与功能点技术有一些相似之处，它基于估计的最终软件产品中的组件或类的数量，并将一些权重与类的数量相关联。所估计的面向对象项目中类的数量可被视为前面介绍的通用公式中的规模（*size*）参数。该估算技术的过程可总结为如下 4 个步骤。

1. 估计问题域中类的数量。可以通过研究和分析需求来完成。

2. 对用户界面进行分类，并分配权重如下：

没有 UI	2.0
基于文本的简单 UI	2.25
GUI	2.5
复杂 GUI	3.0

这些权重来自过去众多面向对象项目的经验，以及对不同类型 UI 对类的数量和类型影响的检查。

3. 将步骤 1 中估计的类数量乘以与该项目 UI 类型对应的权重，将此算术乘积加入到类数量的初始估计值中，以获得最终产品中类数量的新估计值。

4. 将步骤 3 中估计的类数量乘以 15～20 之间的数字，该数字表示开发一个类所需工作量的估算值，以人天为单位。

为了执行上述 4 个步骤，必须做出一些假定，例如，步骤 1 中估计的类数量或开发一个类所需的人天数。这些假定不仅需要过去项目的经验，而且需要在一定程度上考虑设计情况。项目经理需要和设计人员共同探讨，就所估计的类数量和项目所属的 UI 类型达成一致。 [285]

例如，假设一个项目的初始估计是 50 个类，UI 类型被认为是复杂 GUI。那么，我们把类数量 50 乘以 3.0，这将带来 150 个额外的类。将 150 加上 50，即我们对总类数的新估计值是 200。假设生产率是每个类需要 18 人天，那么这个项目的工作量估算就是 200×18＝3600人天。如果需要，以人天为单位的工作量可以转换为以人月为单位。

需要记住的是，所有这些工作量估算实际上只是一些估计。在向客户、用户或自己的管理层传递任何关于工作量估算的信息之前，项目经理必须使用一些技巧并在计算时加上适量的缓冲。

13.2.2 工作分解结构

估算一个完整项目的工作量是一项重要但很困难的任务。如果将整个项目分解为一些小的部分，再为其他规划活动（如进度计划和工作人员分配）提供依据，则可以简化工作量估算。工作分解结构（Work Breakdown Structure，WBS）通过完成项目必须实施的独立子活动来描述项目。WBS 首先考虑软件项目所需的交付成果，然后，对于需要交付的每件制品，都分别确定开发该交付项必须执行的一系列任务。这些任务也将通过有序的方式呈现，从而可以使用 WBS 完成任务进度计划。以下是执行 WBS 的框架：

1. 检查并确定软件项目所需的外部交付成果。

2. 确定产生每个外部交付成果所需的步骤和任务，包括为完成最终外部交付成果开发所有内部中间交付物所需的任务。

3. 对任务进行排序，并说明可并行执行的任务。

4. 估计执行每项任务所需的工作量。

5. 分析每个任务最有可能分配的人员情况，并估计其生产率。

6. 通过将工作量估算值除以生产率估计值来计算完成每项任务所需的时间。

7. 对于每个外部交付成果，列出生成该交付项所需任务的时间线，并标明将分配给各任务的资源。

例如，让我们考虑一个小型软件项目的一项外部交付成果：测试场景。该项目估计约为 1000 行代码或涉及大约 100 个功能点。作为 WBS 的一部分，我们需要首先列出生成此交付项所需的任务。任务的列表如下所示。

- 任务 1：阅读并了解需求文档。
- 任务 2：制定主要测试场景列表。
- 任务 3：为每个主要场景编写脚本。
- 任务 4：审查测试场景。
- 任务 5：修改和变更场景。

[286]

在宏观层面，这 5 个任务似乎是顺序执行的。然而，如果将一些主要任务细分成较小的部分来并行执行，可能会使速度加快。例如，在开发某些测试场景时，也可以同时进行审查和修改。因此，当我们准备将 WBS 转换为进度计划时，可能会需要考虑子任务之间的重叠关系。为进行说明，我们将任务 3 划分为子任务 3a、3b 和 3c，以代表 3 个等量切分的脚本编写活动子任务。可以将任务 4 分解为子任务 4a、4b 和 4c，以匹配任务 3 的 3 个子活动。类似地，可以将任务 5 细分为任务 5a、5b 和 5c，以匹配任务 4 的 3 个子活动。图 13.3 显示了该交付项的 WBS 任务网络。图中清楚地展示了 WBS 以及可并行执行的任务序列，当任务和序列数量较大时，该图将成为非常方便的工具。

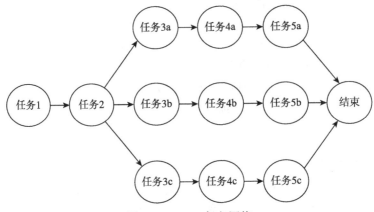

图 13.3 WBS 任务网络

下一步是估算完成每个任务所需的工作量。对于任务 1，我们需要估算阅读和理解约 1000 行代码或约 100 个功能点对应项目需求文档所需的工作量。对于任务 2，我们需要估算需要开发的测试场景数量，以及需要多长时间才能完成测试场景列表。对于任务 3a、3b 和 3c，我们需要估算开发三分之一的测试场景对应测试脚本所需的工作量。同样，我们需要为任务 4a、4b 和 4c 估算审查三分之一测试场景对应测试脚本所需的工作量。估算任务 5a、5b 和 5c 所需的工作量非常困难，因为它们取决于任务 4a、4b 和 4c 的结果，即所需修改的测试脚本数。无论如何，必须完成所有这些初步估算。幸运的是，我们将会对项目进行调整，因为如 13.2.4 节中所述，调整是项目管理 4 个阶段中的一个复杂部分。在做出这些初步估算之后，我们需要做出假设，并估计将分配给这些任务的人员的能力水平或生产率。然后，图 13.3 中每个任务的估算时间可以通过将估算工作量除以估计生产率来计算。图 13.4 在相同的 WBS 任务网络上显示了执行这些任务所需的估算时间单位（time unit）数量和任务顺序。通过这些信息，我们可以建立如图 13.5 所示的初始进度计划。请注意，进度计划有 3 个主要部分：（1）任务；（2）人力资源分配；（3）时间单位。

图 13.4 带估算时间单位的任务网络

图 13.5　初始进度计划估算

从 WBS 任务网络转换为初始进度计划需要直接移动两个项：任务和时间单位。图 13.5 中的中间列给出了假设的人力资源分配情况，这是要考虑的一个重要因素，它是生产率假设的来源，将用于计算和估计完成任务所需的时间单位数量。前面还提到这些任务可能会相互重叠。一旦制定了初始进度计划，除了已经显示为并行的任务之外，项目管理可能会寻找将任务重叠的可能性。在这个例子中，任务 1 的结束和任务 2 的开始可能重叠。子任务的重叠，即任务 3a、3b 和 3c 与任务 4a、4b 和 4c 的重叠将更难于处理，因为致力于编写测试脚本的人员可能没有完成脚本编写任务，所以必须安排不同的人员来执行审查。在初始进度计划中不包括资源分配列，项目规划者可能会忽视这些细微之处。在本示例中，我们尽量保持简单，在初始进度计划中没有显示任务间的重叠关系。

考虑到图 13.4 所示的任务网络中所有不同类型的估算，我们应该会预料到图 13.5 所示的第一个进度计划将需要随着项目的推进而被修改。在初始进度计划可被视为规划的进度计划之前，应由尽可能多的项目成员审查这个初始计划。

WBS 是创建初始进度计划必不可少的重要输入。不幸的是，许多软件项目的进度计划是在没有开发完整 WBS 的情况下制定的，其结果是将会得到一个无法实现和不切实际的项目进度计划。

13.2.3　使用挣值跟踪项目状态

保持对监控项目状态的跟踪是将规划与实际发生情况进行比较的一项活动。需要跟踪项目中的多个属性，其中大部分属性是由项目规划中提出的目标集所确定的。我们定期不断地将作为项目目标各项属性的实际状况与规划情况进行比较。在本节中，我们将使用挣值（Earned Value，EV）的概念来讨论如何跟踪项目工作量。EV 最早由美国政府内部机构提出，Fleming 和 Koppelman（2006）对其进行了广泛讨论。

在使用 EV 管理技术时，基本理念是在某些时间点将已经花费的工作量与规划花费的工作量进行比较。首先，我们需要了解一些基本术语，然后，通过一个例子来阐明这些定义。

- 工作预算成本（Budgeted Cost of Work，BCW）：每项工作任务的估算工作量。
- 预计工作的预算成本（Budgeted Cost of Work Scheduled，BCWS）：在特定状态检查日期，预计完成的所有任务的工作预算成本之和（即根据进度计划，将在特定状态检查日期完成的所有 BCW 的总和）。

- 完成工作的预算（Budget At Completion，BAC）：估算的项目总工作量，它是所有 BCW 的总和。
- 已完成工作的预算成本（Budgeted Cost of Work Performed，BCWP）：在特定状态检查日期，已完成的所有任务的估算工作量总和。
- 已完成工作的实际成本（Actual Cost of Work Performed，ACWP）：在特定状态检查日期，已完成的所有任务的实际工作量总和。

要记住，BCWS、BCWP 和 ACWP 都是按照具体的状态监测日期来表述的。因此，这些值将随着状态日期的更改而改变。

[289]

表 13.4 展示了截至特定日期（即 2012 年 4 月 5 日），估计工作量和实际花费工作量的一个例子。表中使用的日期格式是月 / 日 / 年。这些工作量是以人天为单位度量的。每个任务都有工作预算成本，"估算工作量"列中显示了 6 个任务的 BCW。例如，对于任务 4，BCW 是 25 人天。这一列的总和（BCW 的总和）即为完成工作的预算工作量：

$$BAC = 10 + 15 + 30 + 25 + 15 + 20 = 115 \text{ 人天}$$

表 13.4　挣值示例　　　　　　　　　日期：4/5/2012

工作任务	估算工作量（人天）	截至目前的实际工作量（人天）	预计完成日期	实际完成日期
1	10	10	2/5/2012	2/5/2012
2	15	25	3/15/2012	3/25/2012
3	30	15	4/25/2012	
4	25	20	5/5/2012	4/1/2012
5	15	5	5/25/2012	
6	20	15	6/10/2012	

现在让我们看看相对于状态采集日期（即 2012 年 4 月 5 日）来计算的 3 个值。通过检查"预计完成日期"列，截至 2012 年 4 月 5 日，BCWS 包括任务 1 和 2。任务 1 和任务 2 的 BCW 分别为 10 人天和 15 人天：

$$BCWS = 10 + 15 = 25 \text{ 人天}$$

接下来我们看看在 2012 年 4 月 5 日，完成了多少预计完成的工作。通过检查"实际完成日期"列可以找到相关数据。我们看到任务 1、任务 2 和任务 4 已经完成。这 3 个已完成的工作预算成本分别为 10 人天、15 人天和 25 人天：

$$BCWP = 10 + 15 + 25 = 50 \text{ 人天}$$

截至 2012 年 4 月 5 日，已完成任务实际花费的工作量可以先通过查看实际完成日期获取已完成任务，再查看"截至目前的实际工作量"列中对应的工作量值。任务 1、任务 2 和任务 4 的实际工作量分别为 10、25 和 20 人天：

$$ACWP = 10 + 25 + 20 = 55 \text{ 人天}$$

下一步是根据前面的定义来定义 EV。EV 是一个指标，它告诉我们在特定日期完成了多少估算工作量。它是在指定状态日期已完成任务的估算工作量总和与所有任务的估算工作量总和的比值：

$$EV = BCWP/BAC$$

就本示例而言，EV＝50/115＝0.43。我们可以将该数值解释为该项目截至 2012 年 4 月 5 日完成了 43%。

290

此外，还有两个状态指标可以从上述定义中得出，它们是将规划或估计值与实际值进行比较的差异指标。第一个指标是进度偏差（Schedule Variance，SV），其定义为在指定状态日期，实际完成任务的估算工作量与计划完成任务的估算工作量之间的差异：

$$SV＝BCWP－BCWS$$

在本示例中，截至 2012 年 4 月 5 日，BCWP 是 50 人天，BCWS 是 25 人天。因此，SV＝50－25，即 25 人天。我们可以从工作量的角度将项目状态解释为提前进度计划 25 人天。

第二个状态指标是成本偏差（Cost Variance，CV），其定义为在指定状态日期，已完成任务的估算工作量与已完成任务的实际花费工作量之间的差异。

$$CV＝BCWP－ACWP$$

在本示例中，在 2012 年 4 月 5 日，BCWP 是 50 人天，ACWP 是 55 人天，因此 CV＝50－55，即 –5 人天。在这种情况下，我们在 2012 年 4 月 5 日有 5 人天的工作量成本超支。

EV 管理系统为我们提供了一种从成本/工作量的角度来监测项目状态的具体方法。然而，进度偏差指标不是指日历时间的进度计划，而是指工作量的进度计划。显然，从这些基本定义可以得出更多的指标，在这里没有将其一一列出。我们发现，EV、SV 和 CV 提供了良好的项目状态指标。但是，在监测软件项目时，还必须记住去看数量以外的问题，提出问题，并深入研究其他参数。最后要注意，如果监测信息表明潜在的项目问题，则必须对项目进行调整。不要试图等待一些拯救项目的事件自己发生，项目经理很少有这样的运气。

13.2.4　测度项目属性和 GQM

我们已经讨论了在规划阶段为软件项目设定目标的必要性，以便跟踪和检查这些目标是否符合要求。目标是按照进度计划、成本、生产率、可维护性、缺陷质量等属性来规定的。显然，在进行任何形式的测量之前，必须明确定义关注点的具体特征。除了设定和跟踪目标之外，测量的原因还包括以下内容。

- 表征：使我们能够收集关于指定属性的信息并巧妙地对该属性进行描述。
- 跟踪：使我们能够通过时间或过程步骤等参数收集指定属性的信息。
- 评估：使我们能够通过所收集的信息分析属性。
- 预测：使我们能够根据所收集的信息关联相关属性，并进行推断或猜测。
- 改进：使我们能够分析所收集信息，以确定改进领域。

291

对于软件工程师来说，加入其他工程社区，并采用其测量和定量分析的方法至关重要。测量是量化管理的重要组成部分。软件（产品或项目）测量是将软件产品或项目的属性映射到某些数字或符号实体集上。提出良好的测量方法可能是一项棘手的工作，以下是能提供帮助的简要指南。

1. 概念化关注的实体，如：软件产品或项目、项目团队成员等。

2. 明确定义关注的特定属性，如：产品设计质量、程序员生产效率和项目成本等。

3. 为所关注的每个属性定义度量方式，如：UML 类设计图中每个类的缺陷数、程序员每月开发的代码行数、项目每月支出的费用等。

4. 设计进行度量的机制。可以包括手工统计 UML 类设计图中每个类的缺陷数量等。

在文献（Basili et al.，1984）中，Basili 和 Weiss 提出了目标问题度量（Goal-Question-

Metric, GQM）方法，用于软件度量。GQM 已经在很多机构中取得了相当成功的应用。这种方法定义了基于 3 个层次的测量模型。

- 概念（conceptual）层：建立目标。例如，"改进定位软件代码中问题的时间"。
- 操作（operational）层：制定与目标有关的问题清单。例如，"程序复杂程度如何影响软件调试时间？"
- 定量（quantitative）层：制定度量。这些度量可能包括用于控制复杂度的程序中包含循环数，以及调试工作所花费的人员分钟数等。

接下来，我们将简要介绍度量理论，以便进一步指导我们建立有价值的度量。关于度量的数学映射理论超出了本书的涵盖范围，但是，我们仍将讨论 4 种尺度（scale）的度量：定类（nominal）、定序（ordinal）、定距（interval）和定比（ratio）。

定类尺度允许我们对一个属性进行分类。例如，通过源类别（如设计、编码、测试、集成和打包）来测度软件缺陷数量，将这一类别作为度量的危险在于，缺陷可能同时来源于设计和编码。为使用定类度量，我们必须确保每个缺陷只被分配一个唯一的类别。

定序尺度提供了属性的排序。例如，当度量客户满意度时，可将满意度分为非常满意、满意、一般、不满意、非常不满意。这个度量不仅仅是定类的，它还提供了从非常满意到非常不满意的排序。

第 3 个尺度是定距，定距允许我们描述相等的间隔。例如，程序 A 有 200 个功能点，比程序 B 多 20 个功能点。这个差异与有 70 个功能点的程序 C 和有 50 个功能点的程序 D 之间的差异一样。这里的差异，即 20 个功能点，被认为具有相等的间隔。请注意，我们无法使用定序尺度执行这一类操作。例如，在定序尺度中非常满意和满意的差异，以及满意和一般之间的差异，这两个差异不一定是相等的间隔。

最后是定比尺度，它允许我们比较两个测量的比例，因为在它的度量中定义了 0。例如，程序 A 有 100 行源代码，程序 B 有 25 行源代码，那么程序 A 的规模是程序 B 的 4 倍，这样说是合理的。这是将 0 行代码作为代码最小规模的结果。定比是最高等级的度量。

13.3 总结

本章首先介绍了软件项目管理的 4 个 POMA 阶段：规划、组织、监测和调整。在宏观层次，POMA 是顺序的。然而，这些阶段之间可能会相互重叠，而且实际上在它们之间可能存在迭代，特别是在监测和调整阶段之间。复杂而耗时的规划阶段是项目成功的关键。监测阶段也很重要，所有项目在结束之前都必须进行监测。必要时，项目经理必须采取行动并进行适当调整。

后面先介绍了涉及几个参数的通用工作量估算公式。然后讨论了以下 3 个与通用工作量估算公式相关的具体技术：

- 构造性成本模型（COCOMO）方法。
- 功能点估计。
- 面向对象项目工作量估算。

之后解释了原始 COCOMO 估算方法背后的原理，然后介绍了 COCOMO Ⅱ 对其进行的扩展和修改。作为代码行估算技术的替代方案，介绍了使用功能点估算项目规模。还讨论了如何将功能点规模转换为工作量估算。面向对象项目的工作量估算技术涉及估计关键类数量和假定的软件工程师生产率水平。

WBS 是另一项重要的规划技术，它通过任务网络和各任务的估算工作量来表示。本章通过一个示例，以条形图的形式来说明使用 WBS 开发初始项目进度计划的意义。

项目监测涉及持续将规划与实际情况进行比较。基于这一观察，项目经理必须决定是否需要采取行动或做出调整。还介绍了使用 EV 管理监测项目工作量和项目进度计划。这个过程本质上将规划或估计的项目任务工作量与项目任务实际花费的工作量进行比较。我们说明了设定目标和跟踪目标是项目管理组成部分的必要性。为了完成这些任务，需要进行测量。最后介绍了 GQM 方法，并讨论了不同的度量尺度。 293

13.4　复习题

1. 列出并讨论项目规划的要素。

2. 项目管理的 4 个阶段是什么？

3. 风险管理的 3 个组成部分是什么？

4. 什么是 Kiviat 图？什么时候使用它？

5. 对软件项目，项目调整中最常考虑进行均衡决策的 3 个属性是什么？

6. 在 COCOMO 项目工作量估算方法中，

　　a. 3 种项目模式是什么？

　　b. 在决定项目模式时，需要考虑的 8 个项目特征是什么？

　　c. 15 个成本驱动因子是如何影响初始工作量估计的？

　　d. 假设估计一个软件项目的规模为 2KLOC，你认为它应该是在组织型开发模式，15 个成本驱动因子的算术乘积 PROD $(f's)$ 为 1.2，以人月为单位的估算工作量是多少？

7. 使用功能点方法，对于具有 10 个外部输入、7 个外部输出、5 个外部查询、3 个内部逻辑文件和 4 个外部接口文件的项目，计算其未调整功能点数。

8. 假设上一个问题中软件项目的总复杂度因素为 1.1，生产率为每人月 20 个功能点。该项目的功能点数是多少？该项目以人月为单位的估算工作量是多少？

9. 什么是 WBS？它的用途是什么？

10. 在挣值跟踪项目状态方法中，3 项关键项目状态指标 EV、SV 和 CV 分别是什么？

11. 度量的 4 种尺度分别是什么？

12. 什么是 GQM？

13.5　练习题

1. 比较软件开发过程与软件项目管理（POMA）过程的异同。

2. 描述属于组织阶段的一项活动。

3. 假设有一个软件项目，要求按专业、性别、生源地跟踪所在学校新生班的成绩。制定这个软件项目的规划，包括理清需求和交付成果所需的工作。 294

4. 何时使用控制图进行监测？为什么？举例说明。

5. 讨论在项目调整时增加资源的风险。

6. 比较 COCOMO 和功能点工作量估算技术需要考虑的因素。

7. 当我们计算 TCF 与 UFP 的算术乘积时，UFP 的调整范围是多少（以百分比表示）？

8. 现有如图 13.6 所示的任务网络，估算工作量以人月为单位表示。做出适当的假设，将其转换为项目进度计划。

a. 解释你需要做出哪些假设。

b. 使用这些假设，将任务图转换为进度计划条形图。

9. 在表 13.4 所示的 EV 示例中，2012 年 4 月 5 日，实际花费的工作量比 BCWP 要多，因为 BCWP 只包括已完成的任务。假设我们创造了另一个术语，即总花费的实际工作量（All Actual Efforts Spent，AAES），它包括在指定状态日期已花费的所有工作量，然后用它来计算一个新公式：EV9＝AAES/BAC。

a. 讨论你对使用 EV9 代替 EV 的看法。

b. 因为 AAES 是对 BCWP 进行的重新定义和扩展，如果我们在计算 SV 和 CV 时使用 AAES，你认为新的 SV 和 CV 数值是否更能代表项目的真正状态？为什么？

图 13.6   一个任务网络

10. 在面向对象项目的工作量估算中，我们将估计的类数乘以预计 15～20 人天实现一个类。

a. 你认为这个取值范围对类的开发来说是否足够？在设定生产率数据之前，你认为应该考虑或开发人员的哪些参数？

b. 如果要制定开发一个类的生产率数值，那么应该在估计该数值时考虑哪些活动（设计、编码、测试等）？

13.6   参考文献和建议阅读

A. J. Albrecht and J. Gaffney, "Software Function, Source Lines of Code, and Development Effort Prediction: A Software Science Validation," *IEEE Transactions on Software Engineering* (November 1983): 639–648.

V. R. Basili and D. Weiss, "A Methodology for Collecting Valid Software Engineering Data," *IEEE Transactions on Software Engineering* 10, no. 6 (November, 1984): 728–738.

B. W. Boehm, *Software Engineering Economics* (Englewood Cliffs, NJ: Prentice Hall, 1981).

——, "Software Risk Management: Principles and Practices," *IEEE Software* (January 1991): 32–41.

—— et al., *Software Cost Estimation with COCOMO II* (Upper Saddle River, NJ: Prentice Hall, 2000).

F. P. Brooks Jr., *The Mythical Man-Month: Essays on Software Engineering*, anniversary edition (Reading, MA: Addison-Wesley, 1995).

P. F. Drucker and N. Stone, eds., *Peter Drucker on the Profession of Management* (Cambridge, MA: Harvard Business School Press, 1998).

Q. W. Fleming and J. M. Koppelman, *Earned Value: Project Management*, 3rd ed. (Newton Square, PA: Project Management Institute, 2006).

A. J. Hayter, *Probability and Statistics for Engineers and Scientists*, 4th ed. (Pacific Grove, CA: Duxbury Press, 2012).

International Function Point Users Group (IFPUG), http://www.ifpug.org, accessed 2016.

S. H. Kan, *Metrics and Models in Software Quality Engineering*, 2nd ed. (Reading, MA: Addison-Wesley, 2003).

C. F. Kemerer, *Software Project Management: Readings and Cases* (Boston, MA: Irwin McGraw-Hill, 1997).

M. Lorenz and J. Kidd, *Object-Oriented Software Metric* (Upper Saddle River, NJ: Prentice Hall, 1994).

S. McConnell, *Software Project Survival Guide* (Redmond, WA: Microsoft Press, 1998).

A. D. Meyer, C. H. Loch, and M. T. Pich, "Managing Project Uncertainty: From Variation to Chaos," *MIT Sloan Management Review* (Winter 2002): 60–67.

I. Myrtveit, E. Stensrud, and M. Shepperd, "Reliability and Validity in Comparative Studies of Software Prediction Models," *IEEE Transactions on Software Engineering* 31, no. 5 (May 2005): 380–391.

R. R. Patrashkova-Volzdoska, S. McComb, S. Green, and W. Compton, "Examining a Curvilinear Relationship Between Communication Frequency and Team Performance in Cross-Functional Project Teams," *IEEE Transactions on Engineering Management* 50, no. 3 (August 2003): 262–269.

M. Rene, "Risk Management for Testers," *Software Quality Professional* (June 2005): 24–33.

J. Ropponen and K. Lyytinen, "Components of Software Development Risk: How to Address Them? A Project Manager Survey," *IEEE Transactions on Software Engineering* (February 2000): 98–111.

M. Shepperd and D. Ince, *Derivation and Validation of Software Metrics* (Oxford, England: Clarendon Press, 1993).

Standish Group, *CHAOS* (1994), http://net.educause.edu/ir/library/pdf/ncp08083b.pdf, accessed 2016.

F. Tsui, *Managing Software Projects* (Sudbury, MA: Jones and Bartlett Publishers, 2004).

University of Southern California, Center for Software Engineering, http://sunset.usc.edu/csse/research/COCOMOII/cocomo_main.html, accessed 2016.

H. Weihrich, "Management: Science, Theory, and Practice." In *Software Engineering Project Management*, 2nd ed., edited by R. H. Thayer (Los Alamitos, CA: IEEE Computer Society, 1997): 4–13.

C. Zucchermaglio and A. Talamo, "The Development of a Virtual Community of Practices Using Electronic Mail and Communicative Genres," *Journal of Business and Technical Communication* 17, no. 13 (July 2002): 259–284.

296

297
≀
298

结语及当代软件工程的若干问题

在本书中，我们讨论了软件工程领域的大部分主要话题。我们希望可以在一个学期即15 到 16 周的时间内，使用本书的内容简明扼要地对软件工程进行广泛介绍。虽然软件工程中许多"最受关注的"主题可能没有被包括在内，但读者可以通过每章结尾的"参考文献和建议阅读"部分获取更多内容。

很明显，软件工程在今天也在持续发展和不断变化中。现在被认为是软件工程中新兴和激动人心的主题在几年之后可能就会变得过时。当然，还有一些主题依然重要，希望本书覆盖了这些主题。本书从一个人单独编写程序的实现问题开始介绍，当问题变为开发诸如商用薪酬管理程序系统时，项目复杂度大幅增加，以此来强调软件工程的必要性。本书主要讨论了大型复杂系统中的传统软件工程活动，包括需求分析、设计、实施、测试和系统集成等，也涉及了大型团队和复杂系统的配置管理、过程管理和项目管理等配套活动。需要认识到并不是所有的项目，特别是小型项目，都需要相同的过程、相同的管理方法或相同的一组活动。例如，我们预计在未来几年内，软件工程将继续朝着敏捷过程的方向发展（参见第 5章）。有许多主题需要在后续课程中进行更详细的介绍。软件工程中每项对产品开发做出直接贡献的活动（如需求收集、分析、测试或设计）都应该是一门完整的课程。

随着软件成为工程技术课程和许多其他学科中普遍存在的元素，诸如复用、版权、所有权、认证和道德等主题也在引起工业界的关注，这些是未来软件工程师将需要解决的问题。我们仅在第 3 章中对这些内容进行了粗略介绍。质量在软件工程中仍然是一个反复出现的主题，它应该是软件工程基本结构的组成部分。同样地，我们把质量作为尽可能进行优良设计和实现的动力。因此，我们没有为质量专门提供单独的章节，但质量在软件工程产业中一直具有重要意义。

一个与质量有关的日益重要的领域是测量和度量。我们很难知道在软件工程方面是否取得进展，除非可以测度软件产品、软件过程、软件方法和软件管理的特征。这是一个相当重要的主题，我们仅在第 8 章中介绍了其中的一部分内容，讨论了如何制定特征和对应的度量。我们期望把重点更多地放在这个领域，因为工业界已经开始提出更多的关键问题，例如：我们如何知道一个设计是优良的、完整的？做出正式发布决定的依据是什么？

大多数大型商业软件产品通常会经历多个版本，并持续使用多年。维护和支持领域将是一个持续增长的领域。对于许多软件工程师来说，他们的项目并不完全符合本书所描述的传统软件生命周期。许多软件工程师将参与到开发和维护现有系统的工作中。与开发一个完整的全新系统相比，他们可能会更多地参与服务和支持客户的活动。随着软件服务产业的不断扩大和发展，第 12 章所涉及的这一领域在未来会受到更多重视。

最后，互联网和相关的软件新工具为软件工程领域带来了额外的机会和挑战。随着关键性任务应用的互联网化和电子商务的持续增长，我们需要更加关注与安全性、完整性和可恢复性相关的问题。我们将在 14.1 节中给出安全性的定义并对其进行讨论，这里没有涵盖其他问题，但期望未来软件工程师关注这个持续增长的领域。随着 Adobe 公司的

Dreamweaver 和 Flash 等工具的普及，关于用户界面特性的主题（如第 7 章和第 8 章所述）得到迅速发展。除了原有的技术外，对这一领域感兴趣的软件工程师，还需要掌握美术和传播学的技能和知识。

软件工程诞生于软件项目计划延期和开发成本超支不断发生的时代。此后，我们已经学会花费更多的工作量来规划和控制项目，引入了更新、更好的技术和方法。与生产率相关的工具不仅帮助我们降低了复杂度和工作量，而且还提高了产品和过程的质量。这个领域如今变得更加规范，我们期望它发展出定义良好和经过证实的规律和原理，以便让所有人都遵循。 300

在接下来的几节中，我们将描述近些年来软件工程领域的一些关注点和进展。由于这里所涵盖的主题是由作者选择的，因此在一定程度上反映了作者的个人观点。

14.1　安全和软件工程

如今，软件应用程序提供的功能正在作为在线业务服务向互联网迁移，面向服务架构（SOA）正迅速变得流行（参见 14.4 节的文献（Finch，2006）和（Zimmermann et al.，2005））。随着计算机网络变得越来越普及（几乎每个软件系统都通过一种或几种方式连接到互联网），恶意用户利用错误来获取未授权系统访问权限的情况也在惊人地增多。在任何时候，都有人在思考如何入侵系统。作为专业人士，我们需要设计软件来抵御这些攻击。安全问题也引发了对其他相关领域的讨论，如隐私和信任。

尽管存在可以使软件变得更安全的技术，但大多数与软件安全相关的问题都是由软件缺陷导致的，可以通过标准的软件工程技术来避免或修复它们。实际上，大多数软件安全问题，如缓冲区溢出、SQL 和 HTML 注入，都可以被归类为输入验证错误。

加剧安全问题的一个因素是大多数现代应用程序不是完全使用静态类型语言编写的，而是由混合静态和动态类型语言编写的。大多数 Web 应用程序都是以 HTML 语言开发的，然后由 Web 浏览器解释。同样，大多数应用程序都将 SQL 字符串发送到 DBMS 进行解释。我们需要确保正在处理的输入在 DBMS 或浏览器解释时不会改变含义，需要确保每个输入的有效性，而不能依靠静态类型来帮助我们。

与传统的计算机领域一样，科研人员正在积极探索计算机安全的理论层面，而从业者正在把这些技术融入编程实践中。无论如何，我们要普及将安全实践纳入到软件开发过程中这一活动。我们正在研究理论和编程实践，但还没有构建出安全的系统，还需要时间让安全思维变得更为普及，让更多的开发过程将安全作为最重要的元素之一。诸如微软、IBM 等众多行业领先公司已经开始将安全性作为开发生命周期中不可分割的组成部分。

有关安全开发生命周期的描述，请参阅 14.4 节中的文献（Howard et al.，2006）。此外，美国国土安全部的国家网络安全处（National Cyber Security Division，NCSD）与软件工程研究所（Software Engineering Institute，SEI）共同提出的 BSI（2009），为软件开发人员提供了将安全融入项目开发生命周期的过程和技术。

14.2　逆向工程和软件混淆

随着云计算和软件即服务模式的出现和日益普及，应用软件经常在互联网上进行传输。应用软件的代码经常被暴露，因而其被破坏或逆向工程的机会也变得更大。与尽早采用软件 301 工程来简化软件以降低复杂度和提高质量相反，软件工程师正在尝试使用软件混淆来进一步增加其复杂度，从而降低可理解性。软件代码混淆是软件工程的一个新领域，其目标是提高侵权者逆向工程的成本。通过对原始软件进行某种形式的转换，它保留了原功能，但改变了源代码。

研究表明，像"通用黑盒"一样的软件混淆器是不现实的（Barak et al.，2001）。但是，仍然有很多实用的软件混淆技术可用于减慢逆向工程。受欢迎的混淆技术包括以下类别：

- 符号混淆。
- 数据混淆。
- 控制混淆。
- 调用流混淆。

例如，早期许多程序员使用了符号混淆，他们有意使程序变量命名脱离上下文以迷惑读者。读者越感到困惑，就错误地认为程序作者越聪明。如今，这种做法被认为违背了软件工程，特别是会对软件的可理解性、测试和未来的维护活动带来麻烦。然而，出于保护软件的目的，相同的技术被用于软件混淆。但这种技术的混淆能力很弱，不能提供足够的保护。

更复杂的技术包括数据混淆和控制混淆。数据混淆变换的对象是程序中的数据和数据结构，手段是复杂化数据结构、数据操作和数据使用。流行的技术包括拆分数组结构和修改继承关系。控制混淆技术包括通过插入无关但无害的谓词，或者通过无害地重新排列部分程序语句来改变控制流。符号、数据和控制混淆技术关注微观层面，而调用流混淆技术关注宏观层面的跨模块控制流。

可以通过不同的方式来观察或测度软件混淆技术的有效性。我们可能会问：（1）技术的有效性如何？（2）技术的可复原性如何？（3）技术的开销如何？（4）技术的隐蔽性如何？在撰写本书时，还没有普遍接受的用于测量软件混淆的属性集。除软件混淆之外，还有其他领域涉及软件防护技术，如水印和防止恶意侵权者篡改。有兴趣的读者可以参考文献（Collberg et al.，2002）。此外，14.4节还包括（Balachandran et al.，2011）和（Tsui et al.，2012）等关于软件混淆的文献。

14.3　软件确认和验证的方法及工具

在本节中，我们将讨论最近在软件确认和验证领域取得的一些进展。确认意味着该软件已经表明是客户可以接受的，并且是正确的，而验证则意味着该软件根据需求正确地开发，并遵循给定的规范。开发过程和测试过程专家都一直在投入软件方法和工具，以改进上述领域。

此前，我们描述了几个软件过程，并引入了当前流行的迭代和增量式敏捷过程 Scrum（参见第5章）。在敏捷过程中，小团队通过小型增量开发软件。因此，使用敏捷过程，将对完成代码进行频繁的单元测试，以确保所开发的产品质量可靠，满足客户/用户需求。在第10章中，我们使用 JUnit 工具介绍了测试驱动开发（Test-Driven Development，TDD）。改进单元测试的最新方法是使用运行时断言检查器，通过形式化断言来确定编码实现的软件方法是否正确地工作。这种新的单元测试方法结合了形式化规范语言 JML（Java Modeling Language）和 JUnit 测试框架（Cheon et al.，2004）。

JML 受到 Eiffel 语言以及 Bertrand Meyer（1997）提出的"契约式编程"（Programming by Contract）概念的深刻影响。这种方法的关键是在程序正确性证明中使用传统概念，通过规定软件前置条件、后置条件和不变式特性对单元测试提供帮助。JML 语言与 Z 或 Larch 等形式化语言不同，不需要深度形式化即可指定前置、后置和不变式条件。JMLUnit 工具可从

JML 规约生成 JUnit 测试类。在运行期间，该工具将检查软件方法在指定前置条件成立时，该方法的指定后置条件是否也成立。显然，使用 JML 和相关工具，指定的条件越充分，这种方法就越有效，工具也就越能发挥价值。虽然 JML 是针对 Java 编程开发量身定做的，对 Java 程序员来说很容易使用，但是仍然需要富有经验的技术人员来开发这些前置、后置和不变式断言。通过检查断言并确保前置条件和后置条件匹配、不变式条件成立，这种相对较新的方法为软件验证带来了显著改进。14.4 节中（Chalin et al.，2006）和（Burdy et al.，2005）等文献提供了 JML 及相关工具的更多信息。

在敏捷过程环境中，行为驱动开发（Behavior-Driven Development，BDD）是一种用于改进单元测试的方法，它直接源于测试驱动开发方法。BDD 由 Dan North 于 2006 年首先提出，它的基本思想是使用业务领域语言，而不是 JML 编写技术规约，在单元测试期间让用户和软件的利益相关者参与其中，以确保交付的软件功能可被接受，这是一种有效的软件确认方法。因此，除可对软件进行验证之外，BDD 使单元测试更接近于确认软件功能。通过场景（Scenario），用户使用自然语言来描述功能和特征。场景使用一组自然语言断言来描述软件特征必须满足的条件。用户可以很容易地理解和确认单元测试是否满足他们使用自然语言表达的需求。在这些场景中，前面提到的前置、后置和不变式条件是使用自然语言来表达的。因此，这种方法更具包容性，并允许非技术背景的利益相关者参与单元测试和验收标准的制定。这里有一个场景描述指南，在 Cucumber 工具中，主要使用如下 3 个片段来描述一个场景（Wynne et al.，2012）： 303

- 假设（Given）
- 当（When）
- 那么（Then）

根据功能特征的 Given 状态或条件来描述一个场景，场景的 When 片段描述触发场景的条件，Then 片段描述结果。例如，对于将学生添加到课程中这一功能，可以将场景描述如下。

Scenario：为一名学生注册一门课程。

Given：该课程尚未达到学生数量限制。

When：在该课程中注册一名学生。

Then：该学生被添加到该课程的学生名单中。

显然，技术和非技术人员都可以表达和理解这种场景。使用这种方法，BDD 方法以及诸如 Cucumber 之类的工具将变得更具包容性，并允许在单元测试中完成对功能和特性的确认。Cucumber 工具将有助于开发针对该功能的单元测试和代码。

实际上，测试用例本身是以代码的形式开发和生成的，仍然需要编程知识。Cucumber 工具基于另一种流行的语言平台，Ruby on Rails。14.4 节中的文献（Tate et al.，2006）提供了关于 Ruby on Rails 的介绍。

现在，我们看到越来越多关于软件开发自动化和方法论的改进。随着我们自动化更多的开发活动，在成本、进度、质量和客户认可度等方面，软件项目成功的可能性也将会提高。

14.4　参考文献和建议阅读

V. Balachandran and S. Emmanuel, "Software Code Obfuscation by Hiding Control Flow Information in Stack," International Workshop on Information Forensics and Security, Iguacu, Brazil (November 2011).

B. Barak, et al., "On the Impossibility of Obfuscating Programs," *Proceedings of the 21st Annual International Cryptology Conference on Advances in Cryptology*, Santa Barbara, California (August 2001): 19–23.

Build Security In (BSI), https://buildsecurityin.us-cert.gov/daisy/bsi/home.html, accessed 2016.

L. Burdy et al., "An Overview of JML Tools and Applications," *International Journal on Software Tools for Technology Transfer* 7 no. 3 (June 2005): 212–232.

R. A. Caralli, "Sustaining Operational Resiliency: A Process Improvement Approach to Security Management." *Technical Note CMU/SEI-2006-TN-009* (April 2006).

P. Chalin, J. R. Kiniry, G. T. Leavens, and E. Poll, "Beyond Assertions: Advanced Specifications and Verifications with JML and ESC/Java2," In *Formal Methods for Components and Objects*, edited by F. S. de Boer, M. M. Bonsangue, and S. Graf (Heidelberg, Germany: Springer Verlag, 2006).

M. T. Chan and L. F. Kwok, "Integrating Security Design into the Software Development Process for E-commerce Systems," *Information Management Computer Security* 9, no. 3 (2001): 112–122.

Y. Cheon and G. T. Leavens, "The JML and JUnit Way of Unit Testing and Its Implementation," *Technical Report #64-02*, Department of Computer Science, Iowa State University (2004).

C. S. Collberg and C. Thomborson, "Watermarking, Tamper-Proofing, and Obfuscation—Tools for Software Protection," *IEEE Transactions on Software Engineering* 28, no. 8 (August 2002): 735–746.

C. Finch, "The Benefits of the Software-as-a-Service Model," *Computerworld,* http://www.computerworld.com/article/2559975/it-management/the-benefits-of-the-software-as-a-service-model.html, January 2, 2006.

S. Garfinkel, "Privacy Requires Security, Not Abstinence," *MIT Technology Review* 112, no. 4 (2009): 64–71.

M. Howard and D. Leblanc, *Writing Secure Code*, 2nd ed. (Redmond, WA: Microsoft Press, 2003).

M. Howard and S. Lipner, *The Security Development Lifecycle* (Redmond, WA: Microsoft Press, 2006).

B. Meyer, *Object-Oriented Software Construction*, 2nd ed. (Cambridge, UK: Prentice Hall International, 1997).

D. North, "Introducing BDD," http://dannorth.net/introducing-bdd/, accessed 2016.

B. A. Tate and C. Hibbs, *Ruby on Rails* (Sebastopol, CA: O'Reilly Media, 2006)

F. Tsui, S. Duggins, and O. Karam, "Software Protection with Increased Complexity and Obfuscation," 49th ACM SE Conference, Tuscaloosa, Alabama (March 2012).

M. Wynne and A. Hellesoy, *The Cucumber Book: A Behaviour-Driven Development for Testers and Developers* (Dallas, TX: The Pragmatic Book, 2012).

O. Zimmermann, et al., "Service-Oriented Architecture and Business Process Choreography in an Order Management Scenario: Rationale, Concepts, Lessons Learned." OOPSLA 05, San Diego, CA (October 2005).

304

305
≀
306

软件开发计划概要

A. 产品描述

概要描述产品和用户。

i. 受雇工作：包括来自客户的征求建议书（Request For Proposal，RFP）。记录产品所有不明确的地方，并向客户、用户提出问题或进行研究。考虑产品具有的任何约束和所需的技术能力。可以包含组织结构／图表，以便进行清晰展示。

ii. 非受雇工作：提供对潜在用户的描述和对该产品的满意目标，包括主要产品功能和显著特征的列表。

B. 团队描述

描述该产品团队成员所需的优势／技能。是否需要行业专家（Subject Matter Expert，SME）？

C. 软件过程模型描述

描述该项目使用的模型（例如迭代 Scrum、XP 或修改过的瀑布模型），包括选择该过程模型的理由。

D. 项目定义

描述用户和用户环境，包括新手／专家的描述。考虑创建具有不同需求和动机的不同人物角色。对于用户环境，包括以前使用的软件，联合使用的其他软件以及同期软件的界面外观和感觉。可以包括产品的用例、工作流程图和／或业务流程。

E. 项目组织

包括项目的工作分解结构（Work Breakdown Structure，WBS）：团队任务的进度计划；任务间的依赖关系；每项任务的估算时间；向需要签字的用户提供带有关键时间、预算和报价的 PERT 图和甘特图。

F. 确认计划

创建一些输入和输出界面草图，作为低层次的原型，以确认对产品的初步理解。

G. 配置／版本控制

指定所有项目和产品制品的版本控制过程和属性。

H. 工具

提供开发所需的主要系统、子系统和工具列表。

软件需求规约概要

以下是三个 SRS（Software Requirements Specifications，软件需求规约）概要的示例。第 6 章中 6.5 节讨论的 IEEE 830 标准是 SRS 的基础。

示例 1：SRS 概要——描写

A. 系统概述

本节应简要介绍软件系统将要做什么，它的目的是作为一个介绍，应该是非正式且简洁的。

B. 技术需求

本节应描述软件产品的操作参数，它应该包含如下信息（如果适用于该产品）：

i. 功能需求（此部分可以通过用例完成）。

ii. 非功能需求，如性能和其他约束。

iii. 用户界面规约。

iv. 用户任务流。

v. 输入 / 输出和其他数据规约。

vi. 与其他系统的接口规约。

C. 验收标准 / 交互场景

本节应该定义软件必须实现的功能，它可以包括交互场景。场景由用户输入和系统响应组成，低精度的原型也包括在内。应该问的问题类型包括：

i. 如何做：问题询问某些活动如何执行。

ii. 谁做：问题询问谁负责某一项任务。

iii. 什么类型：问题要求进一步细化一些概念。

iv. 时间：问题询问时间约束。

v. 关系：问题询问一个需求是如何与另一个需求相关的。

vi. 假设：问题询问一个行为可能出错的场景或其先决条件。

vii. 后续：问题源于其他悬而未决的问题。

D. 确认 / 验证

本节将描述系统确认 / 验证的需求。在这个过程中，需求和场景应该有所帮助。确认将决定软件是否满足需求和场景中指定的客户需求。验证将决定软件在功能上是否正确。

E. 需求注意事项

本节应该包括以下内容：

i. 关于软件的假设。

ii. 最终用户：描述每种类型的用户。

iii. 现有系统：说明现有系统和 / 或其他相关实体。

iv. 环境：描述系统运行的环境。

v. 限制：说明系统不会做什么。

vi. 依据：描述需求如何满足或超出客户的需要。

F. 其他信息

任何相关信息都可以添加到本节中。 310

示例 2：SRS 概要——面向对象

1.0 初始需求建模

    1.1 使用模型

    1.2 初始域模型

    1.3 初始用户界面模型：开发界面草图或用户界面原型。

    1.4 引用

2.0 需求建模

    2.1 系统环境

    2.2 主要用途需求规约：说明用户如何使用系统。包含 Rational 统一过程（Rational Unified Process，RUP）项目的用例集合、功能驱动开发（Feature Driven Development，FDD）项目的功能集合或极限编程（Extreme Programming，XP）项目的用户故事集合。

        2.2.1 XXXX 用例

            用例：寻找 XXXX

            先决条件；后置条件；行动

        2.2.2 YYYY 用例

            用例：提交 YYYY

        2.2.3 ZZZZ 用例

            用例：更新 ZZZZ

            用例：接收 ZZZZ

            用例：分配 ZZZZ

            用例：接受审查

    2.3 用户特征

    2.4 非功能性需求

3.0 需求规约

    3.1 外部接口需求

    3.2 功能性需求，例如：

        3.2.1 搜索

        3.2.2 通信

        3.2.3 增加

        3.2.4 修改

        3.2.5 更新

        3.2.6 状态

        3.2.7 报告

        3.2.8 分配 311

示例 3：SRS 概要——IEEE 标准

312

示例 4：SRS 概要——叙述法

A. 引言

包含对软件开发项目和新产品或升级计划的概述。对于升级，可以简化本节以关注升级的目的和目标。对于新软件，本节通常包括以下内容。

i. 目的和目标：描述 SRS 的主要目标。

ii. 软件产品概述：对于新软件和升级，列出了所计划软件最重要的特征和功能。对于软件升级，列出升级的主要目标，以及要实现的新增特征和功能。

iii. 商业和财务目标：对于在公司之外具有商业潜力的软件，包括客户期望软件解决的主要业务目标，以及诸如市场份额、单位出货量和收入等财务目标。

B. 问题描述

对于新软件，说明为什么需要该软件，并确定重要的未解决问题。对于软件升级，本节可以集中讨论未解决的问题和疑问。

i. 为什么需要该软件：在管理和用户需求方面给出理由。

描述用户使用的现有工作实践，包括替代软件产品或手工流程。从管理的角度解释软件提供的益处，例如将如何解决或改进业务问题。示例如下：

a. 降低库存水平

b. 减少处理和运送订单的时间。

c. 获得竞争优势

d. 提高用户满意度

本节还将从用户的角度解释该软件如何改进现有的业务流程，如数据输入、报告生成、决策、计算和可用性问题。

ii. 未解决的问题和疑问：列出客户的工作流程、技术、财务问题，以及在成功地开发和使用软件升级之前必须解决的业务关注点。

C. 软件解决方案描述

总结提出的软件产品：其功能和属性。对于新软件和升级，本部分通常包括以下内容。

i. 增强需求：根据软件功能和特征列出并按优先顺序排列需求，例如来自管理、客户端、最终用户或用户组的需求。这些需求是通过会议、访谈和其他方式收集的。 |313|

ii. 特性和功能：通常以表格的形式列出并按优先顺序排列功能及其描述，并提供足够的详细信息，以便开发人员轻松理解软件必须如何工作。

iii. 软件属性和一般注意事项：列出除特性或功能之外的项。例如，需要与某些其他软件以及要支持的软件或硬件平台进行交互。

iv. 运行需求：列出软件使用过程中需要满足的其他需求。例如，业务或决策规则、用户工作流、可用性属性、安装需求或用户所需的培训。

v. 标准和监管注意事项：指定软件需要满足的所有适用标准。例如，工业标准包括 EPA、IEEE、NRC、ASTM、ANSI 和 ISO。公司特定的标准包括表格、工作程序或数据格式。

vi. 未来版本发布和功能的长期计划：包括诸如未来客户需求和愿望，以及未来硬件或软件平台的适应性等。

vii. 维护和支持成本：描述定制、补丁发布和用户持续支持等事项的计划。 |314|

软件设计概要

下面提供的示例遵循两种不同的设计方法。示例 1 是一个使用 UML 的面向对象设计方法，示例 2 是一种结构化设计方法。

示例 1：软件设计概要——UML

A. 架构设计

高层架构模式：分层、MVC、客户端 / 服务器等。参见第 7 章。

B. 用例场景

将之前的初始用例图文档扩展为用例场景。

C. 序列图（与步骤 D 和 E 相呼应）

在步骤 B 中开发的用例场景将被开发成序列图，并创建支持场景中的活动所需的类。同时，类图开始吸收序列图中创建的类，并且将方法按照团队成员的想法添加到类图中。

D. 类图

还可以开发一个类责任协作者（Class Responsibility Collaborator，CRC）模型。

E. 协作图

当一个类需要另一个类来执行子步骤时，这些类就在协作图中相关联。

F. 关系数据库设计

G. 状态建模（在详细设计前可能是可选的）

产品的主要对象被表示为带有状态转换的多个状态。

H. 用户接口设计

交互界面是从用例中开发出来的，为不同的界面指定了导航。

I. 确认设计——客户验收低精度原型

初始界面图和导航流程将呈现给客户或客户指定的用户，以进行验收、修改和 / 或完成修订。

注意：步骤 C、D 和 E 是并行完成的。

示例 2：软件设计概要——结构化

A. 架构设计

高层架构模式：分层、MVC、客户端 / 服务器等。

B. 关系图

这是数据流图（Data Flow Diagram，DFD）的第 0 级，它显示了系统（未分解）和外部实体，系统有数据流到外部实体。产品的范围是通过这个图来定义的。

C. DFD 第 1 级

这个图是整个系统的第一次分解。通常，过程被编号为 1.0、2.0、3.0 等，它们被称为子系统。例如：

1.0　接口子系统

2.0　管理子系统

3.0　错误处理子系统

4.0　XXX 过程子系统

5.0　报告生成器

D. DFD 第 2 级

这些图是第 1 级子系统中每个子系统的分解，它们的编号将从它们的上一级子系统扩展而来。所以 1.0 接口子系统的第 2 级可以是

1.1 接口交互

1.2 输入验证

1.3 接口管理 316

E. DFD 第 3～N 级

继续将每个过程分解到下一个级别。

F. 过程规约（PSPEC） 317 ～ 318

当一个过程不需要进一步分解时，描述该过程的逻辑。

测试计划概要

一个测试计划是一个路线图，它允许对以下项进行一些可行性检查：

- 资源 / 成本
- 进度计划
- 目标

一个测试计划包括以下主要组成部分：

A. 目标和退出标准

    i. 测试阶段退出需要满足的质量目标

    ii. 产品的健壮性目标

    iii. 项目的进度计划目标

    iv. 产品的性能和效率目标

B. 测试 / 检查的项

    i. 可执行程序，如模块和组件

    ii. 不可执行的项，如需求规约书或设计规约书

C. 测试过程 / 方法

    i. 单元测试 / 功能测试 / 验收测试 / 回归测试等方法

    ii. 检查 / 审查方法

    iii. 黑盒测试（如输入域测试、边界值测试）

    iv. 白盒测试（如控制路径测试、数据流测试）

    v. 测试度量（如代码覆盖率、分支覆盖率、不同严重程度的问题数量）

    vi. 测试 – 缺陷报告 – 修复 – 重新测试过程

D. 资源

    i. 人员（数量、技能等）

    ii. 工具（用于测量、缺陷管理等）

    iii. 系统（测试执行平台、测试用例开发等）

E. 进度计划

    i. 测试用例开发

    ii. 测试执行

    iii. 问题报告和修复

F. 风险

    i. 缺少目标

    ii. 所需后备资源

G. 主要测试场景和测试用例

    i. 边界值和输入域测试用例

    ii. 控制路径和数据流测试用例

    iii. 集成和跨模块测试用例

术　语

Architectural design phase（**架构设计阶段**）　开发系统高层次概览的阶段。（7.1 节）

Black-box testing（**黑盒测试**）　一种测试方法，其中测试用例主要来自需求描述，而不考虑实际的代码内容。（10.3 节）

Cloud Application Service（**云应用服务**）　在云中提供对应用程序有用的服务（如数据库或电子邮件）。（9.4 节）

Cohesion（**内聚**）　一个高级或细节级设计单位的属性，用于识别该单元内的元素互相从属或相关的程度。（8.3.1 节）

Complex-object database（**复杂对象数据库**）　直接存储复杂对象，即包含其他对象和 / 或值与其他对象数组的对象。（7.3.3 节）

Coupling（**耦合**）　一个用于度量两个软件单元之间交互程度和相互依赖关系的属性。（8.3.2 节）

Data slice（**数据切片**）　切片中的所有数据令牌将影响相关的特定变量值。（8.3.1 节）

Data token（**数据令牌**）　任何变量或常量。（8.3.1 节）

Design constraints（**设计约束**）　限制软件设计和实现方式的声明。（1.1.1 节）

Detailed design phase（**详细设计阶段**）　将架构组件分解为更精细的细节的阶段。（7.1 节）

Error（**错误**）　软件工程师或程序员犯的过失。（10.1 节）

Failure/problem（**失效**）　系统不能按其规约执行某项功能。这是由系统中的缺陷导致的。（10.1 节）

Fault/defect（**缺陷**）　可能导致系统失效的情况。这是由软件工程师所犯的错误引起的。缺陷也被称为 Bug。（10.1 节）

Functional requirements（**功能需求**）　一个程序需要做什么。（1.1.1 节）

Glue tokens（**Glue 令牌**）　程序中位于多个数据切片中的数据令牌。（8.3.1 节）

High-fidelity prototype（**高保真原型**）　类似于并在行为上接近最终产品的详细模型。（7.3.5 节）

Infrastructure as a service（**基础设施即服务**）　云提供商主要提供硬件和网络资源的服务。（9.4 节）

Key-value stores（**键值存储**）　数据库为每个密钥存储一个值，并且只允许通过密码进行简单的查找。（7.3.3 节）

Low-fidelity prototype（**低保真原型**）　原型目标产品的简单模拟草图。（7.3.5 节）

Nonfunctional requirements（**非功能需求**）　实现功能需求需要达到的方式。（1.1.1 节）

NoSQL　指不遵循关系模型，并允许通过除 SQL 之外的其他方式访问的数据库。（7.3.3 节）

Object-oriented (OO) design（**面向对象设计**）　一种通过类、它们的关系和它们之间的交互来建模设计的技术。（7.1 节）

Platform as a service（**平台即服务**）　云服务提供了一个托管你的程序的完整平台。（9.4 节）

Principles of software engineering（**软件工程的原则**）　软件工程中的规则和假设，它们来源于广泛的观察。（3.4 节）

Program or procedure slice（**程序或过程切片**）　所有可能影响某些特定变量取值的语句。（8.3.1 节）

Program requirements（**程序需求**）　定义和限定程序需要做什么的声明。（1.2节）

Refactoring（**重构**）　为了使软件更易于理解和方便修改，但又不改变其可观察行为，而对软件内部结构的改变。（9.3.4节）

Requirements（**需求**）　关于系统应该是什么，而不是如何构建的陈述。（6.1节）

Requirements engineering（**需求工程**）　一组与最终需求规约制定和商讨相关的活动。（6.1节）

Sharding（**分片**）　将一个键值存储的不同键或一个数据库的不同行存储在不同计算机上。（7.3.3节）

Software architecture（**软件架构**）　系统的高层结构，包括软件元素、元素属性和它们之间的关系。（7.2.1节）

Software development process（**软件开发过程**）　在生产软件过程中的一组任务，以及这些任务的输入和输出、顺序和流程、前置条件和后置条件。（2.1.2节）

Software engineering（**软件工程**）　涉及开发和支持软件系统各个方面的广泛领域：技术和业务流程，具体方法和技术，产品特性和指标，人员、技能和团队合作，工具和培训，项目协调与管理。（3.2.3节）

Software requirement specification（SRS，**软件需求规约**）　一个完整、无歧义、可度量的详细需求规约文档。（6.1.2节）

State transition diagrams（**状态转换图**）　展示对象的状态和允许的状态转换信息的图表。（7.3.4节）

Superglue tokens（Superglue **令牌**）　程序每个数据切片中的程序或过程中的数据令牌。（8.3.1节）

UML sequence diagrams（UML **序列图**）　说明从一个对象到另一个对象的消息流和处理这些消息序列的图表。（7.3.4节）

Unified Modeling Language（UML，**统一建模语言**）　一种面向对象的建模语言，提供元素和关系来对软件需求和设计进行建模。（4.3节）

Use case（**用例**）　用户或参与者的业务流上下文中，系统应当执行的一系列动作。（6.2.2节）

User interface（**用户界面**）　用户从系统看见、感知和听到的内容。（1.1.4节）

Viewpoint-oriented requirements definition（VORD，**面向视点的需求定义**）　既是需求获取也是需求分析方法。（6.3.3节）

White-box testing（**白盒测试**）　一种测试方法，其中测试用例主要来自于检查代码和详细设计。（10.3节）

索　引